高 等 学 校 教 材

双碳化学

陈建 张燕 万柳 杜成 主编

化学工业出版社

·北京·

内 容 简 介

为向高校学生宣传国家"碳达峰与碳中和"战略,《双碳化学》从物质和能量流动角度解析国家"双碳"战略并用化学知识宣传"双碳"战略相关政策、法律、法规、实现路径、对生产生活与生态文明建设的影响,以及对乡村振兴、区域协调发展、第二个百年奋斗目标的促进作用。为实现"双碳"战略目标,中国需要减少高碳排放率化石能源的使用、增加低碳排放率的无碳能源使用并采用碳排放率适中的天然气保障能源供给稳定、传统化石能源低碳化综合利用和发展二氧化碳捕集、利用与封存技术。本书总结了中国科学家在二氧化碳化学转化利用方面做出的重大贡献,对"双碳"战略目标的实现具有重要意义。

本书可作为化学、化工、材料、环境科学、生命科学等专业的教材,也可供相关人员参考使用。

图书在版编目(CIP)数据

双碳化学 / 陈建等主编 . — 北京 : 化学工业出版
社,2024.1
ISBN 978-7-122-44738-8

Ⅰ.①双… Ⅱ.①陈… Ⅲ.①节能－普及读物②应用
化学－普及读物 Ⅳ.①TK01-49②O69-49

中国国家版本馆 CIP 数据核字(2024)第 066899 号

责任编辑:李 琰 甘九林 宋林青
责任校对:田睿涵 装帧设计:韩 飞

出版发行:化学工业出版社
　　　　　(北京市东城区青年湖南街 13 号 邮政编码 100011)
印　装:北京盛通数码印刷有限公司
787mm×1092mm 1/16 印张 14¼ 字数 350 千字
2024 年 8 月北京第 1 版第 1 次印刷

购书咨询:010-64518888 售后服务:010-64518899
网　址:http://www.cip.com.cn
凡购买本书,如有缺损质量问题,本社销售中心负责调换。

序

全球气候变化正在深刻影响着人类的生存和发展，是当前人类共同面临的重大挑战。2020 年 9 月 22 日，习近平总书记在第七十五届联合国大会一般性辩论上向世界作出承诺，我国"二氧化碳排放力争于 2030 年前达到峰值，努力争取 2060 年前实现碳中和"。碳达峰、碳中和，简称"双碳"，是以习总书记为核心的党中央统筹国内国际两个大局做出的重大战略部署和决策，关系到中华民族的伟大复兴和永续发展。党的二十大报告提出，推进生态优先、节约集约、绿色低碳发展。各地各行业紧扣碳达峰碳中和目标任务，立足我国能源结构以煤炭为主的基本国情，坚持先立后破，有计划分步骤实施碳达峰行动，促进发展方式的降耗升级。大力发展可再生新能源，提升非化石能源安全可靠替代能力，形成风、光、水、生、核、氢等多元化清洁能源供应体系。在踏实稳健走好能源转型的同时，大力推动煤炭的绿色、高效、清洁利用，多管齐下实现双碳目标，加快促进经济社会发展全面绿色转型，积极参与应对气候变化全球治理。

为了响应党的二十大提出的"积极稳妥推进碳达峰碳中和"号召，为实现我国双碳目标做出积极贡献，《双碳化学》立足我国双碳目标的实现，从化学的视角科普"双碳"，介绍了我国"双碳"战略的形成过程、时代背景和现实意义，全面阐述了化学与碳中和、碳达峰之间的内在联系和作用机制，详细梳理了双碳背景下含碳能源与非碳能源的发展实践和经验启示，深入剖析了双碳战略的实施对低碳生活、低碳生产、生态文明和未来人类命运共同体发展的影响。

本书分别从"双碳"战略、碳循环与化学、含碳能源与非碳能源、碳达峰与化学、碳中和与化学、"双碳"改变生活和"双碳"改变未来等七个维度，力图从化学的视角、用务实与创新的思维解答我国实现双碳目标的战略思路、发展路径和具体措施等问题，站在人与自然和谐共生的高度为下一步双碳战略发展重点提供方向和思路。虽然书中尚有不足之处，还有一些尚待深入研究的科学问题，但瑕不掩瑜。希望通过本书，帮助能源供给侧和能源消费侧的相关从业人员深入理解和认识实现碳达峰碳中和的重大现实意义和历史意义。

李金林 (李金林)

　　进入新时代，中国政府矢志不渝地坚持创新驱动、生态优先、绿色低碳的发展导向。2020年9月22日，习近平总书记在第七十五届联合国大会一般性辩论上宣布："中国将提高国家自主贡献力度，采取更加有力的政策和措施，二氧化碳排放力争于2030年前达到峰值，努力争取2060年前实现碳中和。实现"碳达峰"、"碳中和"（简称"双碳"战略），是以习近平同志为核心的党中央统筹国内国际两个大局作出的重大战略决策，是着力解决资源环境约束突出问题、实现中华民族永续发展的必然选择，是构建人类命运共同体的庄严承诺。

　　高等教育作为教育、科技、人才三位一体的结合点，科技创新、人才培养的主力军，科教融合、产教融合的枢纽和关键点，肩负着特殊重要的责任与使命。面向"碳达峰"、"碳中和"目标，高等教育需要把习近平生态文明思想贯穿于人才培养体系全过程和各方面，加强绿色低碳教育，推动专业转型升级，加快急需紧缺人才培养，深化产教融合协同育人，提升人才培养和科技攻关能力，加强师资队伍建设，推进国际交流与合作，为实现"碳达峰"、"碳中和"目标提供坚强的人才保障和智力支持。为开展绿色低碳教育和科普活动，充分发挥大学生组织和志愿者队伍的积极作用，增强社会公众绿色低碳意识，积极引导全社会绿色低碳生活方式，黄冈师范学院组建"双碳"战略教学研究团队并撰写《双碳化学》教材。

　　《双碳化学》内容涵盖""双碳'战略"、"碳循环与化学"、"含碳能源与非碳能源"、"碳达峰与化学"、"碳中和与化学"、""双碳'改变生活"和""双碳'改变未来"七章内容。《双碳化学》面向我国"双碳"目标的实现，系统地介绍了"双碳"战略的时代背景、形成过程、相关法律法规，深入阐述了碳循环的物质基础，详细梳理了能源消费侧节能降碳和绿色低碳转型作用机制和实现策略，剖析了"双碳"战略实现对生产生活、生态文明建设、乡村振兴、区域协调发展、第二个百年奋斗目标和人类命运共同体实现的促进作用。

　　《双碳化学》力图从化学基础知识角度理解习近平总书记"绿色发展理念"、"双碳"战略政策、法律法规、以及在交通行业、建筑行业、金融行业、农业、生产生活等各方面的节能减排举措，实现了多学科交叉融合和"双碳"战略知识通识化，具有较高的战略性、前瞻性、系统性、学术性和科普性。

（夏宝玉）

前　言

目前，众多的科学研究已经证实人类活动引起的二氧化碳气体过量排放是导致全球变暖、气候异常、自然灾害频发等负面事件的主要原因。随着全球气候危机现象日趋严重，人类的可持续发展受到严重威胁，二氧化碳等温室气体逐渐引起了人们的高度关注。我国基于推动构建人类命运共同体的责任担当和实现可持续发展的内在要求，提出了"碳达峰、碳中和"目标，从能源、工业、生活、教育等多个方面着手，推动我国社会实现绿色可持续发展。《双碳化学》从物质和能量流动角度理解国家"双碳"战略并用化学知识宣传"双碳"战略相关政策、法律、法规及实现路径。

本书的内容主要包含七章：第一章主要概述了"双碳"战略的形成、必要性，我国重要碳控排政策及实施策略；第二章从"双碳"战略的化学基础、碳循环、二氧化碳和温室效应这 3 个方面介绍碳循环与化学之间的联系；第三章从能源角度出发，介绍了含碳能源与无碳能源、能源使用现状以及能源发展与挑战；第四章通过叙述碳达峰的内涵、化石燃料与能量转化、化学能与其他能量转化、CCUS 技术与化学这 4 个方面的内容，展现了化学相关知识对实现"碳达峰"目标的助力作用；第五章内容是碳中和与化学，从碳中和的内涵、二氧化碳的催化转化以及二氧化碳参与的催化转化 3 个方面阐述了化学技术的应用对 CO_2 减排、"碳中和"目标实现的重要性；第六章从低碳生产、低碳生活、生态文明 3 个方面介绍了实施"双碳"战略对人们生活的影响；第七章叙述了乡村振兴、区域协调发展、我国第二个百年奋斗目标以及人类命运共同体与实施"双碳"战略之间的联系，表明实施"双碳"战略对我们未来生存和可持续发展具有重要意义。

本书图文并茂，通过分析相关数据、归纳总结相关文件和文献相结合的方式，从化学视角解析"双碳"战略，其中涉及的化学知识简单易懂，适合作为自然科学通识类教材，面向全体在校大学生科普"双碳"战略的内涵、目标、实施策略、重要意义等相关知识，帮助他们形成低碳生活理念，践行低碳生活方式。

本书由张燕（第一章）、万柳（第二章）、杜成（第三章）、陈建（第四章、第六章、第七章）和解明江（第五章）编著，全书由陈建和张燕通读并定稿。

编者在编写中借鉴了国内外相关书籍，出版期间获得黄冈师范学院教材建设基金的资助，在此表示感谢。还要感谢化学化工学院田正芳院长、蒋小春副院长等领导的关怀和支持。同时还要感谢黄冈师范学院化学化工学院廖学红教授和朱立红教授、黄冈师范学院校报编辑部王菊平编辑、原香港浸会大学区泽堂教授、华中科技大学李涛教授，书稿的完成离不开大家的鼎力支持和协作。

编者

2023 年 12 月

目 录

扫码获取课件

第一章

"双碳"战略

1.1 "双碳"战略思想的形成

温室气体的过量排放导致全球温室效应不断增强,对气候产生的不良影响日趋严峻。众所周知,缩减温室气体二氧化碳(CO_2)的排放量是解决气候问题的最主要途径之一,如何减少二氧化碳气体排放已经成为全球性议题。

为了解决气候变化问题,推动我国生态文明建设与高质量发展,2020 年 9 月 22 日,中国国家主席习近平在第七十五届联合国大会一般性辩论上宣布:"中国将提高国家自主贡献力度,采取更加有力的政策和措施,二氧化碳排放力争于 2030 年前达到峰值,努力争取 2060 年前实现碳中和"(以下简称"双碳"战略)。碳达峰指二氧化碳排放量在某一年达到了最大值,然后进入下降阶段;碳中和则指一段时间内,特定组织或整个社会活动产生的 CO_2,通过植树造林、海洋吸收、技术封存等自然、人为手段被吸收或者抵消掉,实现人类活动中 CO_2 相对"零排放"。

"双碳"战略是以习近平同志为核心的党中央统筹国内国际两个大局做出的重大战略决策。该战略立足新发展阶段、贯彻新发展理念、构建新发展格局,深入贯彻习近平生态文明思想,把碳达峰和碳中和纳入经济社会发展全局,以经济社会发展绿色转型为引领,以绿色能源低碳发展为关键,加快形成节约资源和保护环境的产业结构、生产方式、生活方式和空间格局,坚定不移地走生态优先、绿色低碳的高质量发展道路,实现中华民族的永续发展。

近年来,我国 CO_2 减排成效显著,"双碳"战略目标的提出,是我国碳减排的历史性转折点,这也是促进我国能源及相关产业结构的升级,实现国家经济长期健康可持续发展的必然选择。当然,"双碳"战略目标并不是要完全禁止 CO_2 排放,而是在降低 CO_2 排放的同时,促进 CO_2 吸收,用吸收抵消排放,促使能源消费结构逐步由高碳排放向低碳排放甚至无碳排放方向转变。

总而言之,实现"双碳"战略目标是一个循序渐进的过程,也将是一项涉及全社会的系统性变革。积极推动技术创新,充分调动科技、产业、金融等要素,全社会齐心协力,一定能够将这场系统性变革的关键环节——能源结构转型落实到位，从而实现"双碳"目标，将长期健康的可持续绿色发展道路走得更好、更长远。

1.2 "双碳"战略的必要性

1.2.1 传统文化传承的需要

1.2.1.1 传统文化中的生态建设伦理观

传统伦理观是人与人、人与社会关系的道德体现。相对而言，生态建设伦理观则体现人与自然和谐与可持续发展，既要有利于人类利益，又要对其他生命和自然界的发展有利。在当前全球气候变化和生态环境恶化的情况下，保护自然生态环境、建设生态文明比任何时期都要更加迫切，因而树立正确的生态建设伦理观显得尤其重要。可以说，生态建设伦理观是指导人们保护生态环境，维护人与自然和谐统一的思想基础和动力源泉。我国的传统生态伦理主要体现在统治中国古代社会的儒家和道家思想中，它在封建自然经济时代对古代中国自然环境保护发挥了积极作用。

(1) 儒家的生态伦理思想

中国封建社会时期，儒家思想作为其主流思想，是中国封建社会繁荣和发展的权威指导思想。儒家学说不仅为封建统治阶层提供了许多理论指导，而且为人与自然的和谐相处提供了行为规范、精神实质和生态智慧。

第一，儒家思想提倡顺应自然、松紧有序的行为规范。儒家思想的"时禁"，主张人类捕猎或伐树要分时节，避开春夏植物生长季节、动物幼小时期。这个思想在《礼记·祭义》和《孟子·梁惠王上》中均有记载。《礼记·祭义》把环保思想和孝道联系在一起，认为"断一树，杀一兽，不以其时，非孝也"。儒家思想将孝、恕、仁、天道等儒家道德理念和不随意杀生的自然"时禁"伦理紧密联系起来，主张对自然环境的态度与对人的态度应该保持一致。

第二，儒家思想体现天人合一、自然和谐发展的精神实质。儒家从最高理想的角度来证明人与天地自然的统一，从人之初、性本善来阐述人与天地相连通。孟子主张人类要通过"尽心"和"知性"，从而"知天"，最终达到"人类与天地合一"。儒家通常将包容万物的大自然称为"天地"，将"天人合一"的思想发展成一套精致、全面的宇宙哲学和人类自然伦理体系。

第三，儒家思想集中展现天人同源、人与自然和谐共生的生态智慧。儒家主张人类应当在充分认识并尊重自然规律的基础上，利用自然和改造自然，使得天地万物在自身特性范围内自我满足；倡导万物"皆得生息"，认为万物都能自然生长才是天地富足的表现；强调保护环境对人类发展的重要意义。

(2) 道家的生态伦理思想

中国封建社会时期，道家是其重要思想流派之一，道家主张的"道法自然、万物一体"的生态伦理思想，具有万物一体和谐共生的浓厚思维色彩。道家的"道法自然"思想彰显了其对生态自然的关注，道家的"无为之道"和"养生之道"都体现了对自然生态的关怀，对处理人与自然的和谐共处关系提供了很多参考价值。

第一，道家的"道法自然"，强调天人合一的思想，表达了人与自然和谐的哲学思考。道家的核心思想——"道"，是兼有万物之源、万象之源的统称。老子主张："人法地，地法天，天法道，道法自然"。他认为天、地、人等自然界万物具有一定的系统规律性，在"道"中实现了生态自然的和谐统一。庄子认为："以道观之，物无贵贱。以物观之，自贵而相贱。以俗观之，贵贱不在己"。强调了人与自然平等的关系。道家主要代表老子和庄子都在警醒人们要顺应自然规律，与自然保持协调的共生关系。

第二，道家"天人合一、天道无为"的生态伦理思想，强调天道自然，主张天道无为，顺应天道。老子的思想"夫物芸芸，各复归于其根，归根曰静，静曰复命。复命曰常，知常曰明"，体现了保护生命万物，反对人为改变生命万物自然轨迹的生态伦理思想。《庄子·在宥》中提到"云气不待族而鱼，草木不待黄而落，日月之光益以荒"，表达了对外力过度干涉自然、改变生态活动而造成自然生态危机的担忧。道家思想希望人类建立起尊重自然、友爱生命万物的生态保护意识，道家的"无为"思想强调人类要以顺应自然的方式去作为，不要乱为，更不要妄为。

第三，道家提出的养生之道，推崇节欲尚俭，表达对自然生态环境的友爱思想，主张人类的自我调适和内在平衡，提倡以人为本的物质和精神层面的和谐价值取向。道法自然的养生之道要求人类"少私寡欲、自然而为"，实现"返璞归真"的人格理想。道家养生之道不仅仅限于人类自身的休养之道，其根本实质是引导人类对自然生态尊重、对自然生态法则遵循，杜绝外来因素干扰生命活动而求得身心放松自在的生活状态。道家思想认为在生命万物生命活动过程中，遵循自然界秩序，减少对自然的索取，顺应自然发展规律，以求得身体健康。

1.2.1.2 生态文明建设的现代伦理观

1992 年，联合国环境规划署的重要报告《保护地球——可持续生存战略》中提出"人类现在和将来都有义务关心他人和其他生命"，这标志着生态文明的逐步兴起，现代生态伦理观的形成。现代生态伦理思想顺应了人类与自然生态伦理关系本身发展趋势、适应了新时代社会实践的客观需要，需要找到适合时代发展的独特视角。

（1）重新审视人与自然的关系

传统生态伦理思想的道德层面仅限于处在同一时代的人类，而未将人类以外的万物和不同时期的人类纳入道德思考范畴。传统生态伦理思想虽然主张人与自然万物都是自然界生态环境演化的参与者，二者具有平等关系。但是长期以来，传统上人与生态自然的关系是建立在经济基础之上的，人们已经习惯于将生态资源看作财富来实现自身发展，而忽视人类应该承担保护生态自然的义务。人类这种只注重自身发展的权利，忽视对生态自然中其他成员的保护义务的生态活动方式是很危险的。因为在这种自我为中心的价值导向下，人类常常过多地干涉自然生态的演化过程，且对自然生态中非商业价值的组成部分缺乏道德关怀，从而导致全球性生态伦理危机的悄然而至。美国的利奥波德反思了传统的生态文明，首次提出了"土地共同体"的概念。他认为土地不光是土壤，还包括气候、水、植物和动物；而土地道德则是要把人类从以土地征服者自居的角色，变成这个共同体中平等的一员和公民。它暗含着对每个成员的尊重，也包括对这个共同体本身的尊重，任何对土地的掠夺性行为都将带来灾难性后果。利奥波德这一思想奠定了现代生态观的基础，指导着人们根据当今世界上自然生态圈所面临的危机问题对人与自然生态环境之间的关系进行重新审视。

传统生态伦理学主要探讨存在于同一时代的人际之间的义务问题，然而，自然生态系统是属于全人类的，即包括过去人、当代人和未来人，并不局限于某个时代的人。传统生态伦理学仅仅关注到当下的人对自然界的征服与影响，而忽视了人类的长远利益和后代子孙的生存和发展需求。现代生态伦理学在传统伦理学基础上纵观古今和未来，将所有时期人类社会活动对自然生态环境演化的影响纳入生态伦理道德范畴。现代生态伦理学研究以人与自然的关系为中心，拓展自然生态伦理的范畴，科学调整人与自然生态环境之间的价值取向，探讨人与人类以外的其他事物之间的道德与义务、当代人与未来人之间的道德与义务以至民族间与全球性的道德问题。现代生态伦理学关注的领域从传统的共时性人际义务扩展到历史性，即代与代之间传承的代际间人际义务。现代生态伦理学在处理人与人之间的关系或社会领域关系时关注的核心是整个人类的利益，它包括同时代的人类整体利益和历史性代际间的人类整体利益。

（2）现代生态伦理的世界观、价值观和道德观

从世界观上看，现代生态伦理观认为全球资源应该是人类共享的，保护全球自然生态环境也应是全人类共同的责任。其世界观要求世界上不同国家、民族、地域的人们都应公平合理、协调一致有节制地开发、利用自然，共同承担保护地球生态环境的义务，不能为了自身利益去争夺自然资源以致引发战争，破坏全球自然环境。自然资源的合理利用应该贯彻合理公平的原则，只占世界人口 1/4 的发达国家消耗了世界 3/4 的自然资源，发达国家应该肩负起更大的保护自然环境的责任。然而，发达国家认识到生态危机问题的严重性后，常常将发展中国家发展成为自己的原料基地甚至是工业垃圾处理场，从而把保护环境的巨大压力转嫁给发展中国家。这种资源利用和地域发展的不均衡性，使得发展中国家的生态环境日益恶化。生态伦理世界观认为只有改变这种资源利用和社会发展的不公平、不合理现状，才能使整个人类与自然和谐相处。

从价值观上看，现代生态伦理要求整个人类社会的经济发展方式发生彻底转变。在工业文明中，社会化大生产呈现"原料资源——生产加工——流通消费——废物排放"的线性经济发展模式。生态文明则要求经济发展模式由工业文明的线性模式转变为"原料资源——生产加工——流通消费——废物利用——原料资源"的闭环经济模式，从而实现长期可持续发展。循环经济正是生态文明这个目标下的最优发展模式。现代生态伦理价值观要求整个人类社会实现绿色的生态消费观，即人类的消费既要符合当前物质生产水平，又要符合生态环境的承受能力。与传统消费价值观主张在最有效获取自然生产资源的基础上最大限度地满足人的消费需求相比，生态消费具有适度性、持续性、全面性和精神消费第一性等特征。它提倡四项基本原则：适度消费原则、绿色消费原则、人与自然和谐共生原则和以人的全面发展为终极目标的原则。

从道德观上看，现代的生态伦理要求人类做到以下几点：第一，保护自然生态环境，倡导全体人类社会负起保护自然环境的道德责任，彻底摒除对地球自然环境资源的攫取，善待地球自然生态环境；第二，公正地对待自然界万物，所有生命个体都享有生态环境上的权利，在人类代际之间公平分配自然资源，同代人之间公平承担保护自然环境的义务；第三，尊重生命，敬畏生命，保护地球自然生态系统的生命力量和生命物种的多样性，保护并拯救濒危生物，要适度地取利除害；第四，尊重自然生态环境的自我调节承受能力，善待人类和各种生命体的共同家园，反对过度开发自然资源；第五，崇尚生活简朴，反对消费无节制，参与绿色消费，抵制对生态环境有害的产品，倡导环境友好型精神消费。因此，生态道德观明确人与自然生态之间的理性健康关系，提出人对自然资源的开发利用必须要遵循维持自然生态环境可再生能力的基本原则。实质上，现代生态伦理道德观反映了人们对人类整体、对自己及子孙后代切身利益的责任心和义务感。

总而言之，现代的生态伦理观是人类对自然环境、对人与人间的关系、对人与自然以及人类代际间与自然关系的认识能力和实践能力的哲学思考，是人与人、人与自然的关系符合时代发展和形势的理性提升，也是生态文明建设的内在要求和前提。只有以先进的生态伦理观来指导生态文明建设，才能实现人与自然的真正和谐。

1.2.2 生态文明建设的需要

1.2.2.1 生态系统

生态系统的概念由英国植物群落学家坦斯利（Tansley）于 1935 年首先提出。生态系统指一定地域或空间内，生存的所有生物与非生物相互作用组合而成且结构有序，具有能量转换、物质循环代谢和信息传递功能的统一体。地球生态环境中存在着大大小小、形式各样的生态系统，而这些丰富多彩的生态系统组合在一起形成生物圈。生物圈就是一个无比巨大而又精密的生态系统，是地球上所有生物和它们生存环境的总称。

1.2.2.2 生态系统的结构

地球上任何一个生态系统都是由生物和非生物环境两部分相互作用组合而成的结构有序的系统。依据生态系统各要素及其能量比例关系，各要素组分的时间与空间分布状态，以及各要素之间的物质、能量与信息的流通路径与传递关系，生态系统的结构主要包括组分结构、时空结构和营养结构三个方面。

（1）组分结构

组分结构是指生态系统中不同生物类型、不同生物品种、各种生物之间不同生物数量以及非生物性环境状况的组合关系所组成的结构。组分结构中主要包含生物族群的种类组成以及各类生物种群之间数量比例或能量比例关系。例如：池塘生态系统中的"水、草、昆虫、动物"构成的系统［图 1-1（a）］；草原生态系统中的"草木、动物、沼泽"构成的系统［图 1-1（b）］。除了生物组成之外，环境中的光、水、土壤等非生物要素是各生物种生存的基础，因此也属于生态系统的组分结构。

(a) 池塘生态系统　　　　　　　　　　　　(b) 草原生态系统

图 1-1　生态系统

（2）时空结构

时空结构是指各种生物种群或构成在时间和空间上的不同形态特征和匹配关系，它涉及水平结构的镶嵌性、垂直结构的成层性以及时间上演替发展性格局。生态系统水平结构是指在一定水平空间内某个生态区域中各种生物种群的组合分布。由于地理环境的差异性，随着地形、土壤、水文和气候等环境因素的变化，植物在地表上往往呈现不均匀分布。生态系统的垂直结构指的是生态环境会随着海拔高度的变化而变化，因此在不同的海拔高度范围内生物种类有规律地出现垂直分层现象。

(3) 营养结构

营养结构是指生态系统中各类别的生物之间以食物营养为纽带，分别发挥生产者、消费者和分解者功能形成食物链和食物网，它是生态系统中物质循环和能量转化的主要途径。生产者主要是绿色植物，它可以利用非生物条件（光、水、CO_2 等）制造出有机物质，属于自养生物。消费者主要是指各种动物，它们需要直接或间接利用自养生物生产的有机质作为食物营养，属于异养生物。分解者主要是指微生物和腐食动物，它们主要是通过将动物或植物残体和排泄物中的有机物质转化为简单的无机物质而生存。

1.2.2.3　生态系统物质循环、能量流动与信息传递

(1) 物质循环

地球生态系统中的物质基础都源自于地球自身，各种生物种群从非生物环境中获取组成生物体的各种化学元素后，又通过各种生命活动和生物之间的相互作用将各种化学元素归还给非生物环境，实现物质在地球生态系统中的可持续循环再利用，从而造就地球生态圈生生不息地发展了亿万多年。

(2) 能量流动

能量的流动或转化伴随着所有的生命活动，因此，生态系统的发展和演化也离不开能量的输入、传递、转化和流失。地球生态系统所需要的能量都来自于太阳光，绿色植物通过光合作用将照射到地表的部分光能转化为化学能储存在它们所生产制造的有机物质中，这些有机物质通过食物链和食物网依次被食草动物、食肉动物等吸收利用，能量沿着食物链的传递在各食物等级的生物之间分配。另外生命周期结束后，动植物残体、排泄物或未充分利用被遗弃的有机质的腐化过程也伴随能量流动。

(3) 信息传递

信息的传递在生态系统的种群和种群之间、种群内部个体和个体之间，甚至生物和环境之间具有极其重要的作用。生命活动的正常进行和生物种群的繁衍都与信息的传递密切相关，生态系统中的信息传递功能与物质循环功能、能量循环功能互相作用，将生态系统中的各个组分结合成统一的整体。生物之间的信息传递都是生物体为了适应环境生存而进行的。

1.2.2.4　生态平衡与气候危机

(1) 生态平衡

生态平衡是指在一定时间内生态系统中的生物和环境之间、生物各个种群之间，通过能量流动、物质循环和信息传递，达到高度适应、协调和统一的状态。生态系统处于平衡状态时，系统内各组成成分之间保持一定的比例关系，能量、物质的输入与输出在较长时间内趋于相等，结构和功能处于相对稳定状态，在受到外来干扰时，能通过自我调节恢复到初始的稳定状态。一个生态平衡的生态系统通常具有以下特点。

第一，生态系统边界的能量与物质的输入、输出是相对平衡的。任何生态系统通常都具

有不同程度的开放性，生态系统之间不断地通过能量和物质输入、输出，进行开放性转移和流动。人类从自然环境中获得物质和能量的同时，应该对生态系统给予相对等量的补偿，才能维持环境资源和人类的长期可持续发展。

第二，具有完整的营养结构：生产者、消费者、分解者。生产者是消费者和分解者赖以生存的食物来源；生态系统中消费者是推动能量与物质转移和循环的关键；分解者承担着物质和能量归还或再循环的任务，也是净化环境的"净化器"。生态系统只有具有自我调节、维持平衡的能力，才能维持生态系统正常发展。

第三，系统中生物的种类和数量维持相对稳定。物种间的数量和比例通过食物链来维持自然的协调。如果人类活动破坏这种协调关系，使某种生物明显减少或大量增加，就会破坏生态系统的可持续发展。

第四，生态系统之间的协调性。在一定范围的空间区域内，通常同时存在多个类型的生态系统，它们分别代表不同的生态环境，它们整合起来又会构成统一的整体。生态系统间的协调关系会促进它们共同可持续发展。

(2) 气候危机

气候危机是指地球气候变化，尤其是全球气候变暖所带来的种种现象和危机。自然的气候波动和人为因素都会导致气候变化。科学研究认为，太阳辐射的变化、地球轨道的变化、火山活动、大气与海洋环流的变化等是造成全球气候变化的自然因素。而人类活动，特别是工业革命以来人类活动是造成目前以全球变暖为主要特征的气候变化的主要原因，其中包括人类生产、生活所造成的二氧化碳等温室气体的排放、对土地的利用、城市化等。

过去80万年全球二氧化碳含量一直在170ppm*和300ppm两个数值间波动，但是最近一百年，人类活动已经迅速地把这一数值拉高到420ppm以上。根据联合国防灾减灾署2020年发布的一份报告，相对于上一个二十年，2001到2020年期间全球各种灾害频率大幅度增加。气候危机产生的根本原因是人类活动产生过量的CO_2气体，超过自然生态系统的自我调节能力，无法维持大气中CO_2含量的相对恒定，在一定程度上破坏了自然生态系统平衡。如果人类不采取相应行动来应对气候变化，人类将会经历气候变化带来的更加严重的危机问题，这可能意味着地球的某些地区将不再适宜人类生存。

1.2.2.5 生态文明建设

严重的生态危机，制约着人类的生存和进一步发展。人类开始反思，并认识到人类与自然环境和谐发展的重要性。因此，必须发展生态文明建设来缓解生态环境危机，实现人与自然的和谐及可持续发展。

(1) 生态文明建设的基本内容

生态文明具有丰富的理论内涵，从唯物主义历史观来看，生态文明建设的内容主要涉及以下四个方面。第一，建设意识文明，从思想意识上解决人们生态世界观、道德观和价值观中存在的问题，引导人们采取正确行动构建生态文明社会。第二，建设行为文明，处理生态危机问题时，科学地运用习近平生态文明思想理论，改变奢侈消费，倡导勤俭节约、适度消费、健康绿色的生态消费观，促进生态文明建设。第三，建设制度文明，以建设和保护环境为核心，建立制度来规范调整人类与生态自然的关系，从根本上保障生态环境保护事业健康

---

* 如无特殊说明，本书中1ppm为百万分之一。

发展。第四，建设产业文明，改造产业当前的生产方式，建立资源节约和环境友好型产业模式，推动生态产业发展。

(2) 生态文明建设的意义

习近平总书记在全国生态环境保护大会上的重要讲话中，全面总结党的十八大以来我国生态文明建设和生态环境保护工作取得的历史性成就、发生的历史性变革，深刻阐述加强生态文明建设的重大意义，主要体现在以下几点。

第一，生态文明建设是人与自然和谐发展实现现代化的基本要求。习近平总书记曾指出我国社会主义现代化建设的特征之一就是人与自然和谐共生的现代化，注重推动物质文明和生态文明同时进步。生态兴则文明兴，人类的社会活动只有充分尊重顺应自然、合理利用自然、友好保护自然，才能缓解生态危机，免遭大自然的报复。因此只有深入推进生态文明建设，优化生态环境，提供更多优质的环保产品，才能满足人民日益增长的物质和环境的双重需要，实现人与自然和谐的现代化要求。

第二，生态文明建设是推动我国现代化建设和经济高质量发展的必要要求。我国经济发展阶段已经开始由高速增长向高质量发展转变，因此环境保护与经济发展是相辅相成、缺一不可的。加强生态文明建设，保护环境，坚持改变"消耗大、排放大、污染大"的传统生产模式，构建资源、生产、消费等经济要素相匹配的现代化高质量经济体系，是实现我国经济现代化高质量发展和生态环境保护和谐统一、人们社会活动与自然友好共生的根本策略。

第三，生态文明建设是大国生态的使命担当和责任。在经济高质量发展的同时，解决好生态环境问题，既能满足我国民众对物质和优美生态环境的需求，也能为发展中国家寻找绿色发展之路提供新的选择，为全球生态环境治理问题贡献中国智慧。在全球生态文明建设中充分发挥作为重要参与者、贡献者和引领者的作用，彰显中国特色社会主义的优越性和说服力，提升我国在全球生态环境治理体系中的影响力。

(3) 生态文明建设的实施途径

习近平总书记在党的二十大报告中指出："必须牢固树立和践行绿水青山就是金山银山的理念，站在人与自然和谐共生的高度谋划发展"。习近平构建生态文明体系的思想从发展方式、治理体系以及思维观念等方面进行部署，致力于从根源上解决生态环境问题，实施途径主要有以下几点。

第一，倡导"绿色发展、循环发展、低碳发展"发展模式，三者是交叉重叠、互为补充的统一体，要求摒弃以牺牲环境为代价换取经济短暂发展、先破坏环境后治理环境问题的发展路径，践行经济发展与生态环境和谐统一的发展思路。新时代绿色发展观是建立在生态自然环境对人类活动承受能力的基础上的，将节约资源、保护环境作为经济可持续发展的行为规范，将经济、社会和环境的协调统一，共同发展进步作为发展目标，鼓励以绿色化和生态化的经济活动作为现代化经济高质量发展的主要途径。

第二，确立"源头严防、过程严管、后果严惩"的制度体系。习近平指出："只有实行最严格的制度、最严密的法治，才能为生态文明建设提供可靠保障。"首先，从源头上杜绝对生态环境有害的行为，健全国内土地空间开发和保护制度，为生态系统的功能恢复预留空间；健全资源管理与节约制度，为节约资源、经济高效绿色发展提供保障。其次，在经济发展过程中，建立制度严格约束企业和地方政府，践行有偿使用资源和补偿生态环境的制度；建设环境治理市场机制，充分发挥节能市场、碳排放市场、排污市场、水交易市场在环境治理中的工具作用。最后，健全后果严惩制度，对任何损害自然生态环境的行为进行严惩。对于破坏生态环境的行为，实行党政同责，明确承担责任对象；把环境资源损耗、生态收益纳入政绩评价机制；同时确定终身追究生态责任制度，为生态文明建设的顺利实施提供制度保障。

第三，树立"尊重自然、顺应自然、保护自然"的生态理念。尊重自然是指人类在寻求自身发展的过程中，始终以平等的眼光思考人与自然的关系，尊重自然自身的发展权利，要树立人类的发展与自然生态环境互惠互益的发展理念。顺应自然就是指要在自然生态系统承受能力以内，主动遵循自然发展规律，行止适度，真正实现人与自然的和谐共生。保护自然是要在思想上秉持保护自然生态环境优先的经济发展准则，在经济发展的社会实践活动中树立环境保护的"红线"，坚持保护优先、自然恢复的政策方针。

1.2.3 国家发展与民族复兴的需要

1.2.3.1 "双碳"战略是解决新时代社会矛盾的重要助力

党的十九大报告明确指出，我国社会主要矛盾已经转化为人民日益增长的美好生活需要和不平衡不充分的发展之间的矛盾。新时代社会矛盾的转化表明中国社会出现了根本性转折，标志着人民需求层次和社会经济发展的提升。我国社会矛盾主要体现在以下几个方面：从需求层面看，人民不仅提出更高更广泛物质文化需要，而且还有日益增加的环境、安全、民主、法治、公平等方面的需求；从社会经济发展层面看，总体上我国社会生产力水平和经济发展都表现出明显增长，但发展不平衡、不充分的问题变得更加突出。"双碳"战略的实施不仅能缓解气候危机、改善生态环境满足人民对美好生活环境的需求，还能推动经济、产业结构绿色转型，带动贫困地区经济发展，削弱社会经济发展不平衡现状，有助于实现全体人民共同富裕。

"双碳"战略着手于低碳排放，对推动我国经济发展模式的低碳绿色转型、实现高质量发展，具有很强的引领性。低碳排放有助于协调处理传统污染物和温室气体的排放问题，显著改善生态环境质量和控制温室气体含量。"双碳"战略提倡环保、绿色、低碳的生活方式，强调全体民众都有责任减少碳排放，减少物质资源的浪费和消耗，减少环境污染，为生态环境的治理和维护提供有效助力。加大碳减排力度有助于引导绿色技术创新，提升经济和工业技术的全球竞争力。"双碳"战略促进中国大力调整产业结构和能源结构，推进可再生能源的发展，加快规划并建设沙漠以及戈壁地区的风能发电、光能发电基地，从而一举三得地实现社会经济发展、产业绿色转型，带动沙漠地区经济发展。

1.2.3.2 "双碳"战略是实现现代化建设的重要决策

习近平总书记在党的二十大报告中指出，中国式现代化的本质要求是：坚持中国共产党领导，坚持中国特色社会主义，实现高质量发展，发展全过程人民民主，丰富人民精神世界，实现全体人民共同富裕，促进人与自然和谐共生，推动构建人类命运共同体，创造人类文明新形态。党的二十大报告专题论述和部署指出中国式现代化过程中人与自然和谐共生、推进绿色发展，体现了中国式现代化的新发展理念，尊重自然、顺应自然和保护自然的生态文明自觉性，表明中国式现代化坚决摒弃发达国家历史上先污染后治理的模式，坚持边发展边治理生态新理念。早在 2009 年，我国众多经济指标（例如：人均 GDP 水平、经济发展水平、经济结构演进等）仍然处于发展过程中时，就已经开始将环境保护指标纳入社会发展的内在约束体系。

改革开放以后，我国经济发展十分迅猛，逐渐成为当前世界第二大经济体，随着经济的不断发展，能源消费逐年增加且以煤炭、石油、天然气等化石能源为主，化石能源的消耗占能源消耗总量的 70％以上，同时由于能源利用技术不成熟，造成碳排放量剧增。从二氧化碳排放量和我国经济发展情况［图 1-2（a）］可以看出，从 2009 年至 2019 年期间，我国的经济增长和年均二氧化碳排放量都明显呈上升趋势，且在此 10 年间碳排放年均增长率和经济年均增长率保持极其相似的趋势［图 1-2（b）］，这表明从 2009 年至 2019 年，我国的社会经济增长很大程度上是依赖化石能源的消耗，从而导致二氧化碳的大量排放，这也表明经济发展离不开能源的消耗，排放与经济增长（GDP 总量扩张）相关性强。因此，通过不断加强控制碳成本的约束力实现二氧化碳的减排，促使二氧化碳排放权与经济体的发展和生存权息息相关，从而推动产业结构的绿色升级，实现全社会人均累计二氧化碳排放量处于合理水平。相信我国今后会进一步提升处理中国式现代化发展与碳排放关系的能力和水平，切实以绿色发展的成果为人类文明新形态的丰富和发展作出中国的特殊贡献。

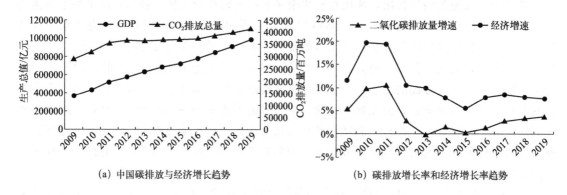

(a) 中国碳排放与经济增长趋势　　　　(b) 碳排放增长率和经济增长率趋势

图 1-2　碳排放与经济发展情况的关系

"双碳"战略涉及社会发展的多个方面，它能促进人们思考好以下五大关系。第一，以经济发展和能源安全为首要目标，同时协调好经济社会发展、能源安全与碳中和的关系；第二，从国家全面统筹协调，处理好国家减排目标与各地区、各企业减排目标的关系；第三，重视行业的平衡性，处理好化石能源和新能源的关系；第四，鼓励技术创新，改变能源局面，处理好长期可持续发展和近期暂时性发展的关系；第五，积极应对全球气候恶化，并预防国外制约我国发展，处理好中国的国际关系。在"双碳"战略的推动下，积极思考并处理好上述关系，有利于人们保护生态环境、缓解气候恶化，满足人民对优美生存环境和绿色产品的热切要求；同时有利于利用科技创新、技术升级推动社会经济增长，削弱社会发展的不均衡问题，实现中国式现代化建设与发展。

实施"双碳"战略，挖掘低碳排放经济潜力的重要性和必要性可以在国内与国际两个层面得到体现。从国内层面上看，低碳、脱碳发展是我国社会经济从粗放式发展模式转向高质量绿色可持续发展模式的必经之路。从国际层面上看，全球气候危机引发的"碳中和"热潮将重新塑造全球经济政治格局，若我国能在这个热潮中发挥引领作用，我国的国际地位将会获得极大的提升，这也是中华民族实现伟大复兴的重要路径。

1.2.3.3 "双碳"战略是指导现代化建设的行动指南

习近平在二十大报告中强调，中国共产党的中心任务就是团结带领全国各族人民全面建成社会主义现代化强国、实现第二个百年奋斗目标，以中国式现代化全面推进中华民族伟大复兴。中国式现代化，是党带领全国人民开创的现代化道路，既具有我国国情的中国特色，又遵循现代化发展的一般特征；中国式现代化是坚持与世界各国合作共赢，推动新型国际关系建设，推动更加公正合理的国际性治理体系建立。因此，中国式现代化主要体现在人口规模巨大，全体人民共同富裕，物质文明和精神文明相协调，人与自然和谐共生，走和平发展道路。

（1）深刻认识"双碳"战略对社会发展的指导意义

我国正处于全面建成小康社会实现第一个百年奋斗目标，向全面建设社会主义现代化国家的第二个百年奋斗目标努力的新发展起点上。在深刻总结发达国家发展的教训后，在深入分析我国基本国情和国际形势基础上，提出"创新、协调、绿色、开放、共享、发展"的新发展理念，指导人们积极应对经济发展环境、条件、任务和要求等方面发生的新变化。深入落实我国的新发展理念，构建以国内大循环为主体、国内国际双循环相互促进的新发展格局，实现中国社会经济高质量发展，推动中国式现代化建设。

构建新发展格局是指导我国实现现代化的重要依据。调整经济结构、转变发展方式，依靠技术创新、开发促进经济增长的新动力，获得更多的新的经济增长点，促进高质量经济发展的高效性，使全体人民共享更多的新发展成果。"双碳"战略对以供给侧结构性改革为主线的经济高质量发展提供了变革方向，疏通国内经济大循环的堵点，续接循环断点，使高质量产品的生产、分配、流通以及消费更多地依赖国内市场，提升供给体系对国内经济发展的适配性，使新发展格局有持续、安全、高效、稳定的动力源和支撑面。构建新发展格局和"双碳"战略的实施路径具有很强的一致性，二者相辅相成，相互统一，协同指导经济高质量发展。

"双碳"战略以减少碳排放、实现碳中和为目标，是一项整体性、系统性的工作，它的实施过程涉及资源利用充分、能源结构绿色转型、废弃物循环回收等多个方面，最终缓解气候危机，满足人民日益增长的优美环境需求。"双碳"战略对我国立足新发展阶段、贯彻新发展理念、构建新发展格局，助推高质量经济发展，实现中国式现代化建设具有重要指导意义。

（2）"双碳"战略是实现中国式现代化必经之路

党的二十大报告提出："统筹产业结构调整、污染治理、生态保护、应对气候变化，协同推进降碳、减污、扩绿、增长"。报告表明，统筹产业结构调整、应对气候变化将作为推进绿色发展的重要方向，要求积极稳妥推进碳达峰碳中和，促进人与自然和谐共生的现代化发展。此外，"双碳"战略在中国式现代化建设进程中主要发挥以下两大作用。

首先，建立可再生能源为主、多种能源互补的能源体系。《中华人民共和国气候变化第二次两年更新报告》显示，我国温室气体的排放主要来源于化石能源的利用过程。近年来，为了解决二氧化碳排放问题，我国积极布局开发新能源产业。2020年底我国可再生能源的发电装机量约接近能源总装机量的一半，但是可再生能源具有能量密度低、时空分布不均、稳定性差、成本高等缺点，难以实现规模化广泛应用。短期内可再生能源难以替代化石能源成为能源消费结构的主体，积极破除能源之间的壁垒，促进我国现阶段利用最多的五大能源（煤炭、石油、天然气、可再生能源与核能）互补，取长补短，提高能源的整体利用率，达到二氧化碳减排的目的。在"双碳"战略目标的引导下，以化石能源为主的传统能源体系逐渐向以可再生能源为主导、多种能源互补的新型能源体系转变，进一步推动我国能源及其相关产业的技术升级，加快中国式现代化建设进程。

其次，鼓励技术创新打开低碳发展新格局。主要从以下几个方面进行技术革新。第一，开发大规模储能技术，有利于提高可再生能源占比和利用效率，大规模储能技术是可再生能源充分利用的必要支撑，有效解决电网运行安全、电力电量平衡、可再生能源消纳等多方面的问题。第二，开发高效利用可再生能源技术，突破智能电网发展和分布式能源的核心技术，构建以新能源为主体的绿色电力系统。第三，发展化石能源高效利用技术，突破高碳排放工业的工程核心技术和瓶颈，实现碳减排；发展化石能源高值化利用技术，将化石能源中的碳基分子转化给精细化学品和新材料，实现我国能源体系能效提升。"双碳"战略以低碳发展、实现碳中和为目标，建设新能源体系，保障能源稳定供给，加快能源结构绿色低碳转型，积极地推进"碳达峰、碳中和"目标的达成。统筹绿色发展路径，推动产业结构调整，积极应对气候变化。最终达到人与自然和谐统一的经济新发展格局。

1.3 中国的碳控排政策

1.3.1 中共中央、国务院提出的"双碳"政策

1.3.1.1 《关于完整准确全面贯彻新发展理念做好碳达峰碳中和工作的意见》

本文件由中共中央、国务院于 2021 年 9 月 22 日公布，文件中指出：实现碳达峰、碳中和，是以习近平同志为核心的党中央统筹国内国际两个大局作出的重大战略决策，是着力解决资源环境约束突出问题、实现中华民族永续发展的必然选择，是构建人类命运共同体的庄严承诺。为完整、准确、全面贯彻新发展理念，做好碳达峰、碳中和工作，从以下几个方面规划细则。

总体要求：以习近平新时代中国特色社会主义思想为指导，为实现碳达峰、碳中和目标，要坚持"全国统筹、节约优先、双轮驱动、内外畅通、防范风险"原则。立足新发展阶段，贯彻新发展理念，构建新发展格局，坚持系统观念，坚定不移走生态优先、绿色低碳的高质量发展道路，确保如期实现碳达峰、碳中和。

主要目标：第一，到 2025 年，绿色低碳循环发展的经济体系初步形成，重点行业能源利用效率大幅提升。单位国内生产总值能耗比 2020 年下降 13.5%；单位国内生产总值二氧化碳排放比 2020 年下降 18%；非化石能源消费比重达到 20% 左右；森林覆盖率达到 24.1%，森林蓄积量达到 180 亿立方米，为实现碳达峰、碳中和奠定坚实基础。第二，到 2030 年，经济社会发展全面绿色转型取得显著成效，重点耗能行业能源利用效率达到国际先进水平。单位国内生产总值能耗大幅下降；单位国内生产总值二氧化碳排放比 2005 年下降 65% 以上；非化石能源消费比重达到 25% 左右，风电、太阳能发电总装机容量达到 12 亿千瓦以上；森林覆盖率达到 25% 左右，森林蓄积量达到 190 亿立方米，二氧化碳排放量达到峰值并实现稳中有降。第三，到 2060 年，绿色低碳循环发展的经济体系和清洁低碳安全高效的能源体系全面建立，能源利用效率达到国际先进水平，非化石能源消费比重达到 80% 以上，碳中和目标顺利实现，生态文明建设取得丰硕成果，开创人与自然和谐共生新境界。

主要措施规划如下。

措施一，推进经济社会发展全面绿色转型，具体包括：强化绿色低碳发展规划引领；优

化绿色低碳发展区域布局；加快形成绿色生产生活方式；大力推动节能减排；加强资源综合利用，不断提升绿色低碳发展水平。措施二，深度调整产业结构：推动产业结构优化升级；坚决遏制高耗能高排放项目盲目发展；大力发展绿色低碳产业。措施三，加快构建清洁低碳安全高效能源体系：强化能源消费强度和总量双控；大幅提升能源利用效率；严格控制化石能源消费；积极发展非化石能源；深化能源体制机制改革。措施四，加快推进低碳交通运输体系建设：优化交通运输结构；推广节能低碳型交通工具；积极引导低碳出行。措施五，提升城乡建设绿色低碳发展质量：推进城乡建设和管理模式低碳转型；大力发展节能低碳建筑；加快优化建筑用能结构。措施六，加强绿色低碳重大科技攻关和推广应用：强化基础研究和前沿技术布局，加快先进适用技术研发和推广。措施七，持续巩固提升碳汇能力：巩固生态系统碳汇能力（强化国土空间规划和用途管控，严守生态保护红线）；提升生态系统碳汇增量（实施生态保护修复重大工程）。措施八，提高对外开放绿色低碳发展水平：加快建立绿色贸易体系；推进绿色"一带一路"建设；加强国际交流与合作（积极参与应对气候变化国际谈判）。措施九，健全法律法规标准和统计监测体系：健全法律法规（加强法律法规间的衔接协调）；完善标准计量体系（建立健全碳达峰、碳中和标准计量体系）；提升统计监测能力（健全能耗统计监测和计量体系）。措施十，完善政策机制：完善投资政策（充分发挥政府投资引导作用）；积极发展绿色金融（设立碳减排货币政策工具，建立健全绿色金融标准体系）；完善财税价格政策（激发市场主体绿色低碳投资活力）；推进市场化机制建设（加快建设完善全国碳排放权交易市场）。措施十一，切实加强组织实施：加强组织领导；强化统筹协调（国家发展改革委要加强统筹，组织落实2030年前碳达峰行动方案）；压实地方责任（落实领导干部生态文明建设责任制）；严格监督考核（增加考核权重，加强指标约束）。

1.3.1.2 《2030年前碳达峰行动方案》

本方案的制定是为了深入贯彻落实党中央、国务院关于碳达峰、碳中和的重大战略决策，扎实推进碳达峰行动。它的总体要求主要包括两个方面。

第一，指导思想。以习近平新时代中国特色社会主义思想为指导，全面贯彻党的十九大和十九届二中、三中、四中、五中全会精神，深入贯彻习近平生态文明思想，立足新发展阶段，完整、准确、全面贯彻新发展理念，构建新发展格局，坚持系统观念，处理好发展和减排、整体和局部、短期和中长期的关系，统筹稳增长和调结构，把碳达峰、碳中和纳入经济社会发展全局，坚持"全国统筹、节约优先、双轮驱动、内外畅通、防范风险"的总方针，有力有序有效做好碳达峰工作，明确各地区、各领域、各行业目标任务，加快实现生产生活方式绿色变革，推动经济社会发展建立在资源高效利用和绿色低碳发展的基础之上，确保如期实现2030年前碳达峰目标。

第二，工作原则。主要包括：总体部署、分类施策（强化顶层设计和各方统筹）；系统推进、重点突破（加强政策的系统性、协同性）；双轮驱动、两手发力（构建新型举国体制，充分发挥市场机制作用，大力推进绿色低碳科技创新，深化能源和相关领域改革）；稳妥有序、安全降碳（坚持先立后破，稳住存量，拓展增量，着力化解各类风险隐患，防止过度反应）。

政策主要目标有以下几点。

第一，"十四五"期间，产业结构和能源结构调整优化取得明显进展，重点行业能源利用效率大幅提升，煤炭消费增长得到严格控制，新型电力系统加快构建，绿色低碳技术研发和推广应用取得新进展，绿色生产生活方式得到普遍推行，有利于绿色低碳循环发展的政策体系进一步完善。到 2025 年，非化石能源消费比重达到 20％左右，单位国内生产总值能源消耗比 2020 年下降 13.5％，单位国内生产总值二氧化碳排放比 2020 年下降 18％，为实现碳达峰奠定坚实基础。

第二，"十五五"期间，产业结构调整取得重大进展，清洁低碳安全高效的能源体系初步建立，重点领域低碳发展模式基本形成，重点耗能行业能源利用效率达到国际先进水平，非化石能源消费比重进一步提高，煤炭消费逐步减少，绿色低碳技术取得关键突破，绿色生活方式成为公众自觉选择，绿色低碳循环发展政策体系基本健全。到 2030 年，非化石能源消费比重达到 25％左右，单位国内生产总值二氧化碳排放比 2005 年下降 65％以上，顺利实现 2030 年前碳达峰目标。

重点任务是将碳达峰贯穿于经济社会发展全过程和各方面，重点实施能源绿色低碳转型行动、节能降碳增效行动、工业领域碳达峰行动、城乡建设碳达峰行动、交通运输绿色低碳行动、循环经济助力降碳行动、绿色低碳科技创新行动、碳汇能力巩固提升行动、绿色低碳全民行动、各地区梯次有序碳达峰行动等"碳达峰十大行动"，主要任务内容如下。

任务一，能源绿色低碳转型行动，预计通过以下几个策略推进：推进煤炭消费替代和转型升级，大力发展新能源，因地制宜开发水电，积极安全有序发展核电，合理调控油气消费，加快建设新型电力系统。

任务二，节能降碳增效行动。实施方式有：全面提升节能管理能力，实施节能降碳重点工程，推进重点用能设备节能增效，加强新型基础设施节能降碳。

任务三，工业领域碳达峰行动。主要手段有：推动工业领域绿色低碳发展，推动钢铁行业碳达峰，推动有色金属行业碳达峰，推动建材行业碳达峰，推动石化化工行业碳达峰，坚决遏制"两高"项目盲目发展。

任务四，城乡建设碳达峰行动。主要行动方向是：推进城乡建设绿色低碳转型，加快提升建筑能效水平，加快优化建筑用能结构，推进农村建设和用能低碳转型。

任务五，交通运输绿色低碳行动。主要包括：推动运输工具装备低碳转型，构建绿色高效交通运输体系，加快绿色交通基础设施建设。

任务六，循环经济助力降碳行动。主要方法有：推进产业园区循环化发展，加强大宗固废综合利用，健全资源循环利用体系，大力推进生活垃圾减量化资源化。

任务七，绿色低碳科技创新行动。从以下几方面推动绿色科技创新：完善创新体制机制，加强创新能力建设和人才培养，强化应用基础研究，加快先进适用技术研发和推广应用。

任务八，碳汇能力巩固提升行动。主要从以下几点着手：巩固生态系统固碳作用，提升生态系统碳汇能力，加强生态系统碳汇基础支撑，推进农业农村减排固碳。

任务九，绿色低碳全民行动。主要措施包含以下几点：加强生态文明宣传教育，推广绿色低碳生活方式，引导企业履行社会责任，强化领导干部培训。

任务十，各地区梯次有序碳达峰行动。主要内容包含以下几点：科学合理确定有序达峰目标，因地制宜推进绿色低碳发展，上下联动制定地方达峰方案，组织开展碳达峰试点建设。

促进 2030 年实现碳达峰，加强国际合作的策略主要涉及以下几点。①深度参与全球气候治理：分享中国生态文明、绿色发展理念与实践经验，主动参与全球绿色治理体系建设，积极参与国际航运、航空减排谈判。②开展绿色经贸、技术与金融合作：优化贸易结构，大力发展高质量、高技术、高附加值绿色产品贸易。③推进绿色"一带一路"建设：秉持共商共建共享原则，弘扬开放、绿色、廉洁理念，推进"一带一路"应对气候变化南南合作计划和"一带一路"科技创新行动计划。

为顺利实现2030年碳达峰规划的政策保障如下。①建立统一规范的碳排放统计核算体系——加强碳排放统计核算能力建设，深化核算方法研究，加快建立统一规范的碳排放统计核算体系。②健全法律法规标准——构建有利于绿色低碳发展的法律体系，推动能源法、节约能源法、电力法、煤炭法、可再生能源法、循环经济促进法、清洁生产促进法等制定修订。③完善经济政策——各级人民政府要加大对碳达峰、碳中和工作的支持力度。④建立健全市场化机制——发挥全国碳排放权交易市场作用，进一步完善配套制度，逐步扩大交易行业范围。

实现2030碳达峰目标有以下几个组织实施要求。①加强统筹协调：加强党中央对碳达峰、碳中和工作的集中统一领导，碳达峰碳中和工作领导小组对碳达峰进行整体部署和系统推进，统筹研究重要事项、制定重大政策。②强化责任落实：着力抓好各项任务落实，确保政策到位、措施到位、成效到位，落实情况纳入中央和省级生态环境保护督察。③严格监督考核：对能源消费和碳排放指标实行协同管理、协同分解、协同考核，逐步建立系统完善的碳达峰碳中和综合评价考核制度。

1.3.2 国内各领域碳排放政策

1.3.2.1 能源转型领域相关的"双碳"政策

国家发展和改革委员会（简称国家发展改革委，发改委）、国家能源局联合发布的《关于完善能源绿色低碳转型体制机制和政策措施的意见》（简称《意见》），作为碳达峰碳中和"1+N"政策体系的重要保障方案之一。《意见》将与能源领域"双碳"系列政策协同实施，合力推进能源绿色低碳转型。《意见》作为能源领域推进"双碳"工作的综合性政策文件，从体制改革创新和政策保障的角度对能源绿色低碳发展进行系统谋划。主要突出四个方面统筹：统筹协同推进能源战略规划，统筹能源转型与安全，统筹生产与消费协同转型，统筹各类市场主体协同转型。

能源生产和消费相关活动是最主要的二氧化碳排放源，大力推动能源领域以及碳减排是做好碳达峰碳中和工作，以及加快构建现代能源体系的重要举措。实现"双碳"目标，能源就是主战场。近几年来，我国的国家发展改革委和国家能源局针对推动能源转型促进碳达峰、碳中和目标顺利实现，公布了一系列政策文件，详情见表1-1。

表1-1 我国在能源转型领域的"双碳"政策文件

文件机构	政策名称	公布时间
国家发展改革委	关于完善能源绿色低碳转型体制机制和政策措施的意见	2022.01.10
	"十四五"现代能源体系规划	2022.01.29
	氢能产业发展中长期规划（2021—2035年）	2022.03.23
	煤炭清洁高效利用重点领域标杆水平和基准水平（2022年版）	2022.04.09

文件机构	政策名称	公布时间
国家发展改革委	"十四五"可再生能源发展规划	2021.10.21
	关于进一步做好新增可再生能源消费不纳入能源消费总量控制有关工作的通知	2022.11.16
国家能源局	能源碳达峰碳中和标准化提升行动计划	2022.10.09
	加快油气勘探开发与新能源融合发展行动方案（2023—2025年）	2023.03.22

1.3.2.2 节能降碳领域"双碳"系列政策

党中央、国务院高度重视节能减排工作。节能减排是从源头减少能源消耗、降低污染物排放、打好污染防治攻坚战和助力实现碳达峰碳中和的关键环节，是促进生态文明建设的有力举措。"十四五"时期，节能减排工作要顺势而为，大力提高能源资源利用效率，保障能源资源供给稳定安全，持续巩固提升环境治理成效，确保碳达峰碳中和如期实现。

"十四五"时期是我国实现"2030碳达峰"目标的关键时期，为了把握好这个关键期，国家发改委、国家节能中心、生态环境部发布了一系列节能减排文件推动碳达峰事业顺利前进，节能减排文件的简要信息如表1-2所示。节能减排重点工程主要包括以下几个：①重点行业绿色升级工程（有色金属、建材、石化化工等），②园区节能环保提升工程（鼓励工业企业、园区优先利用可再生能源），③城镇绿色节能改造工程（全面推进城镇绿色规划、绿色建设、绿色运行管理），④交通物流节能减排工程（推动铁路、公路、港口、航道、机场等绿色交通的基础设施建设），⑤农业农村节能减排工程（加大可再生能源在农村生产和生活中的应用），⑥重点区域污染物减排工程（加快公共机构既有建筑设施设备节能改造），⑦重点区域污染物减排工程（加大重点行业结构调整和污染治理力度），⑧煤炭清洁高效利用工程（严格合理控制煤炭消费增长，抓好煤炭清洁高效利用），⑨挥发性有机物综合整治工程（推进原辅材料和产品源头替代工程，实施全过程污染物治理）。

表1-2 我国在节能降碳领域的"双碳"系列政策

文件机构	政策名称	公布时间
国务院	"十四五"节能减排综合工作方案	2022.01.24
国家发改委	高耗能行业重点领域节能降碳改造升级实施指南（2022年版）	2022.02.11
	关于统筹节能降碳和回收利用加快重点领域产品设备更新改造的指导意见	2023.02.20
	关于严格能效约束推动重点领域节能降碳的若干意见	2022.10.21
	重点用能产品设备能效先进水平、节能水平和准入水平（2022年版）	2022.11.17
	关于进一步加强节能标准更新升级和应用实施的通知	2023.03.08
国家节能中心	节能增效、绿色降碳 服务行动方案	2022.04.21
生态环境部	减污降碳协同增效实施方案	2022.06.10

1.3.2.3 工业领域"双碳"系列政策

工业是我国国民经济的主导产业，是能源资源消耗和环境污染排放的重点领域，也是碳排放的大户。在我国"二氧化碳排放力争于 2030 年前达到峰值,努力争取 2060 年前实现碳中和"的目标指引下,工业领域亟须从优化产业结构、调整能源消费结构、强化新一代信息技术的工业应用、提高能源资源利用效率等方面着手,推进碳减排工作,积极应对气候变化。"十三五"以来,工业领域以传统行业绿色化改造为重点,以绿色科技创新为支撑,以法规标准制度建设为保障,大力实施绿色制造工程,工业绿色发展取得明显成效:产业结构不断优化,能源资源利用效率显著提升,清洁生产水平明显提高,绿色低碳产业初具规模,构建绿色制造体系基本完成。

尽管如此,工业领域仍然是我国碳排放的重要领域,工业领域实现碳达峰不仅表明我国工业经济的发展将摆脱对碳排放增长的依赖,也标志着我国工业制造取得重大成效,更是实现我国碳达峰、碳中和目标的关键。目前,我国工业要实现碳达峰,还需迫切完成以下任务:①实施工业领域碳达峰行动(加强工业领域碳达峰顶层设计,提出工业整体和重点行业碳达峰路线图、时间表,明确实施路径),②推进产业结构高端化转型(加快推进产业结构调整,全面推进产业绿色低碳转型),③加快能源消费低碳化转型(着力提高能源利用效率,构建清洁高效低碳的工业用能结构,持续提升能源消费低碳化水平),④促进资源利用循环化转型,⑤推动生产过程清洁化转型,⑥引导产品供给绿色化转型,⑦加速生产方式数字化转型,⑧构建绿色低碳技术体系,⑨完善绿色制造支撑体系。因此,我国工业和信息化部针对工业领域实现碳达峰发布的一系列政策见表 1-3,旨在推进工业领域碳达峰工作的进程。

表 1-3 我国在工业领域的碳达峰系列政策

政策名称	公布时间
"十四五"工业绿色发展规划	2021.12.03
关于产业用纺织品行业高质量发展的指导意见	2022.04.21
关于化纤工业高质量发展的指导意见	2022.04.21
工业水效提升行动计划	2022.06.21
关于深入推进黄河流域工业绿色发展的指导意见	2022.12.12
工业能效提升行动计划	2022.06.29
关于促进钢铁工业高质量发展的指导意见	2022.02.07
关于"十四五"推动石化化工行业高质量发展的指导意见	2022.04.07
关于推动轻工业高质量发展的指导意见	2022.06.17
工业领域碳达峰实施方案	2022.08.01
有色金属行业碳达峰实施方案	2022.11.15
工业领域碳达峰碳中和标准体系建设指南(2023 版)(征求意见稿)	2023.05.22

1.3.2.4 城乡建设领域"双碳"系列政策

相关研究显示,继能源、工业、节能减排领域之后,城乡建设领域也是碳排放的主要领域之一。随着快速推进的城镇化进程和深度调整的产业结构转变,城乡建设所产生的碳排放量及其在全社会碳排放总量中的占比将会进一步上升。要解决城乡建设中碳排放过量的问题，主要从以下几个方面着手：①优化城市结构和布局，②开展绿色低碳社区建设，③全面提高绿色低碳建筑水平，④建设绿色低碳住宅，⑤提高基础设施运行效率，⑥优化城市建设用能结构，⑦推进绿色低碳建造，⑧提升县城绿色低碳水平，⑨营造自然紧凑乡村格局，⑩推进绿色低碳农房建设，⑪推进生活垃圾、污水治理低碳化，⑫推广应用可再生能源。

为了深入贯彻落实党中央、国务院关于碳达峰碳中和决策部署，遏制城乡建设领域碳排放量的上升趋势，切实做好城乡建设领域碳达峰工作，国务院、财政部以及住房和城乡建设部等共公布5个文件，从推进农村现代化发展进程、支持绿色建材提升建筑品质、规划建筑节能，到部署绿色建筑、建材行业和城乡建设碳达峰工作，深入推进城乡建设及其节能减排工作的实施。相关政策规划及实施方案文件见表1-4。

表1-4　我国在城乡建设领域的"双碳"系列政策

文件机构	政策名称	公布时间
国务院	"十四五"推进农业农村现代化规划	2022.02.11
财政部	政府采购支持绿色建材促进建筑品质提升政策项目实施指南	2023.03.27
住房和城乡建设部、国家发改委等	"十四五"建筑节能与绿色建筑发展规划	2022.03.01
	建材行业碳达峰实施方案	2022.11.07
	城乡建设领域碳达峰实施方案	2022.07.13

1.3.2.5　交通领域"双碳"系列政策

交通运输是碳排放的重要来源之一。目前我国每年约排放100亿吨二氧化碳，交通领域占比10%，其中80%以上源于城市交通（除航空、铁路、水运外）。随着我国城镇化和机动化进程的不断加快，预计交通领域的碳排放还将持续上升。目前我国交通领域的碳减排工作还存在以下4个难点：①我国城市化进程还在进行中，②我国仍处于机动化快速发展的阶段，③公共交通规划与城市规划融合不够、尚未建立减少小汽车依赖的经济需求型管理政策体系，④目前，公路运输占据我国货物运输的主导地位。因此，要实现"碳达峰、碳中和"，仍然具有很大的挑战性。

"十四五"时期，我国进入加快交通建设、推动交通高质量发展的新阶段，服务国家"双碳"战略目标，深入打好污染防治攻坚战，必须采取更加强有力的措施，大幅度提高绿色交通发展水平，降低二氧化碳排放强度、削减主要污染物排放总量，加快形成绿色低碳运输方式。为此，我国国务院、交通运输部以及工业和信息化部为了贯彻落实《中共中央国务院关于完整准确全面贯彻新发展理念做好碳达峰碳中和工作的意见》，从综合交通运输体系发展、城市绿色货运配送管理、交通领域科技创新中长期发展、绿色交通标准体系四个方面公布了一系列交通领域推进"双碳"目标实现的政策文件，见表1-5。

表1-5　我国在交通领域的"双碳"系列政策

文件机构	政策名称	公布时间
国务院	"十四五"现代综合交通运输体系发展规划	2022.01.18

文件机构	政策名称	公布时间
交通运输部	绿色交通"十四五"发展规划	2021.10.29
	绿色交通标准体系（2022 年）	2022.08.10
交通运输部、公安部等	城市绿色货运配送示范工程管理办法	2022.03.14
交通运输部与科技部	交通领域科技创新中长期发展规划纲要（2021—2035 年）	2022.01.24
工业和信息化部等	关于加快内河船舶绿色智能发展的实施意见	2022.09.27

交通领域实现碳达峰碳中和的主要政策任务如下。

① 优化空间布局，建设绿色交通基础设施：优化交通基础设施空间布局，深化绿色公路建设，深入推进绿色港口和绿色航道建设，推进交通资源循环利用。

② 优化交通运输结构，提升综合运输能效：持续优化调整运输结构，提高运输组织效率，加快构建绿色出行体系。

③ 推广应用新能源，构建低碳交通运输体系：加快新能源和清洁能源运输装备推广应用，促进岸电设施常态化使用，城市绿色货运配送示范工程。

④ 坚持标本兼治，推进交通污染深度治理：持续加强船舶污染防治，进一步提升港口污染治理水平，深入推进在用车辆污染治理。

⑤ 坚持创新驱动，强化绿色交通科技支撑：推进绿色交通科技创新，加快节能环保关键技术推广应用，健全绿色交通标准规范体系。

⑥ 健全推进机制，完善绿色交通监管体系：完善绿色发展推进机制，强化绿色交通评估和监管。

⑦ 完善合作机制，深化国际交流与合作：深度参与交通运输全球环境治理，加强绿色交通国际交流与合作。

1.3.2.6 循环经济领域"双碳"系列政策

循环经济是指通过减量化、再使用、再循环等方式，实现废物排放最小化、资源循环利用最大化、环境负担最小化的绿色发展模式。在资源和环境的双重约束下，以减量化、再使用、再循环、资源化为特征的循环经济已成为实现"双碳"目标的重要手段。

不管是从应对环境及气候变化的要求和全球绿色发展趋势来看，还是从资源利用水平和能源需求来看，大力发展循环经济都是实现碳达峰碳中和目标、推进社会经济绿色低碳转型的重要选择，为此我国公布了一系列相关政策（表 1-6）。2021 年 7 月份，国家发展和改革委员会发布了《"十四五"循环经济发展规划》，规划中提出，到 2025 年，循环型生产方式全面推行，绿色设计和清洁生产普遍推广，资源综合利用能力显著提升，资源循环型产业体系基本建立，覆盖全社会的资源循环利用体系基本建成，循环经济对资源安全的支撑保障作用进一步凸显。

表 1-6 我国经济循环领域的"双碳"系列政策

文件机构	政策名称	公布时间
工业和信息化部	关于加快推动工业资源综合利用的实施方案	2022.02.10

续表

文件机构	政策名称	公布时间
国家发改委	"十四五"循环经济发展规划	2021.7.7
	关于组织开展可循环快递包装规模化应用试点的通知	2021.12.08
	关于加快推进废旧纺织品循环利用的实施意见	2022.04.11

从《"十四五"循环经济发展规划》政策文件来看，促进循环经济领域加大碳减排力度，助力双碳战略目标的实现，还需要从以下几个方面做出努力。

第一，构建资源循环型产业体系，提高资源利用效率。包括：推行重点产品绿色设计、强化重点行业清洁生产、推进园区循环化发展、加强资源综合利用和推进城市废弃物协同处置。

第二，构建废旧物资循环利用体系，建设资源循环型社会。包括：完善废旧物资回收网络、提升再生资源加工利用水平、规范发展二手商品市场以及促进再制造产业高质量发展。

第三，深化农业循环经济发展，建立循环型农业生产方式。包括：加强农林废弃物资源化利用、加强废旧农用物资回收利用以及推行循环型农业发展模式。

此外还有 5 个重点工程：城市废旧物资循环利用体系建设工程，园区循环化发展工程，大宗固废综合利用示范工程，建筑垃圾资源化利用示范工程，循环经济关键技术与装备创新工程。6 个行动计划：再制造产业高质量发展行动，废弃电器电子产品回收利用提质行动，汽车使用全生命周期管理推进行动，塑料污染全链条治理专项行动，快递包装绿色转型推进行动，废旧动力电池循环利用行动。

1.3.2.7 科技降碳领域"双碳"系列政策

科技创新是同时实现经济社会可持续发展和碳达峰碳中和目标的关键。为深入贯彻落实党中央、国务院关于碳达峰碳中和的重大决策部署，按照碳达峰碳中和"1+N"政策体系的总体安排，科学技术部（简称科技部）会同交通运输部、住房和城乡建设部、生态环境部、工业和信息化部和国家发展改革委等部门共同编制了《科技支撑碳达峰碳中和实施方案（2022—2030 年）》（以下简称《实施方案》），《实施方案》统筹提出支撑 2030 年前实现碳达峰目标的科技创新行动和保障举措，并为 2060 年前实现碳中和目标做好技术研发储备，为全国科技界以及相关行业、领域、地方和企业开展碳达峰碳中和科技创新工作的开展起到指导作用。以《实施方案》为基础，国家能源局、国家发改委和国家科学技术部等从能源领域、市场导向绿色创新体系、新型基础设施高质量绿色发展以及生态环境领域的科技创新需求出发，公布了科技降碳相关的文件，如表 1-7 所示。

表 1-7　我国科技降碳领域"双碳"系列政策

文件机构	政策名称	公布时间
国家能源局	"十四五"能源领域科技创新规划	2022.04.02
国家发改委、科学技术部等	科技支撑碳达峰碳中和实施方案（2022—2030 年）	2022.06.24
	关于进一步完善市场导向的绿色技术创新体系实施方案（2023—2025 年）	2022.12.13
	贯彻落实碳达峰碳中和目标要求推动数据中心和 5G 等新型基础设施绿色高质量发展实施方案	2021.11.30
科学技术部等	"十四五"生态环境领域科技创新专项规划	2022.9.19

依据我国相关政策文件要求，利用科技创新实现碳减排需要遵循以下 3 个原则。

一是统筹当前和长远。基于我国当前基本社会情况，研究出适合的科技创新行动和保障举措支撑 2030 年前实现碳达峰，并构建低碳技术创新体系，做好技术研发储备为 2060 年前实现碳中和的长期目标提供助力。

二是统筹科技创新与政策创新。结合科技部的职能，着力加强高效率、低成本的低碳技术供给，同时将低碳技术标准等政策创新纳入考量范围，以促进低碳技术产业化。

三是统筹科技部门和相关方面的工作。在科技部已开展和正在部署的相关工作基础上，广泛征求相关部门和地方在低碳科技创新方面的科技需求，与相关部门编制的实施方案做好协调和对接。

目前科技创新的任务还十分艰巨，主要涉及以下 10 个方面：一是能源绿色低碳转型科技支撑行动；二是低碳与零碳工业流程再造技术突破行动；三是建筑交通低碳零碳技术攻关行动；四是负碳及非二氧化碳温室气体减排技术能力提升行动；五是前沿颠覆性低碳技术创新行动；六是低碳零碳技术示范行动；七是碳达峰碳中和管理决策支撑行动；八是碳达峰碳中和创新项目、基地、人才协同增效行动；九是绿色低碳科技企业培育与服务行动；十是碳达峰碳中和科技创新国际合作行动。

1.3.2.8 碳汇巩固领域"双碳"系列政策

目前，我国生态系统固碳能力还是较为强大的，碳汇能力主要源于我国重要的林区，其中固碳贡献最大的是西南林区。此外，我国东北的林区在光照强烈的夏季也具有非常强的碳汇作用。但长期以来，我国一些地区生态系统受损退化问题突出、历史欠账较多，生态保护修复任务量大面广。

为了保障我国林区碳汇能力稳中有升，使其碳汇能力得到巩固加强，中共中央、国务院发布的《关于完整准确全面贯彻新发展理念做好碳达峰碳中和工作的意见》中提出两大途径。一是巩固生态系统碳汇能力。强化国土空间规划和用途管控，严守生态保护红线，严控生态空间占用，稳定现有森林、草原、湿地、海洋、土壤、冻土、岩溶等固碳作用。严格控制新增建设用地规模，推动城乡存量建设用地盘活利用。严格执行土地使用标准，加强节约集约用地评价，推广节地技术和节地模式。二是提升生态系统碳汇增量。实施生态保护修复重大工程，开展山水林田湖草沙一体化保护和修复。深入推进大规模国土绿化行动，巩固退耕还林还草成果，实施森林质量精准提升工程，持续增加森林面积和蓄积量。加强草原生态保护修复。强化湿地保护。整体推进海洋生态系统保护和修复，提升红树林、海草床、盐沼等固碳能力。开展耕地质量提升行动，实施国家黑土地保护工程，提升生态农业碳汇。积极推动岩溶碳汇开发利用。

此外，国务院、生态环境部、国家林业和草原局等 5 个部门先后发布了修复生态保护、管控生态环境分区、高原生态文明建设、发展现代竹产业体系等一系列文件，提出了一些政策意见，见表 1-8。

表 1-8　我国碳汇巩固领域"双碳"系列政策

文件机构	政策名称	公布时间
国务院	国务院办公厅关于鼓励和支持社会资本参与生态保护修复的意见	2021.11.10

文件机构	政策名称	公布时间
生态环境部	关于实施"三线一单"生态环境分区管控的指导意见（试行）	2021.11.19
	"十四五"东西部科技合作实施方案	2022.03.04
国家林业和草原局	关于加快推进竹产业创新发展的意见	2021.11.11
市场监管总局	贯彻实施《国家标准化发展纲要》行动计划	2022.07.06
农业农村部	关于推进政策性开发性金融支持农业农村基础设施建设的通知	2022.07.15

1.3.2.9 全民低碳行动领域"双碳"系列政策

增强全民节约意识、环保意识、生态意识，倡导简约适度、绿色低碳、文明健康的生活方式，把绿色理念转化为全体人民的自觉行动。推动全民实行低碳行动的主要政策有以下几点：①加强生态文明教育宣传，在国民教育体系中加入生态文明教育，开展形式多变的环境国情教育，普及双碳基础知识；②推广绿色低碳生活方式，坚决抵制奢侈浪费行为；③引导企业履行社会责任，引导企业主适应低碳发展要求，强化企业的环境责任意识。

为了推动全民树立绿色低碳意识，践行绿色低碳生活方式，中华人民共和国教育部于2022年5月、8月、11月先后公布了3个政策文件，将双碳工作、技术人才培养和绿色发展纳入国家教育体系中（相关文件见表1-9）。2021年11月和2022年12月，国家机关事务管理局分别公布了《深入开展公共机构绿色低碳引领行动促进碳达峰实施方案》和《公共机构绿色低碳技术（2022年）》。

表1-9 我国全民低碳行动领域"双碳"系列政策

文件机构	政策名称	公布时间
教育部	加强碳达峰碳中和高等教育人才培养体系建设工作方案	2022.05.07
	关于实施储能技术国家急需高层次人才培养专项的通知	2022.08.31
	绿色低碳发展国民教育体系建设实施方案	2022.11.08
国家机关事务管理局	深入开展公共机构绿色低碳引领行动促进碳达峰实施方案	2021.11.19
	公共机构绿色低碳技术（2022年）	2022.12.30

1.4 实现"双碳"目标的策略

1.4.1 我国能源的使用现状

1.4.1.1 我国能源的生产及进口

2022年，我国大力提升能源生产的保障能力，将煤炭作为"压舱石"保障能源供给能力，不断增强油气资源的勘探和开发力度，大力推进多元清洁供电体系的发展，为经济社会的稳定发展和民生用能需求的持续增长提供了有力保障。2022年原煤、原油、天然气、电力的生产总量依次为 45.6 亿吨、20472.2 万吨、2201.1 亿立方米和 88487.1 亿千瓦时，生产增速同比 2021 年分别为 10.4％、2.9％、6.0％、3.7％。原煤、原油、天然气、电力的生产总量均实现不同程度增长，相关数据见表 1-10。

表 1-10 2021～2022 年我国一次能源的生产量

年份	原煤（亿吨）	原油（万吨）	天然气（亿立方米）	发电量（亿千瓦时）
2021	41.3	19888.1	2075.8	85342.5
2022	45.6	20472.2	2201.1	88487.1

据我国能源数据统计，从 2017 年到 2022 年我国一次能源的生产总量的情况如图 1-3 所示。图中数据表明近 6 年来，我国能源生产量稳步增长，能源保障供应具有明显成效，与其他年份相比，2020 年我国一次能源的生产总量上升较少，增速明显较低，这主要源于 2020 年新冠疫情的影响。

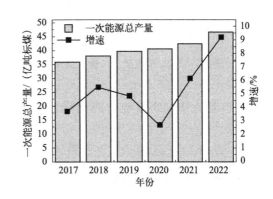

图 1-3 2017 至 2022 年我国一次能源生产总量及增速

2022 年，针对国际能源市场的不稳定性，我国强化国内煤炭兜底保障作用和油气增储上产，统筹做好保障供应煤、电、油、气生产和运输工作，有效保障生活生产用能安全。截至 2022 年底，全国发电装机总容量达 256405 万千瓦，与上一年相比增长了 7.8％。2022 年的火电、水电、核电、并网风电、并网太阳能发电装机容量分别为 133239 万千瓦（同比增长 2.7％）、41350 万千瓦（同比增长 5.8％）、5553 万千瓦（同比增长 4.3％）、36544 万千瓦（同比增长 11.2％）。39261 万千瓦（同比增长 28.1％）清洁能源（包括水电、核电、风电、太阳能发电等）发电量 29599 亿千瓦时，比上年增长 8.5％。

在当前国内外复杂形势下，我国各地方各部门贯彻落实党中央、国务院应对气候变化部署的碳达峰碳中和决策，能源领域发展坚持以节约、清洁、低碳、安全稳定为原则，充分发挥煤炭兜底保障作用，增产煤炭维持能源供应总体平稳。同时，太阳发电、风能发电等清洁新能源的发展趋势强劲，为我国经济社会发展注入了大量绿色能源。近 6 年来，煤炭产量占比大体呈下降趋势，且 2021 年与 2017 年相比下降了 2.6％，但由于需要煤炭兜底保障用能供应，2022 年煤炭开采生产量占比回升，与 2021 相比上升了 2.2％，我国近年来能源生产结构见图 1-4。生产的原油总量占比持续下降，2022 年较 2017 年下降了 1.3 个百分点。天然气生产占比同比略有上升，与 2017 年

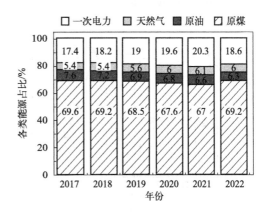

图 1-4 2017～2022 年能源生产结构

相比提升 0.6 个百分点。水电、风电、光电等一次电力产量占比也略有上升，2022 年较 2017 年提升 1.2%。2022 年，我国无碳能源的发电装机量达到 12.7 亿千瓦，获得了历史性的突破，同比上一年增长 13.8%，占比达到 49.6%，有效延续了绿色低碳转型趋势。

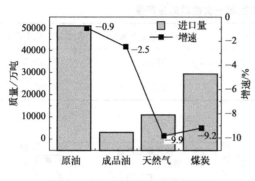

图 1-5　2022 年能源进口量及增速

全球各种政治原因的影响，国际油价高涨，原油、成品油的进口价过于高昂，迫使中国 2022 年原油进口量下降。国际天然气的价格持续高昂，极大地限制了国内进口商的积极性。2022 年初印尼的煤炭出口禁令引发了国际煤炭资源紧张，煤价持续高位运行，较大程度抑制了中国煤炭进口。由于上述各种原因，我国多种商品能源的进口量都出现下跌趋势。如图 1-5 所示，2022 年我国原油进口量为 50828 万吨，同比降低 0.9%；天然气进口量为 10925 万吨，同比降低了 9.9%；煤炭进口量为 29320 万吨，同比降低了 9.2%。

1.4.1.2　我国能源的消费情况

经济发展通常与能源消耗具有很强的依赖性，粗放式的经济发展模式带来资源过度消耗、环境严重污染、生态平衡破坏等严峻的能源和环境问题。党的十九大强调推进能源生产和消费结构变革，建立清洁低碳、安全高效的能源体系，为能源的发展和变革提供思考方向。能源发展变革的首要内容是能源消费革命，建立能源节约型、环境友好型、安全高效型能源消费路径，是我国经济社会实现可持续发展的关键之一，也是实现"双碳"战略、缓解全球气候变化的必然选择。

依据国家能源局统计的数据初步核算，2022 年我国能源消费总量比 2021 年增加 2.9%，达到 54.1 亿吨标煤。其中，电力消费增加 3.6%，煤炭消费增加 4.3%，原油消费减少 3.1%，天然气消费减少 1.2%。在 2022 年我国的能源消费结构中，煤炭消费占比约 56.2%，相比 2021 年上升 0.3%；天然气、水电、核电、风电、太阳能发电等清洁能源消

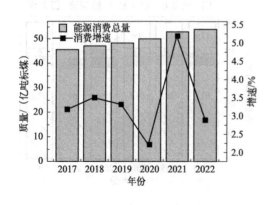

费量占能源消费总量的 25.9%，同比增加了 0.4%。近 6 年来（除了 2020 年疫情的特例），我国能源的消费总量呈现出低速上升的趋势（图 1-6），能源消费的增速收缩，当前低速增长的能源消费支持我国社会经济的中高速发展。

2022 年，我国全国用电量为 8.67 万亿千瓦时，比上一年增加 3.6%。其中，医药制造业、电气机械和器材制造业、电子设备制造业以及计算机/通信消费的电量增速超过了 5%。新能源车整车制造的

图 1-6　2017—2022 年我国能源消费总量及增速

耗电量增产幅度最大，高达 71.1%。此外，根据国家能源局的统计数据（表 1-11），2017～2021 年这 5 年间，煤炭、石油、天然气和清洁电力能源消耗总量都处于上升的势头，到 2022 年，就我国各类能源消耗总量而言，煤炭仍然呈上升趋势，而石油和天然气均有所下降，且水电、风电、核电等清洁能源明显表现出上升趋势。这些数据表明我国的能源消费逐渐向缩减传统能源使用、扩大清洁电力能源应用方向转变，助力实现碳达峰碳中和。

表 1-11　2017～2022 年主要能源产品的消费总量　　　　单位：万吨标煤

年份	煤炭	石油	天然气	水电、风电、核电等
2017	270911.52	84323.45	31397.03	61897
2018	273760	87696	36192	66352
2019	281280.6	92622.7	38999	74585.7
2020	283540.7	93683	41858	79231
2021	293975.9	97816.7	46278.8	87824.6
2022	304042	96839	45444	94675

注：2021 与 2022 年数据依据计算所得。

根据我国能源局的初步测算结果（图 1-7），相比 2021 年，2022 年我国能源消费总量上升了 2.9%。2022 年从各能源品种来看，煤炭消费量持续高位，占能源消费总量的 56.2%，比上一年增加了 0.3%；石油占比约为 17.9%，同比降低 0.6%；一次电力及其它在能源消费总量占比约 17.4%，同比提高 0.7%，天然气占比 8.5%，同比降低 0.3%。2017～2022 年，能源消费持续呈低碳化趋势，消费清洁能源（天然气、水电、风电等）的总占比稳步增加。

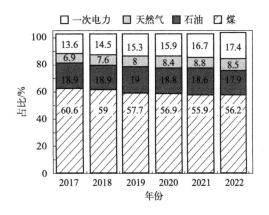

图 1-7　2017～2022 年能源消耗结构

据统计，风电、太阳能发电等清洁能源在 2022 年消费量占能源消费总量的 25.9%，比 2021 年提高 0.4%。近 6 年来，在我国能源消费总量的占比中，清洁能源消费的占比持续上升（图 1-8），从 2017 年的 20.5% 上升到 2022 年的 25.9%，提升了 5.4%，表明我国能源消费结构持续向清洁低碳化转型。

此外，根据清洁供热产业委员会的不完全统计，到 2022 年底，我国北方地区供热的总面积达到 238 亿平方米（城镇和

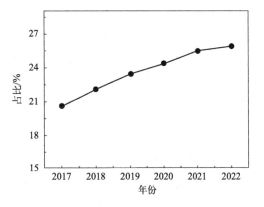

图 1-8　2017～2022 年清洁能源消费占能源消费总量的比重

农村的供热面积分别为 167 亿平方米，71 亿平方米），其中清洁供热面积达到 179 亿平方米，占总供热率为 75%，明显改善了能源消费与生态环境的友好性，加快形成能源节约型社会，促进建立更加优化的能源消费结构。

1.4.2 大力发展无碳能源

1.4.2.1 无碳能源简介

无碳能源是指不依赖于化石燃料，在利用过程中没有二氧化碳产生的清洁型能源，典型代表有太阳能、风能、水能、地热能、核能等。这些无碳能源在节能减排和经济效益方面具有显著优势，因而是实现碳达峰碳中和目标的必然选择。

太阳能是指太阳光辐射能，是一种零污染的可再生能源，它的利用技术主要有光伏和光热 2 种。光伏技术主要是利用暴露在太阳光下的光伏板组件产生直流电；现代光热技术是指将太阳光聚集，并利用其辐射能产生热水、蒸汽或电能的技术手段。

风能是由地球表面的空气自然流动而产生的能量，是一种无污染且不会枯竭的可再生资源。利用风能的主要技术是组建风能系统、通过风力涡轮机将风能转换成电能进行存储或利用电网输送。相比于使用化石燃料，风能的利用对环境和气候的影响是十分微弱的。

水能是指水体的动能、势能和压力能等能量的总称，和太阳能、风能一样也是可再生的清洁能源。水能的利用主要是水力发电，即利用水轮机将水的动能、势能或压力能转换为机械能带动发电机旋转产生交流电。

地热能是指地壳从地球内部熔岩中抽取的天然热能，因具有存量大、分布广、适用性强、稳定性好、绿色低碳等特性，而成为极具竞争力的清洁可再生能源。地热能的利用主要是通过钻井收集地底蒸汽和高温热水用于直接使用、供暖或者发电。

核能是原子通过核反应释放的能量，包括核聚变能、核裂变能以及核衰变能。我国的核能技术主要利用铀元素资源，采用铀元素与钍元素循环技术，中期发展快中子增值反应堆核电站，远期发展核聚变堆核电站。

1.4.2.2 无碳能源分类

人类生产生活和社会经济活动等都离不开能源的支撑。在当今世界全球气候变暖的现状下，降低碳排放缓解温室效应已经成为全球热潮，我国更是肩负起大国担当提出了"双碳"战略目标。因此开发利用无碳能源来替代传统化石能源显得尤为重要。

① 从来源上看，无碳能源分为三类。第一类是直接或间接源于太阳的能源。太阳能不仅可以为人类提供可以直接利用的光能和热能，还可以经过转换形成风能、水能、电能。第二类是来源于地球内部的能源，例如地热能和核能。地球本身是个巨大的天然热库，蕴藏的热能十分丰富。此外，地球土壤中蕴含的铀元素和钍元素是核电站的主要原料。第三类是源于地球外天体（月亮、太阳等）对地球表面海水产生引力形成潮涨潮落的潮汐能。

② 从能源是否可再生分类，无碳能源可以分为可再生能源和非再生能源。可再生能源具有很多优势。一是无穷无尽，太阳源源不断地给地球提供太阳能，地球表面的大气循环流动从而产生风和雨水，为人们提供风能和水能。它们都是可再生的，是取之不尽用之不竭的自然能源。二是污染小，可再生能源通常是清洁干净的，它在使用过程中，很少有污染物排放。因此，利用可再生能源促进生态环境和人类社会的和谐发展具有十分重要的意义。三是

分布范围广,可再生能源的形式多样,分布范围较为广泛,可供人们就地开采使用。无碳能源中的太阳能、风能、水能、地热能等都是具有以上 3 个特性的可再生能源。

与可再生能源相对比,非再生能源是经过悠久的亿万年时间沉淀形成的,消耗以后在短期内无法恢复再生的能源。传统的化石燃料,如煤、石油、油页岩等含碳能源都是非再生能源,另外无碳能源中的核原料经过核反应释放核能后也难以短期恢复,因而核能属于无碳能源中的不可再生能源。

1.4.3 降低含碳能源的使用

1.4.3.1 不同能源的碳排放率

根据中国能源大数据(2023)统计数据,2022 年我国煤、石油、天然气和水电、核电、风电等的消费总量分别为 304042 万吨标煤、96839 万吨标煤、45444 万吨标煤和 94675 万吨标煤。根据国际能源署发布的《2022 年二氧化碳排放报告》,2022 年我国的二氧化碳排放量为 1147700 万吨,碳排放量相较 2021 年下降了 2300 万吨。

化石能源的开发、运输和其他各类能源用于发电时,生命周期中电网的建设、运行、维护时都会产生大量碳排放。煤炭火力发电、石油火力发电、天然气火力发电、太阳能热发电、光伏发电、波浪能发电、海水温差发电、潮汐能发电、风力发电、地热发电、核能发电的 CO_2 排放率分别是 275g/kWh、204g/kWh、181g/kWh、92g/kWh、55g/kWh、41g/kWh、36g/kWh、35g/kWh、20g/kWh、11g/kWh 和 6g/kWh。由数据可以看出,煤和石油的碳排放率较高,天然气的碳排放率居中,而太阳能热发电、光伏发电、波浪能发电、海水温差发电、潮汐能发电、风力发电、地热发电、核能发电属于低碳排放率能源。

1.4.3.2 "双碳"战略背景下能源发展战略

化石燃料燃烧产生的无机污染物主要包括无机气体(CO、SO_2、NO_x、COS 等)、无机粉尘(重金属 Hg、Cd、Pb、Zn 等无机物)和有机污染物(烷烃、芳烃、醇、酚、酮、二噁英等)。在"双碳"战略背景下,减少碳排放率较高煤、石油的使用和增加太阳能热发电、太阳能光伏发电、风力发电等低碳排放率能源可有效减少 CO_2 排放量。然而,为保证经济正常发展,需要使用碳排放率中等的甲烷(CH_4),以保持能源市场供给稳定。另外,在生态环境保护背景下,对煤、石油、天然气进行洁净化处理,可减少 SO_2 气体污染物、芳烃等有机污染物和炉渣等固体污染物对大气、水体、土壤等的污染。因此,在"双碳"战略和生态环境保护背景下,我国能源发展战略应该为:为减少碳排放和环境污染,需要同时减少含碳能源使用、增加无碳能源使用和对化石能源洁净化处理后应用。

1.4.3.3 含碳能源综合利用

煤、石油、天然气是一部分远古动植物遗骸经过一系列复杂物理化学作用形成的成分比较复杂的复合物。它们是人们生产生活经常使用的燃料,为不可再生的化石燃料。煤和石油都是由 C、H、O、N、S 等元素组成的。煤燃烧时利用效率低、会排放大量氮氧化物(NO_x)、二氧化硫(SO_2)等污染气体,粉尘和煤渣。石油作为燃料时,直接燃烧的是汽油、柴油等石油加工产品。石油燃烧时会释放大量一氧化碳(CO)、氮氧化物(NO_x)、碳氢化物、粉尘等大气污染物。目前,煤、石油、天然气仍是人类生产生活使用的能源。化石能源综合利用，有利于提高能源的利用率、减少化石能源燃烧所造成的环境污染、缓解环境污染带来的压力。

煤的综合利用：①煤气化可生产一氧化碳和氢气，可进一步加工成醇类、酸、酸酐、二甲醚等产品；②煤间接液化可获得合成气，再经过催化合成烃类化合物；③煤直接液化可生产汽油、柴油、液化石油气、苯、甲苯和二甲苯的高附加值化工产品；④煤热解可获得苯、萘、蒽、菲等稠环芳烃，热解废弃物煤矸石可以直接用于矿井充填、矿回填、填海造地、筑路筑坝、复田造林等。此外，制作建材、轻骨料、砖瓦、混凝土砌块等时也可以大量使用煤矸石。

石油是由 C、O、N、H 元素构成的气态、液态、固态化合物组成的混合物。石油经一系列炼制、加工工艺得到各种优质化工产品和低品质副产品。为提高石油综合利用价值，减少石油开采、精制过程中产生的污染，需要对石油进行综合利用。石油综合利用过程主要有分馏、裂化、裂解和催化重整。①石油分馏时利用原油物质沸点差异性来将复杂混合物分离，得到质量分数约为 25% 的轻质油（包括石油气、溶剂油、汽油、煤油和柴油）和 75% 的重油。②石油的裂化是以重油和石蜡为原料，在加压、加热和催化剂存在的条件下把长链分子烃断裂成气态烃。③石油裂解是在 700~1000℃ 条件下，把长链分子烃断裂成各种短链分子烃。④石油的催化重整是在催化剂作用下，把直链分子烃转化为芳香烃和具有支链的异构烷烃。

天然气是低碳烃（甲烷、乙烷、丙烷和丁烷等）、气态非烃类（CO_2、N_2、H_2、H_2O 等）混合物。天然气经分离、脱硫后，去除有害杂质、悬浮粒子等，产生高效、清洁甲烷（CH_4）燃料。天然气的综合利用主要是开发新的工艺路线、新型催化剂、反应器。天然气作为一种重要的化工原料，可以用于制备合成气、甲醇、合成油、二甲醚、烯烃等。此外，合成氨和化肥也是天然气利用的一个重要途径，天然气制氢氰酸、醋酸、芳烃等技术也得到快速发展。

1.4.4 提高二氧化碳转化率

CO_2 作为主要温室气体导致了全球变暖，实现"双碳"战略目标需要多元化绿色低碳负碳技术体系，CO_2 捕集、运输、储存与应用技术（CCUS 技术）被寄予厚望，在实现"双碳"战略目标过程中将发挥积极作用。捕集的 CO_2 可经油气储层、无法开采煤层、深盐层和 CO_2 矿化储存。CO_2 作为一种廉价易得工业原料，通过 CCUS 技术实现变废为宝。根据《中国二氧化碳捕集利用与封存（CCUS）年度报告（2021）》预测，到 2030 年、2050 年、2060 年通过 CCUS 技术减排能力可分别达到 0.2~4.08 亿吨、6~14.5 亿吨、10~18.2 亿吨。

1.4.4.1 二氧化碳利用途径

CO_2 作为一种廉价易得化工原料，可通过加氢制碳氢化合物、环加成制备高聚物、制备尿素等反应转化为附加值较高的化工产品，见图 1-9。

CO_2 利用技术主要包括以下内容。

第一，CO_2 加氢制甲醇。CO_2 加氢制甲醇主要包括热化学、电化学还原、光催化还原和生物转化方法。CO_2 加氢制甲醇是一个放热反应，通常需要在低于 150℃、5~10MPa、氢

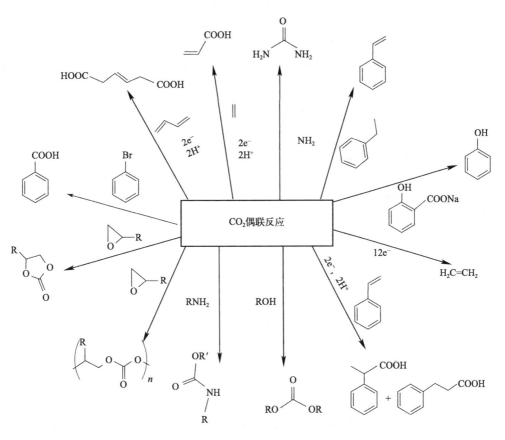

图 1-9 CO₂ 用于合成化工原料

气过量和催化剂存在条件下进行，涉及的反应如下：

$$CO_2+3H_2 =\!=\!= CH_3OH+H_2O$$

$$2CO_2+2H_2 =\!=\!= CH_3OH+CO$$

电化学还原法是在常温常压下将 CO_2 还原为 CH_3OH，反应式如下：

$$CO_2+6H^++6e^- =\!=\!= CH_3OH+H_2O$$

在此过程中可能生成 CH_4、CH_3OH、CH_2O、CO 和 HCOOH，因此 CO_2 电化学催化剂选择和反应条件控制尤为重要。

光催化还原法和光电化学还原法还原 CO_2 可用于太阳能转化 CO_2，半导体材料在光照下产生光生电子和空穴分离，光生电子具有还原性，将 CO_2 还原成还原产物。

第二，CO_2 制备合成气——一氧化碳（CO）和氢气（H_2）的混合物。合成气可以作为原料合成燃油、甲醇和二甲醚等化工产品。CO_2 制备合成气主要通过 CO_2 干重整和 CO_2 气化反应制备。CO_2 干重整一般在 900℃ 条件下进行，是以 CO_2 为氧化剂和甲烷（CH_4）为还原剂得到 CO、H_2 的混合物，涉及的反应式如下：

$$CO_2+CH_4 =\!=\!= 2CO+2H_2$$

第三，CO_2 环加成是在 Al、Co、Mn、Zn、Cr 和 Mg 催化剂存在的条件下与环氧化物反应生成环状碳酸酯。金属配合物催化剂对水和氧敏感、毒性大、难回收利用，使用受到一定的限制。金属有机框架材料（MOFs）、有机多孔材料负载的多项催化剂活性高、选择性好、循环性能优异，已经引起了研究工作者的广泛兴趣。

第四，除了 CO_2 与环氧化物生成环状碳酸酯外，CO_2 还可以与 PG、乙烷、丙烷等反应制甲醇、碳酸二甲酯二氧化碳等。然而，与排放的 CO_2 相比，通过化学方法只能固定少量的 CO_2。另外，产生的化工产品寿命较短，只有数月甚至是几天。但是将 CO_2 转化为塑料和层压板用于建筑业，材料的寿命可以长达几十年。因此，从使用寿命和总体净碳的来源与排放方面考虑，采用高效催化剂或适度反应条件的工艺，研发新的 CO_2 还原反应合成可以用于建筑业的塑料和层压板等基础设施的材料，对于实现零或负净碳排放具有重要意义。

1.4.4.2 二氧化碳减排途径

(1) 二氧化碳捕集

CO_2 捕获也称为碳捕集，是指从发电厂废气、工业烟道气、空气等气体中分离、浓缩 CO_2，以便于后期利用、封存或运输。CO_2 捕集技术是捕集、运输、利用和封存技术 (CCUS) 关键组成部分。根据 CO_2 捕集过程和特点，CO_2 捕集可分为燃烧前、燃烧后和富氧燃烧捕集，其中应用最为广泛的为燃烧后捕集技术。

燃烧前捕集技术是指通过整体煤气化联合循环技术在高温条件下将化石燃料变成氢气、天然气、煤气和合成气等可燃气体，产生的 CO 与水煤气变换反应生成 CO_2 和 H_2，通过吸附剂实现 CO_2 捕集，分离出的氢气既是一种绿色燃料，又是重要的化工原料。由于煤气化和水煤气变化需要大量能量，因此燃烧前捕集技术能耗高、操作复杂、设备投入高，只适用于某些领域。

燃烧后碳捕集技术是指将燃烧后产生的 CO_2 和 N_2、O_2 和 H_2O 等不可燃气体分离。燃烧后气体主要来源于工业烟道气，是目前最主要的 CO_2 排放源。CO_2 捕集的能耗和成本要高于燃烧前捕集技术。

富氧燃烧技术是指以高浓度的 O_2 与 CO_2 混合气体代替空气与煤粉在锅炉内进行充分燃烧反应。此技术成本低、易规模化、易于存量机组改造等，应用前景较好。

(2) 二氧化碳吸附技术

二氧化碳吸附方法可分为溶液吸收法、固体吸附法、膜分离法和化学吸收法。

溶液吸收法是利用溶液从混合气中分离 CO_2，根据吸收过程中发生作用的原理，可分为物理溶液吸收法、化学溶液吸收法以及物理-化学混合溶液吸收法等。物理吸收法利用甲醇、N-甲基吡咯烷酮、聚乙二醇二甲醚等溶剂对 CO_2 在不同温度、压力时溶解度差异进行分离 CO_2。化学吸收是基于溶液溶质与 CO_2 发生化学反应吸收 CO_2，生成的产物在一定温度下分解释放 CO_2，化学溶液吸收法具有捕集容量大、选择性高、工艺简单等特点，在常压操作条件下捕集效果要明显优于物理溶剂。

固体吸附法包括物理吸附及化学吸附。物理吸附主要基于固体吸附剂孔结构对 CO_2 的吸附来进行，高压吸附-减压解吸附，通过控制压力和温度来完成吸附和富集。常用的吸附材料包括活性炭、分子筛、水滑石、笼状水合物等。化学吸附适用于固体吸附剂化学基团与 CO_2 相互作用完成吸附和富集，如负载胺材料、硅酸盐、碳酸盐可与 CO_2 发生化学反应而完成吸附，在一定温度和压力下解吸 CO_2 和实现固体吸附剂再生。固体吸附剂吸附选择性高、对空气和环境 H_2O 耐受性好，且在 $200 \sim 600℃$ 吸附效果和稳定性较好，从而使得整体捕集成本较低。

膜分离法主要应用在合成气中 CO_2 和 H_2 分离。用于 CO_2 和 H_2 分离的膜有两类：一类

为 H_2 优先渗透膜，即 H_2/CO_2 分离膜，另一类为 CO_2 优先渗透膜，即 CO_2/H_2 分离膜。

化学吸收法脱除 CO_2 是基于 CO_2 的酸性与吸附剂间的化学作用进行分离的。碱性吸收剂与酸性 CO_2 气体发生酸碱中和反应，形成不稳定的盐类物质，不稳定性的盐类在加热或减压的条件下会释放 CO_2，实现化学吸附剂的再生，从而将 CO_2 从烟气中分离。典型的化学吸收法工艺为：烟气经预处理后进入吸收塔，自下向上流动，与从吸收塔顶部自上而下的吸收剂形成逆流接触，脱碳后的烟气从吸收塔顶排出。

习题

1. "双碳"中的"碳达峰"和"碳中和"有何内涵？
2. 在生态文明建设中，传统伦理观与现代伦理观有什么区别？
3. 生态系统的定义及其组成结构是什么？
4. 一个生态平衡的生态系统应该具有什么特点？
5. 生态文明建设的基本内容及其意义是什么？
6. 什么是无碳能源？如何分类？
7. 为实现"双碳"战略，我国能源行业需要做哪些调整？

扫码获取课件

第二章

碳循环与化学

2.1 "双碳"的化学基础

地球的生命起源于碳，其在生物圈、岩石圈、大气圈和水圈之间往复循环，以各种形态贯穿于生命的全过程。200多年工业化的演进过程中，亿万年来沉积于地底的化石燃料被发掘，成为人类社会赖以生存的能量之源，一个巨大的碳储藏库从此被打开，随之到来的是大量二氧化碳等温室气体释放到大气中，从而给地球环境带来严重影响。近二十年，"碳与环境"成为全球关注的焦点之一，涉及国家可持续发展和人民生活的方方面面。随着"碳达峰""碳中和"被写入政府工作报告，2021年被称为中国的"碳中和"元年。

2.1.1 碳元素存在形式及性质

碳元素位于元素周期表第四主族、第二周期。众所周知，碳元素在自然界中分布十分广泛。碳在地壳中的质量分数为0.048%。其中常见的游离态碳单质有金刚石、石墨，以及后来科研人员不断探索研发出来的新型碳单质，包括足球烯、石墨烯、石墨炔、碳纳米管等。而化合态的碳存在形式更加复杂多变，依据化学成分的不同，可分为有机化合物和含碳无机化合物。其中有机化合物的存在形式十分广泛，包括煤、石油和天然气等传统化石能源，动物、植物和微生物等；而含碳无机化合物，主要包括石灰石、白云石等无机化合物碳酸盐，含碳的无机气体化合物，例如广泛存在于空气中的二氧化碳。

碳原子的价层电子构型为$2s^2 2p^2$，最高氧化数为+4。碳族元素的物理性质详见表2-1，碳原子所在的第四主族中，随着原子序数的不断增大，碳族元素的稳定氧化态由+4逐渐演变为+2。这是因为$2s^2$电子对随着外层电子数的增大而逐渐稳定。

2.1.1.1 碳的同素异形体

同素异形体是指由同一种元素形成的几种性质不同的单质。碳的同素异形体较多，包括金刚石、石墨、碳原子簇、石墨烯、碳纳米管和石墨炔等，部分同素异形体性质如表2-2所示。

表 2-1　碳族元素的物理性质

物理性质	碳		硅	锗	锡	铅
	石墨	金刚石				
颜色	灰黑色	无色	灰黑色	银灰色	银白色	蓝白色
熔点/℃	3652~3697	4440	1410	937	232	327
沸点/℃	4827	4827	2355	2830	2260	1740
密度/(g/cm³)	2.25	3.15	2.33	5.35	7.28	11.34
导电性	导电	不导电	半导体	半导体	金属导体	金属导体
主要化合价	+2、+4	+2、+4	+2、+4	+2、+4	+2、+4	+2、+4
稳定价态	+4	+4	+4	+4	+4	+2

表 2-2　碳的同素异形体

		金刚石	石墨	足球烯
晶体	结构	正四面体构型，空间网状的原子晶体	平面层状的正六边形结构	笼状结构，形似足球
	结合力	共价键	共价键、范德瓦耳斯力	范德瓦耳斯力
	键角	109°28′	120°	108°、120°
性质	颜色	无色	灰黑色	灰色
	熔点	高	高	低
	硬度	大	小	小
	导电性	不导电	导电	不导电

(1) 石墨

石墨作为一种常见的碳单质固体，在 3652℃下升华，三相点为 4489℃和 10.3MPa。石墨具有典型的层状结构，每个碳原子以 sp² 杂化轨道与相邻的 3 个碳原子之间以共价单键连接，构成二维片层结构。每个碳原子都有一个未参与杂化的 p 电子，形成大 π 键。这些离域电子使得石墨具有良好的导电性。此外，石墨的层与层之间通过分子间力（或范德瓦耳斯力）结合起来，由于该作用力很弱，导致层间易于滑动，因此石墨具有一定的润滑性。石墨具有独特的结构和性质，可被用来制作润滑剂、电极材料和铅笔芯等。

图 2-1 为石墨的层状结构示意图。在垂直于层方向进行投影，可以看到石墨层与层之间原子的位置互相错开，构成错落有致的二维层状结构。生活中常见的木炭、焦炭等

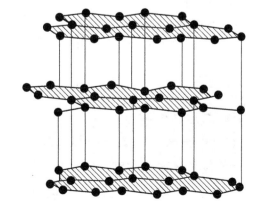

图 2-1　石墨的层状结构示意图

无定形碳都具有石墨结构。

（2）金刚石

金刚石，又称钻石，是典型的原子晶体，属于立方晶系。如表 2-1 所示，金刚石的熔点高达 4440℃（12.4GPa）。作为自然界中硬度最高的物质，金刚石的莫氏硬度为 10。金刚石中每个碳原子都以 sp^3 杂化轨道与相邻的 4 个碳原子之间以共价键相连。与石墨不同，由于金刚石晶体中每个碳原子的所有价电子均参与了共价键的形成，晶体中不存在离域的 π 电子，因此金刚石不能导电。图 2-2 为金刚石的立方面心晶胞示意图。

图 2-2　金刚石的立方面心晶胞示意图

金刚石具有极高的硬度和稳定的物理结构，因而常被用作装饰品、制造精密仪器的轴、磨削工具和钻头等。

（3）碳原子簇

除了上述两种晶体形态外，碳单质还存在第三种晶体形态——碳原子簇。碳原子簇是指分子式 C_n 中，n 小于 200 的碳单质。在众多碳原子簇分子中，研究较为深入的是足球烯（C_{60}）。1996 年，三名美、英科学家因发现足球烯荣获了诺贝尔化学奖。C_{60} 分子是由 60 个碳原子构成近似于球形的三十二面体，由 20 个正六边形和 12 个正五边形组成。如图 2-3 所示，C_{60} 分子每个碳原子以近似于 sp^3 杂化轨道与相邻 3 个碳原子相连接，而未参与杂化的 p 轨道在 C_{60}

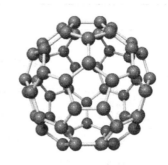

图 2-3　C_{60} 分子的结构示意图

分子的球面形成大 π 键。正是由于 C_{60} 分子的形状近似于足球，因而被称为足球烯。但足球烯并不是化合物，也不是烯烃，而是一种碳单质。

足球烯在室温下为呈紫红色固态分子晶体，密度为 $1.68g/cm^3$，分子直径约为 0.71nm，有微弱荧光。分子轨道计算结果表明足球烯具有较大的离域能，因此足球烯具有金属光泽，表现出诸多优异的性质，如耐高压、强磁性、抗化学腐蚀和超导等，在光、电、磁等领域有着广泛的应用前景。

（4）石墨烯

石墨烯，又名单层石墨片，作为一种以二维层状结构存在的碳同素异形体，本质上就是单原子厚度的石墨。2004 年，英国曼彻斯特大学物理学家安德烈·海姆和康斯坦丁·诺沃肖洛夫，首次报道了采用微机械剥离法成功从石墨中分离出石墨烯，并获得 2010 年诺贝尔物理学奖。石墨烯是目前已知唯一存在的二维自由态原子晶体。

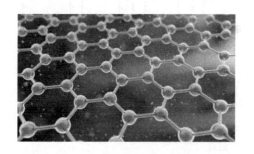

图 2-4　石墨烯的结构示意图

如图 2-4 所示，石墨烯由六边形的封闭的碳网络所构成，结构中每个碳原子通过 sp 杂化与相邻的 3 个碳原子之间通过共价键结合。

在单层石墨烯结构中，相邻 2 个碳原子的间距约为 0.142nm，理论比表面积为 $2630m^2/g$。此外，石墨烯的载流子迁移率在室温下为 $15000cm^2/(V\cdot s)$，且载流子浓度可调节。石墨烯具有独特的离域富电子共轭结构，且离域共轭 π 轨道半充满，既可接受电子，又可提供电子，因而表现出很高的电导率。基于石墨烯单层结构的稳定性，优异的光、电、力学特性，因此其可用于能源、导热、传感、生物医药和药物传递等领域。

2.1.1.2 碳单质的化学性质

碳单质的化学性质主要体现为还原性。例如碳在空气中充分燃烧后，生成二氧化碳（CO_2）。

$$C+O_2 \xrightarrow{\text{点燃}} CO_2$$

但当氧气不足时，碳在空气中不充分燃烧有一氧化碳（CO）生成。

$$2C+O_2 \xrightarrow{\text{点燃}} 2CO$$

利用碳单质的还原性，冶金工业采用焦炭用于还原金属氧化物矿物，从而冶炼金属单质。例如，在 1200K 下碳单质作为还原剂，可通过一步还原反应提取金属锌。

$$ZnO+C \xrightarrow{\text{高温}} Zn（g）+CO（g）$$

2.1.2 碳的氧化物及性质

2.1.2.1 碳的氧化物

碳的氧化物主要有一氧化碳（CO）和二氧化碳（CO_2）两种。

（1）一氧化碳

一氧化碳是碳在氧气不充足条件下不完全燃烧的产物。CO 的电子排布式为 $(1\sigma)^2 (2\sigma)^2 (3\sigma)^2 (4\sigma)^2 (1\pi)^4 (5\sigma)^2$。一氧化碳分子中的碳原子和氧原子之间有三键，包括一个 δ 键和两个 π 键。一氧化碳分子键长为 113pm，键能为 1071.1kJ/mol。由于一氧化碳分子中碳-氧键键强很强，断裂碳-氧键所需活化能很高，一氧化碳的活化往往需要在高温下进行。实验室通常采用两种途径制备一氧化碳气体。一种是将甲酸逐滴加入到热的浓硫酸中获得一氧化碳气体。

$$HCOOH \xrightarrow{\text{热的浓硫酸}} CO\uparrow+H_2O$$

另一种则是通过草酸与浓硫酸反应得到。

$$H_2C_2O_4 \xrightarrow[\triangle]{\text{浓硫酸}} CO_2\uparrow+CO\uparrow+H_2O$$

工业上为获得大量的一氧化碳气体，常将空气与水蒸气交替通入红热炭层。由于一氧化碳具有很强的还原性，因此常在冶金过程中用作还原剂，将各类金属氧化物矿物还原成金属单质。此外，一氧化碳作为一种重要的碳—资源小分子，在工业水煤气变换合成各类化学品、氢气，合成气转化制备燃料等领域有着重要的应用（图 2-5）。

1888 年，C. Langer 和 L. Mond 首次研究发现一氧化碳被水蒸气氧化制备出氢气的水煤气变换反应（water-gas shift reaction，WGSR），具体反应方程式如下所示。

$$CO（g）+H_2O（g） \xrightarrow{\text{高温}} H_2（g）+CO_2（g）$$

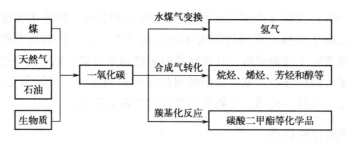

图 2-5　一氧化碳的来源与转化路径图

目前，WGSR 已成为能源化工领域制取纯氢的重要方式之一。此外，一氧化碳还可替代传统石油路径，通过合成气转化反应合成烷烃、低碳烯烃、芳烃和醇类等化工产品（图 2-5）。

（2）二氧化碳

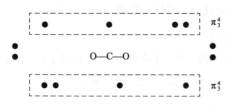

图 2-6　二氧化碳分子的电子排布示意图

二氧化碳是碳的氧化物另一种存在形式，是典型的非极性、线性对称分子。在二氧化碳分子中，碳原子的两个 sp 杂化轨道分别与两个氧原子之间生成 σ 键。图 2-6 是二氧化碳分子的电子排布示意图。碳原子两个没有参与杂化的 p 轨道与 sp 杂化轨道呈直角，且在侧面与氧原子的 p 轨道分别"肩并肩"发生重叠，生成两个三中心四电子的离域 π 键。

二氧化碳分子中 C＝O 的键长为 116.3pm，与正常的 C＝O 键长（122pm）相比，碳-氧原子间的距离缩短，所以二氧化碳分子中 C＝O 具有一定程度的三键特征。二氧化碳分子中有 16 个价电子，碳原子和氧原子都含有 ns 和 np 价键轨道，即 $C_{2s^2 2p^2}$ 和 $O_{2s^2 2sp^4}$，C_{2s} 和 C_{2p_z} 轨道用与 $O[1]_{2p_z}$ 和 $O[3]_{2p_z}$ 轨道成键。

二氧化碳分子的基态电子构型为 $(1\sigma_s)^2 (1\sigma_g)^2 (1\sigma_u)^2 (2\sigma_g)^2 (2\sigma_u)^2 (1\pi_u)^4 (1\pi_g)^4 (2\pi_u)^0$。其中，$(1\sigma_g)^2 (1\sigma_u)^2 (1\pi_u)^4$ 为成键轨道，而 $(2\sigma_g)^2 (2\sigma_u)^2 (1\pi_g)^4$ 为非键轨道。一方面由于二氧化碳分子的第一电离能（13.97eV）明显大于等电子构型的一氧化二氮、二硫化碳等，故二氧化碳难以给电子；另一方面，二氧化碳具有较高的电子亲和能（38eV）和较低能级的空轨道（$1\pi_u$），因而相对较为容易接受电子。上述独特的分子结构，决定了二氧化碳为弱电子给体和强电子受体。因此，二氧化碳分子活化的有效办法是采用适当方法输入电子，或是在反应过程中夺取其他分子的电子，即可作为氧化剂而加以利用。

二氧化碳的标准生成吉布斯自由能为 −394.38kJ/mol，分子中的碳原子为最高氧化态 +4，整个分子处于最低能态，因此二氧化碳的化学性质较为稳定，若要将二氧化碳活化则需要克服较高的热力学能垒，常需要高温、高压和催化剂存在等条件。

基于二氧化碳分子中含有碳-氧双键（C＝O），红外光谱、拉曼光谱和核磁共振技术成为对二氧化碳进行定性和定量分析检测的有效手段。表 2-3 列举了二氧化碳分子在不同状态下的红外光谱和拉曼光谱数据。尽管二氧化碳分子中 C＝O 的伸缩振动没有红外吸收，但是其拉曼光谱中在 $1285 \sim 1388cm^{-1}$ 处有一个类似的 C＝O 伸缩振动吸收峰。因此，可以通过红外光谱检测大气中的二氧化碳含量，还可以利用红外光谱指示二氧化碳分子对金属体系的配位方式。此外，核磁共振碳谱同样可用于表征二氧化碳分子，这是因为二氧化碳溶解于苯或甲苯等非极性溶剂时，在 126ppm 处有核磁共振吸收信号。

表 2-3　二氧化碳的红外和拉曼光谱数据

	对称伸缩 C＝O/cm^{-1}	弯曲/cm^{-1}	不对称伸缩 C＝O/cm^{-1}
气态	1285～1388（拉曼）	667	2349
液态	—	—	2342
固态	—	660，653	2344

2.1.2.2　二氧化碳的性质

(1) 二氧化碳的物理性质

二氧化碳在常温常压下是一种无色、无味、无毒且不助燃的气体，二氧化碳的物理性质如表 2-4 所示。二氧化碳的熔点为 $-78℃$，沸点为 $-57℃$，在 $0℃$、$1×10^5 Pa$ 下二氧化碳气体密度为 $1.977g/mL$，约为空气的 1.5 倍，$-78℃$ 下黏度为 $0.07cP$（$1cP = 10^{-3}Pa \cdot s$），$25℃$ 和 $1×10^5 Pa$ 下在水中的溶解度为 $1.45g/mL$。不同相态的二氧化碳有着不同的性质和用途。气态二氧化碳常用于饮料添加剂、果蔬保鲜剂、制碱工业、油田驱油剂、树脂发泡剂、抑爆充加剂、焊接保护气和烟丝膨胀剂等。而液态二氧化碳为无色、无味、无毒且不可燃的液体，物理、化学性质稳定，通常压缩后储存于钢瓶中。当液态二氧化碳减压蒸发后，一部分气化，一部分则冷凝变为雪花状固体，将其压缩成冰状固体，即俗称的干冰。干冰在 $1.013×10^5 Pa$ 和 $-78.5℃$ 下可直接升华为气体，因此干冰常被广泛用于制冷、食品、卫生和餐饮等行业。

表 2-4　二氧化碳的物理性质

密度/(g/mL)	分子量/(g/mol)	熔点/℃	沸点/℃	黏度/(cP)	水溶性/(g/mL)	折射率(n)
1.562（$-78.5℃$，$1×10^5 Pa$，固态）						
0.770（$20℃$，$5.6×10^5 Pa$，液态）	44.010	-78	-57	0.07（$-78℃$）	1.45（$25℃$，$1×10^5 Pa$）	1.1120
1.977（$0℃$，$1×10^5 Pa$，气态）						
0.8496（$30℃$，$1.5×10^7 Pa$，超临界）						

二氧化碳的临界温度为 $31.1℃$，临界压力为 $7.39MPa$，临界密度为 $0.466g/cm^3$。特别地，当温度和压力分别高于临界温度和临界压力时，二氧化碳处于超临界状态，并表现出独特的物理化学性质，如图 2-7 所示。一方面超临界二氧化碳有着类似液体的密度、溶解能力和传热系数，另一方面还有着气体的低黏度和高扩散性（扩散系数为液体的 100 倍），且性质可在很大的范围内调节。此外，超临界二氧化碳还能与一些非晶态有机高分子具有很强的相互作用，尽管只能溶解极少

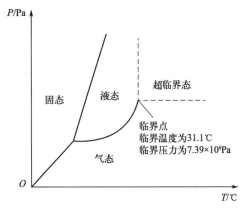

图 2-7　二氧化碳的相图

数聚合物（含氟和含硅的聚合物），但超临界二氧化碳在聚合物中有很高的溶解度，并能使大部分聚合物发生溶胀。因此，超临界二氧化碳被广泛用于超临界萃取分离、化学反应、材料合成与加工等方面。

（2）二氧化碳的化学性质

二氧化碳作为一种弱酸性氧化物，能与碱性氧化物发生反应。此外，二氧化碳还是一个较强的配体，能以多种配位方式与金属形成配合物。其中一种方式是二氧化碳作为独立的配体通过碳原子或氧原子与金属直接配位生产单核、双核或多核配合物；另一种方式是二氧化碳插入到过渡金属配合物的某个键上，这是过渡金属配合物固定二氧化碳的主要途径，该插入反应是产生催化活性并转为二氧化碳的第一步，因此极为重要。二氧化碳的插入位置主要为 M—C（M 代表某金属离子）、M—O、M—H、M—N、M—P 和 M—S 等化学键，如图 2-8（a）所示按照正常方式进行，即碳原子与被插入较富电子的一端连接成键；也可以按照 2-8（b）所示异常方式进行，即碳原子与较贫电子的一端连接形成具有 M—C 键的配合物。此外，二氧化碳还能与很多共聚单体发生阴离子配位聚合反应，二氧化碳及其共聚合单体轮流与催化剂中的金属配位活化，进而插入到金属-杂原子键中。

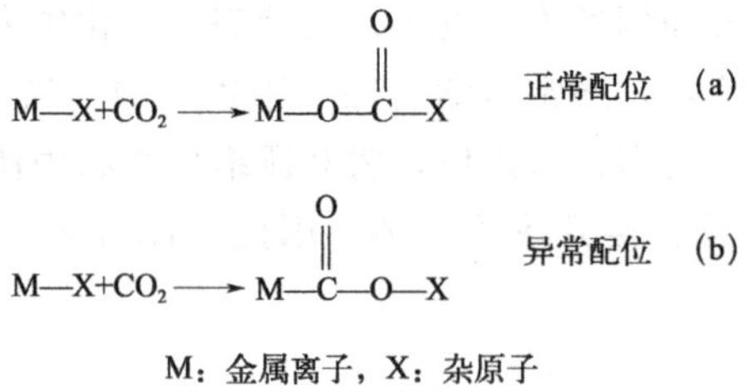

M：金属离子，X：杂原子

图 2-8　金属-二氧化碳配位化合物结构类型

二氧化碳能被多种金属化合物活化，金属（包括铜、锌、铁、钴、镍、锡、铝和钨等）与多种配体（包括羧基、醚、酯、胺和膦等含氧、氮、磷元素的各类官能团）组成的配合物构成活性中心，而在配合物中引入一些空间位阻大的配位基团则能促进二氧化碳的活化反应。

（3）大气中的含碳气体

大气中的含碳气体主要有二氧化碳、甲烷和一氧化碳等，其中以二氧化碳最为重要，见表 2-5。相较于海洋和陆地生态系统，大气碳库最小，仅约为 750Gt。

表 2-5　大气的化学组成

大气成分	体积混合比	寿命/年	来源与说明
氮气 N_2	78.088%	10^6	生物
氧气 O_2	20.949%	5000	生物
氩气 Ar	0.93%	10^7	惰性气体
氖气 Ne	18.18ppm	10^7	惰性气体
氦气 He	5.24ppm	10^7	惰性气体

续表

大气成分	体积混合比	寿命/年	来源与说明
氪气 Kr	1.1ppm	10^7	惰性气体
氙气 Xe	0.1ppm	10^7	惰性气体
氢气 H_2	0.55ppm	6~8	生物、人为
二氧化碳 CO_2	418.95ppm	50~200	燃烧、海洋、生物
甲烷 CH_4	1.7ppm	10	生物、人为
一氧化二氮 N_2O	0.31ppm	150	生物、人为
一氧化碳 CO	50~200ppb	0.2~0.5	光化学、人为
卤烃	3.8ppb	—	人为
二氧化硫 SO_2	10~1ppb	2 天	光化学、火山、人为
臭氧 O_3	10~500ppb	2	光化学
羟基—OH	0.1~10ppt	—	光化学
甲醛 HCHO	0.1~1ppt	—	光化学

在距今 42 万年前至工业革命前大气中二氧化碳的浓度约为 170~300ppm。但从工业革命初期至今的近 300 年内，大气中二氧化碳的浓度增长了近 30%，近十年内年均增长达到 5ppm。据测算，2022 年地球大气中二氧化碳含量已增长至 421.37ppm，超过 2021 年的 418.95ppm，创造了有记录以来大气中二氧化碳水平的最高纪录。如果大气中二氧化碳的浓度仍以目前的增长速率继续增加，那么在本世纪末之前全球气温将增高 6℃，将进一步加剧海平面上升、土壤沙漠化和南极大陆冰川融化等，人类也将面临更加严峻的生态环境。

(4) 二氧化碳的转化利用

二氧化碳是地球上分布最广、储量最为丰富的碳资源之一。随着温室效应的日益加剧和对二氧化碳固定化与转化利用的深入研究，将二氧化碳固定或转化为一氧化碳、甲烷、甲醇、甲酸等高附加值化学产品逐步成为二氧化碳固定化和资源化利用的主要途径。二氧化碳是众多燃烧过程中的终产物之一，表现出动力学惰性。从热力学角度来看，二氧化碳的转化难以发生，这是因为大部分二氧化碳化学转化反应在热力学上都是非自发过程。因此，目前二氧化碳的转化利用主要有以下四种途径。

第一，以高碳有机化学品（碳原子为＋3 或＋4 的氧化态）为合成目标产物，例如有机碳酸酯类化合物，由于在合成过程中不涉及二氧化碳分子的还原，因此可在温和的条件下实现二氧化碳的转化利用，且能耗较低。

第二，以不饱和化合物、氢气、小环化合物或有机金属化合物等高能活性物作为原料，利用这些化合物的高化学能将二氧化碳活化并加以转化利用。

第三，充分发挥可再生能源的优势，使用电能（由非化石能源发电，如核能和风能等）或光能将二氧化碳加以活化和转化利用，从而实现二氧化碳的零排放。

第四，开发利用生物固定技术，将二氧化碳转化为生物燃料，并将太阳能成功转化为化学能。

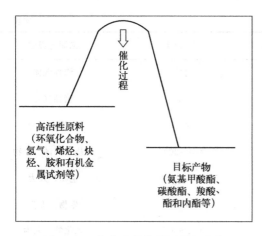

图 2-9　二氧化碳转化利用的驱动力

上述四种转化途径无一例外都需要考虑到活化二氧化碳的能量来源和实际催化活化过程，如图 2-9 所示。目的是充分利用高反应活性、高自由能的原理使得反应能够顺利进行，并有效降低反应过程的能耗，同时利用催化过程有效降低反应活化能，提升反应效率。

尽管目前二氧化碳的有效转化和资源化利用总量对二氧化碳的减排影响不大，但其意义深远。可以预见，将二氧化碳转化为高附加值的化学品及新材料是未来研究热点之一，并在二氧化碳资源化利用和实现碳减排方面发挥重要作用。

2.1.3　碳酸盐及其性质

碳酸盐是指由金属阳离子与碳酸根化合而成的盐类化合物。碳酸盐是岩石圈中碳的主要存在形式。碳酸盐矿物由阴离子（碳酸根）和各类金属阳离子（主要包括钙离子和镁离子，以及少数钠离子、铁离子、锌离子、铅离子和锰离子等）组成。目前，已知的碳酸盐矿物约有 95 种，且大多碳酸盐矿物是非金属矿物的重要来源，同时也是提取铁、镁、铜和锰等金属和放射性元素铀、钍的重要来源。大多数碳酸盐矿物外观呈无色或白色，硬度不大。碳酸盐矿物分布十分广泛，可形成大面积分布的海相沉积地层。内生成因的碳酸盐岩则多数出现在岩浆热液阶段。

在众多碳酸盐中，除了锂以外的碱金属碳酸盐及碳酸铵易溶于水之外，其余金属的碳酸盐都难溶于水。以碳酸钙（$CaCO_3$）为例，作为一种难溶的碳酸盐，它对应的碳酸氢盐——碳酸氢钙 $[Ca(HCO_3)_2]$ 的溶解度则较大。这是因为碳酸钙的解离必须克服 +2 价阳离子与 -2 价阴离子之间的库仑引力：

$$CaCO_3 \rightleftharpoons Ca^{2+} + CO_3^{2-}$$

但碳酸氢钙的解离则只需要克服 +2 价阳离子与 -1 价阴离子之间的库仑引力：

$$Ca(HCO_3)_2 \rightleftharpoons Ca^{2+} + 2HCO_3^-$$

因此通入二氧化碳，可将碳酸钙转化为碳酸氢钙，而发生以下溶解反应：

$$CaCO_3 + CO_2 + H_2O \rightleftharpoons Ca(HCO_3)_2$$

碳酸钙作为添加剂主要用于涂料的生产。自然界中广泛存在的石灰石，化学成分是碳酸钙，它的高温分解产物氧化钙和二氧化碳都是重要的化工原料。

在陆地碳循环和海洋碳循环中均涉及碳酸钙的沉积和溶解。

(1) 陆地碳循环中的碳酸钙

在自然环境中，经长时间（百万年以上）碳酸盐易岩风化，所消耗的二氧化碳在经过碳酸盐矿物沉淀后又重新返回到大气中，所发生的化学反应如下所示：

$$Ca_x Mg_{1-x} CO_3 + CO_2 + H_2O \rightleftharpoons xCa^{2+} + (1-x) Mg^{2+} + 2HCO_3^-$$

式中 x 等于 0 或 1。这类可逆反应很快达到反应平衡且不消耗大气中的二氧化碳。但是，如果降水将反应式右边的产物带入江河和海洋，则会导致上述反应不断向右进行。

理论计算和实验结果表明，在温度为 25℃，pH 等于 5 的条件下，直径为 1mm 的白云石矿物完全溶解需要 1 年，球状方解石矿物完全溶解需要约 36 天，硅酸盐矿物钙长石完全溶解则需要 100 年，而难风化的镁橄榄石和钾长石矿物需要 $5\times10^5\sim6\times10^5$ 年。因此，碳酸盐矿物的溶解速度是硅酸盐矿物的 $10^3\sim10^6$ 倍。一方面，自然界中碳酸的存在会驱动碳酸盐岩溶解，且植物残体被分解后形成的可溶性有机碳溶于水体，同样会与碳酸盐层发生化学反应，最终将水中溶解的二氧化碳转变为碳酸氢根而输运到海洋；另一方面由于矿物氧化、火山脱气等自然过程和化石燃料燃烧（导致酸雨的形成）等人类活动产生硫酸，会进一步加速碳酸盐岩的溶解与风化。此外，农业生产过程中广泛使用的氮肥在一定条件下转化为硝酸盐，进一步生成硝酸，同样会加速碳酸盐岩的溶解。因此，人类活动进一步加速了碳酸盐岩风化。

(2) 海洋碳循环中的碳酸钙

在海洋真光层中生活着数量庞大的钙化浮游生物，这些浮游生物通过光合作用吸收碳及其向深海和海底沉积物输送的过程称为海洋生物泵。海洋中钙化浮游生物在钙化过程中，与碳酸氢根反应生成碳酸钙、二氧化碳和水，其化学反应过程如下所示：

$$Ca^{2+}+2HCO_3^-\Longleftrightarrow CO_2+H_2O+CaCO_3$$

其中，生成的二氧化碳通过上层海洋释放进入大气中，所产生的碳酸钙产物则被输送到深海，这就是碳酸钙泵。碳酸钙泵决定了以海洋浮游生物为媒介的海气间碳交换通量。

(3) 碳酸盐的存在形式和转化演变

海洋是碳酸盐沉积的主要场所，由陆地水文系统输送到海洋的碳酸盐成分，主要在温热带海底沉积。但是，随着压力和水深的不断增加，碳酸盐的溶解度也随之不断加大而沉积速度则不断减小，达到一定深度后沉积速度等于溶解速度，那么在该深度以下就不会再发生沉积。根据测算，中新世（2300 万年前到 533 万年前）以来海洋碳酸盐沉积量每年平均为 19Gt，而现代陆地水文系统供给的溶解态碳酸盐每年为 12Gt。所以，海洋通过补偿深度的变浅调整，进而增加深海海底碳酸盐溶蚀，最终达到海洋中碳-水-钙循环的平衡，这样海洋就会不断从大气中吸收二氧化碳。简而言之，海洋具备吸收和贮存大气中二氧化碳的能力，影响着大气中二氧化碳的收支平衡，已然成为人类活动产生二氧化碳的重要载体。据统计，海洋可溶性无机碳的含量约为 37400Gt，是大气含碳量的 50 余倍，因而在碳循环中扮演着极为重要的角色。

除了海洋之外，另一个碳酸盐沉积的场所则是岩石圈。地壳岩石中平均含有约 0.27% 的碳，总共约有 6.55×10^6 Gt。其中 73% 是以碳酸盐岩的形式存在，其余则是石油、煤、天然气等有机碳。在各类内外应力作用过程中（例如地表的侵蚀、搬运和堆积以及地球内部的喷发释放等），碳会以各种形式转化或者迁移，参与碳循环。其中地球内部的二氧化碳往往通过活动断裂带、地热区和火山活动而释放出来，进而直接进入到大气圈，或者贮存在沉积地层中称为二氧化碳气田。例如，我国四川九寨沟、黄龙和云南腾冲等地区，意大利、罗马附近的活动断裂带和钙化堆积地区，土耳其帕姆克列（Pamukkale）地区，浓度为 23%～90% 的地幔源二氧化碳通过活动断裂带向大气释放，进而形成大量的钙化沉积物。全球陆地碳酸盐岩体碳库容量近 10^8 Gt，约占全球总碳量的 99.55%，分布面积达到 2.2×10^7 km²。

2.1.4 碳循环中的有机物简介

狭义上的有机化合物主要是由碳元素、氢元素组成，是一类含碳的化合物，但是不包括碳的氧化物、硫化物、碳酸、碳酸盐、氰化物、硫氰化物、氰酸盐、碳化物、碳硼烷、烷基金属、羰基金属、金属的有机配体配合物等物质。一般将含碳和氢的化合物（简称碳氢化合物）看作有机化合物的母体，把碳氢化合物的氢原子被其他原子或者基团替代后的化合物看作碳氢化合物的衍生物。因此，有机化合物可以定义为碳氢化合物及其衍生物。

有机化合物的种类繁多，已超三千万种，且每年还在以数百万种的速度增加，图 2-10 所示为生活中常见的有机化合物。有机化合物是生命活动的物质基础，也是能源开发和新型合成材料研制的基础物质。有机化合物的组成元素少，除了碳和氢之外，还包括氮、磷、硫、卤素等，但性质千差万别。

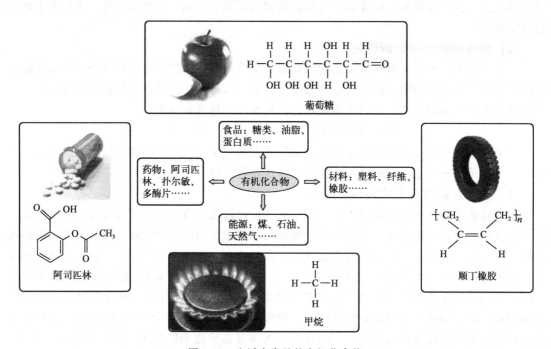

图 2-10　生活中常见的有机化合物

根据有机物分子的碳架结构，还可将有机物分成开链化合物、碳环化合物和杂环化合物三类。根据有机物分子中所含官能团的不同，又可分为烷烃、烯烃、炔烃、芳香烃和卤代烃、醇、酚、醚、醛、酮、羧酸和酯等。

总体来说，有机化合物的特点可以概括为以下几点：分子中原子之间一般以共价键相连；通常不溶于水；固体有机化合物的熔点一般较低，大多不超过 400℃；液体有机化合物挥发性大；容易燃烧；转化速率较慢，常伴随有副反应的发生，反应物的转化率和产物的选择性很难达到 100% 等。

有机化合物都含有碳元素，碳原子组成了有机化合物的骨架。碳作为有机化合物主体元素主要归因于如下 4 方面：碳原子与碳原子之间可形成各种各样稳定的碳链；四价碳具备构造各种维数空间的最佳因素；有机反应过程中存在的各种反应中间体可以制备出大量具有不同结构和性质的有机化合物；含碳化合物的循环利用这一特性恰好和赋予地球上生命的机制相一致。

（1）有机化合物的特点

有机化合物普遍存在同分异构现象，这也是有机化合物数目庞大的一个重要原因。同分异构现象是指化合物具有相同的分子式，但有不同结构和性质的现象。具有同分异构现象的化合物互称为同分异构体。同分异构现象的本质是分子中原子成键的顺序和空间排列方式不同。分子式相同、结构不同的异构现象则称为构造异构现象。而分子中成键原子或基团绕键旋转使原子或基团在空间排列方式不同产生的异构现象称为构象异构现象。构造异构现象和构象异构现象又称为立体异构现象。

（2）碳循环中的有机物

碳循环中有机物的存在形式众多，贮存方式也是千变万化。在海洋和淡水中主要为碳酸根，例如溶解有机碳、颗粒有机碳和生物有机碳等；在陆地圈中则主要以有机碳的形式存在。下面分别对海洋碳循环、陆地碳循环等不同循环过程中的有机物加以详细阐述。

在海洋碳循环过程中，海洋真光层中数量众多的非钙化浮游生物可通过光合作用吸收碳，并向深海和海底沉积物加以输送，这一过程称为海洋生物泵。非钙化浮游生物通过光合作用吸收了二氧化碳和水，并生成了有机碳和氧气，具体反应过程如下所示：

$$CO_2 + H_2O \Longrightarrow CH_2O + O_2$$

上述光合作用的产物称为初级生产力，同时也为海洋生态系统提供了能量。因此，海洋中浮游生物是海洋有机生物泵的发动机。海洋浮游生物通过光合作用吸收了二氧化碳和营养盐，所生成的部分有机物通过上层海洋的食物链而进入循环。另一部分大约25%的有机物则沉积到海底，增加了海洋溶解无机碳的浓度，其中一部分碳被矿化还原为二氧化碳，只有很小一部分被埋在海底沉积物中。在生物泵的作用下，浮游生物将上层海洋的碳向深海迁移，把大部分碳输送到深海。较高的二氧化碳浓度可以增强物理泵，高温可以抵消上述作用，甚至增加海洋分层，从而减少向深海的碳输送量。

在海洋对二氧化碳的吸收中，生物泵的地位举足轻重。在没有光合作用的情况下，大气中二氧化碳的浓度至少为1000ppm，而不是2022年的421.37ppm。相反，如果生物泵的作用发挥至最大，则大气中二氧化碳的浓度可降低至110ppm。

全球陆地生态系统的碳储量约为2000Gt，其中活生物体碳储存量为600～1000Gt，生物残体等土壤有机质碳储存量约为1200Gt。全球主要陆地生态系统面积、植物碳含量、植被净第一生产力和盐屑、土壤碳含量见表2-6。

表2-6 全球主要陆地生态系统的面积、植物碳含量与植被净第一生产力

	面积/($10^{12}m^2$)	植物碳含量/Gt	植被净第一生产力/(Gt/年)	岩屑、土壤含量/Gt
温带森林	7.0～12.0	65～174	4.6～6.7	72～161
北方林	9.5～12.0	96～127	3.6～5.7	135～247
林地、灌木林	4.5～12.8	23～57	2.2～4.6	59～72
热带雨林	10.3～17.0	164～344	9.3～16.8	82
热带季雨林	4.5～7.5	38～117	3.2～5.4	41～288
热带稀树草原	15.0～24.6	27～66	6.1～17.7	63～264
温带草原	6.7～12.5	6～11	2.4～4.4	170～295
苔原、山地	8.0～13.6	2～13	0.5～1.8	121～163
沙漠、半沙漠	13.0～21.0	5～7	0.7～1.3	104～168

续表

	面积/($10^{12}m^2$)	植物碳含量/Gt	植被净第一生产力/(Gt/年)	岩屑、土壤含量/Gt
极端沙漠	20.4~24.5	0~1	0.0~0.5	4~23
沼泽、沼泽湿地与海滩	2.0~2.5	7~14	2.7~3.6	145~225.5
藓沼和泥炭地	0.4~1.5	0~1	0.2~0.7	—
湖泊和小溪	2.0~3.2	0~1	0.4	0
耕地	14.0~16.0	3~22	4.1~12.1	111~128
人类居住地	2.0	1	0.2	10

与海洋浮游生物的光合作用相类似,陆地上绿色植物的光合作用过程可以表示为:

$$CO_2 + H_2O \xrightarrow{\text{阳光、叶绿素}} CH_2O + O_2$$

一方面,植物叶绿素在阳光作用下吸收二氧化碳和水,生成有机物和氧气,形成初级生产力,为生态系统提供能量;另一方面,植物自身因呼吸作用而消耗部分有机物并释放出二氧化碳,那么剩余的有机物称为生态系统净初级生产力。生态系统净初级生产力的累积形成了陆地植被生物量碳库。生物量在异养呼吸的作用下分解了部分有机物并释放二氧化碳。剩余的有机物,加上土壤和凋落层的碳库积累,构成了生态系统净生产力。

光合作用对碳的同化和呼吸作用对碳的释放之间的平衡决定了陆地生态系统与大气之间碳的净交换。在较短的时间尺度上,由于水、养分和气候的变化,某一地区生态系统会表现出碳的源和汇之间的不平衡,但在较长时间尺度上,由于生态系统与环境之间达到平衡,则生态系统也表现为源汇平衡状态。进一步将植物光合作用与有机物分解看作相互联系的过程,不难发现被光合作用固定且成为植物的有机碳,可能直到被分解氧化或燃烧时才能返回大气中。

此外,陆地碳库中碳储量主要为土壤有机碳贮量和植被有机碳贮量。从不同植被类型的碳贮量来看,陆地碳贮量主要集中在森林地区。森林生态系统在生物圈、地圈的生物地球化学过程中起着重要的"缓冲器"作用。大约有80%的地上碳贮量和约40%的地下碳贮量集中在森林生态系统,余下的部分则主要贮存在湿地、耕地、冻原、高山草原和沙漠半沙漠中。

2.2 碳循环

碳循环作为地球系统中伴随着各类物质循环和能量流动的复杂过程,其动态变化将对气候系统产生重大的影响。碳循环对人类生存环境的影响研究最早可追溯到400余年前。早在17世纪,比利时的炼丹师 J. Wan Helmont(1579—1644年)研究发现,酒的发酵、木炭的燃烧、一些泉水和醋酸滴在石灰石上会产生一种气体,即现今熟知的二氧化碳。1756年英国医学教授 J. Black(1728—1799年)指出,美菱矿是由碱土金属和一种气体(称作固定气)形成的化合物,并认为该"固定气"会使小动物窒息、蜡烛熄灭。随后,法国著名化学家 A. Lavoisier 确定了该"固定气"的成分为碳和氧。直到1799年,人们才对地球的碳循环与大气圈和生物圈之间的关系取得突破性的认识。荷兰著名牛痘接种技术传播者

J. Ingenhousz 指出，一切植物的碳都是由阳光的作用通过大气中的二氧化碳获取，而不是从土壤的腐殖质中获取的。1840 年有机化学家 J. Von Liebig（1803—1873 年）通过实验手段验证了这一观点，人们才开始接受这一新的概念。随后，1896 年瑞典物理化学家 S. Arrhenius 依据不同地点测定的红外辐射数据，计算出当大气中二氧化碳的浓度加倍时，地表平均温度将会上升 5～6℃；反过来，如果大气中二氧化碳的浓度降低一半时，则地表平均温度将会下降 4℃；如果大气中二氧化碳的浓度为零，地表平均温度则会下降 20℃。

碳循环的研究可追溯至 20 世纪 70 年代，是国际科学联合环境问题科学委员会发动和组织的重大研究计划。20 世纪 80 年代，以全球变化研究为核心的国际地圈-生物圈计划诞生，进一步推动了全球碳循环的研究工作。20 世纪 90 年代末至 21 世纪初，地球系统碳循环已经成为地球科学、生物学和社会科学共同关注的三大主题之一。

碳是生命物质的主要元素之一，是有机质的重要组成部分。碳循环是指在大气圈、水圈、岩石圈和生物圈之间，以碳酸根（碳酸钙和碳酸镁为主）、碳酸氢根、二氧化碳、有机碳等形式互相迁移和转换的过程。大气中的碳主要以二氧化碳、一氧化碳和甲烷等气体形式存在，在水中以碳酸根为主，在岩石圈中以碳酸盐岩石和沉积物为主，在陆地生态系统中以各类有机化合物或含碳无机物的形式存在于土壤和植被中。

具体而言，植物通过光合作用，将大气中的二氧化碳固定为有机物质，其中一部分的碳元素通过植物呼吸作用转化为二氧化碳释放至大气，一部分以植被生物量的形式储存起来，还有一部分则通过凋落物、根系分泌物等进入土壤。进入土壤的碳元素大多会经过微生物的分解作用，再次以二氧化碳的形式回到大气，从而使碳元素完成从大气进入植被，部分再进入地表和土壤，然后又部分地回到大气的这一循环过程。生态系统依据其碳收支状况，可以分为碳源和碳汇。前者表示系统的排放量大于吸收量，整体处于净排放的状态，后者则代表生态系统整体处于净吸收的状态（即系统的吸收量大于其排放量）。生态系统碳循环状况决定生态系统碳源汇大小和变化等特征，从而影响大气二氧化碳浓度上升的程度，进而影响全球变暖的进程。

地球上"能"主要有 3 个"源"，包括地球外部天体能、地球自身能、与其他天体相互作用能。外部天体能主要是太阳能，除了直接辐射外，太阳能还为风能、水能、生物质能和矿物能提供产能基础，植物通过光合作用把太阳能转变成化学能储存下来，煤炭、石油、天然气等则是古代植物、动物固定下来的太阳能。地球自身能包括地壳中储存的原子能、地热能等，原子能包括核裂变能和核聚变能，地热能主要以地下热水、地下蒸汽、干热岩体等形式表现。与其他天体相互作用能主要为潮汐能，由于月球引力变化导致海平面周期性升降而产生能量（图 2-11）。

碳循环可分为无机碳循环、短期有机碳循环、长期有机碳循环三种过程，这三种过程相互交叉同时进行。

2.2.1 无机碳循环

无机碳循环主要是无机碳在大气圈碳库、海洋圈碳库和岩石圈碳库的闭环循环过程，一个循环经历时间跨度在数百万年至数千万年，使地球维持在一个较为稳定的温度区间。大气中的二氧化碳溶于雨水，通过化学风化侵蚀陆地岩石或被海洋直接吸收，在海底形成碳酸盐沉积物，历经沉积成岩作用，形成碳酸盐沉积岩。洋壳与陆壳的俯冲碰撞，使碳酸盐沉积岩被融化为岩浆，发生脱气作用，再次转化为二氧化碳回到大气圈，如图 2-12 所示。

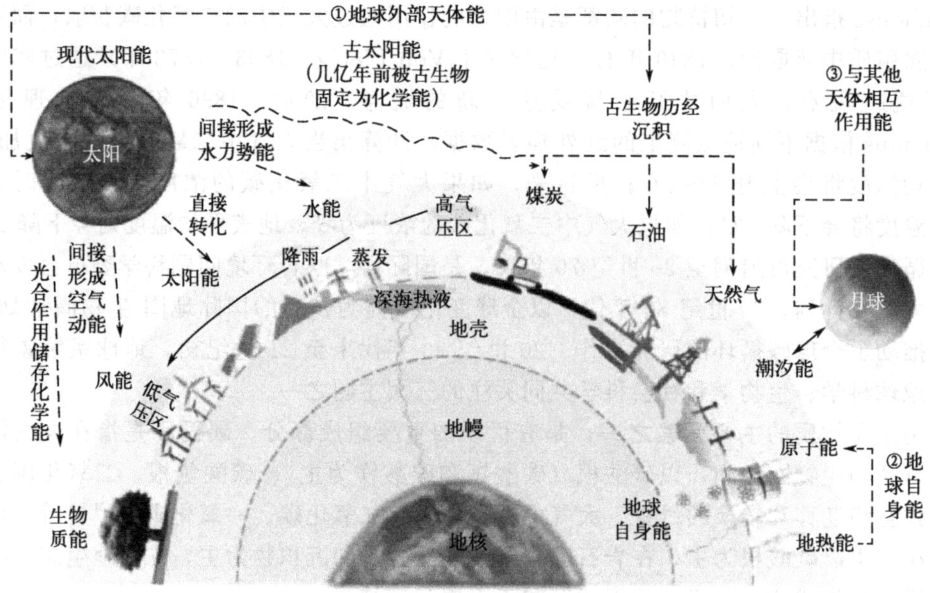

图 2-11 地球能源来源示意图（地壳厚度未按真实比例示意）

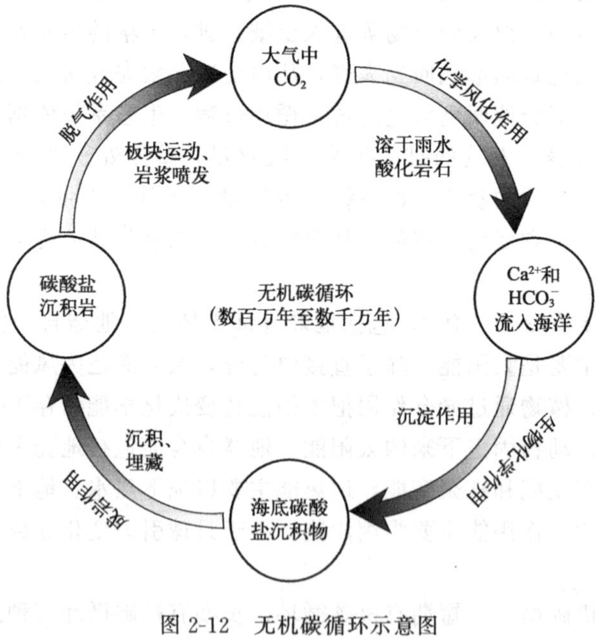

图 2-12 无机碳循环示意图

为清晰揭示循环全过程，此处只示意碳的单向闭环循环，实际循环在每个环节发生的逆过程、重复过程及过程环节直接向大气圈排放二氧化碳不在图中体现。

2.2.2 短期有机碳循环

短期有机碳循环是主要发生在大气圈碳库和生物圈碳库之间的闭环循环过程，一个循环时间跨度在数十年至数百年；植物作为初级生产者，通过光合作用，借助叶绿素吸收太阳能使低能量的二氧化碳和水转化为高化学能的糖类，无机碳也首次以有机碳的形式进入生物圈；而作为消费者的生物，通过食物链来获得能量维持生命，动植物的遗体和排出物被微生物分解，并释放出二氧化碳，如图 2-13 所示。

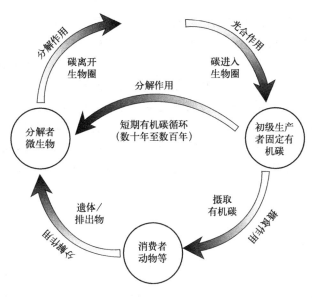

图 2-13 短期有机碳循环示意图

2.2.3 长期有机碳循环

长期有机碳循环是主要发生在大气圈碳库、生物圈碳库和岩石圈碳库之间的闭环循环过程，一个循环时间跨度在数千万年；初期的过程与短期有机碳循环类似，但动植物的遗体在被微生物分解之前，被掩埋至地层深处，历经漫长的物理化学过程，转变为煤炭、石油和天然气等化石燃料，然后被燃烧，释放出二氧化碳（图 2-14）。

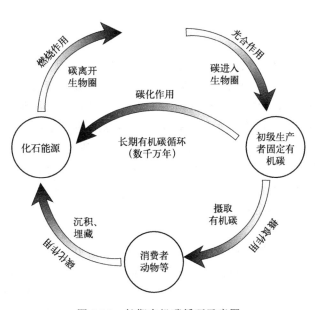

图 2-14 长期有机碳循环示意图

碳以二氧化碳、碳酸盐以及有机化合物等形式在不同的源——大气、海洋、陆地生物界之间循环（图 2-15）。人类从食物中摄取的碳水化合物被吸入的氧气氧化后，以二氧化碳的形式通过呼吸作用排出。矿物燃料燃烧、木材腐烂和土壤及其他有机物的分解也向大气释放二氧化碳。抵消这种将碳转化为二氧化碳的过程则主要是依靠植物的光合作用。植物通过光合作用从大气圈中吸收二氧化碳合成有机物，并向大气中释放氧气。最大的自然碳交换通量发生在大气与地球生物界，以及大气与海洋表层之间。相比之下，化石燃料的燃烧对大气的净输入和森林消失等的影响非常小，并不会破坏碳的自然平衡。二氧化碳在大气中的流通时间主要取决于大洋表层与深层之间缓慢的碳交换，对于全球温室效应和变暖趋势有着重要的影响。这是因为地球上的气候依赖于大气的辐射平衡，而大气的辐射平衡又依赖于入射的太阳辐射以及大气中辐射性活跃的微量气体，例如温室气体、云和气溶胶的数量。其中，二氧化碳作为一种受人类活动影响的温室气体有着最大的温室效应，约占整个温室气体作用的一半以上。

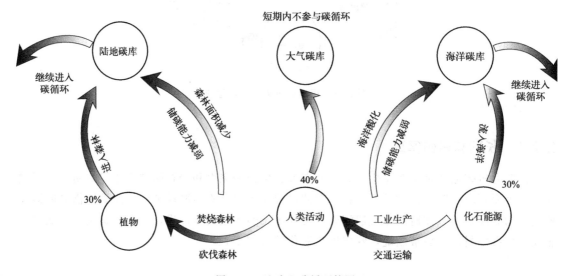

图 2-15　地球上碳循环简图

地球上的碳循环发生于大气、海洋和陆地之间。大气圈的碳储量约为 750Gt；陆地生物圈的总碳储量约为 1750Gt，其中植被碳储量约 550Gt，土壤碳储量约 1200Gt；海洋圈中生物群的碳储量约为 3Gt，溶解态有机碳约为 1000Gt，溶解态无机碳储量约为 3400Gt。这表明陆地与海洋中储存的碳远多于大气。据估计，地球陆地生态系统的碳储量有 46% 在森林中，23% 在热带和温带草原中，其余的碳储存在湿地、耕地、冻原、高山草地和沙漠、半沙漠。可见，森林和草原生态系统的碳储量占地球陆地生态系统碳储量的 69%，在陆地生态系统碳循环中起着十分重要的作用。这些大碳库的微小变化都会对大气二氧化碳的浓度造成较大的影响。例如，储存在海洋中的碳，只要释放 2% 就将导致大气中的二氧化碳浓度增加一倍。

以二氧化碳形式进出大气的碳输送量很大，约占大气中总碳储量的 25%，其中的一半与陆地生物群落交换。陆地植物群落通过光合作用从大气中固定的二氧化碳约为 110Gt/a，其中 50Gt/a 以呼吸作用的形式释放到大气中，余下的 60Gt/a 以凋落的形式进入土壤，并最终以土壤呼吸的形式释放到大气中。矿物燃料燃烧向大气中释放的二氧化碳约为 6Gt/a，毁林引起的二氧化碳释放约为 $1\sim2\mathrm{Gt/a}$。

在 1750 年前后工业革命开始之前的几千年内，一直维持着一个相对稳定的平衡状态。然而，人类文明反过来成为地球碳循环的新要素，改变了地球碳循环的闭环路径。工业革命打乱了这一平衡，造成地球大气中的二氧化碳增加了 30% 左右，即从 1750 年前后的 280ppm 增加至 2022 年的 421.37ppm 以上。据统计，近百年来，由于人类活动而注入到大气中的二氧化碳每年约为 30 亿吨，而且其排放速度仍在逐年增长。

2.3　二氧化碳和温室效应

全球气候变化已成为 21 世纪人类的严重威胁。人口规模的持续增长和社会的高速发展，使人类圈规模已逐渐接近地球环境容量。截至 2022 年 1 月，全球 230 个国家人口总数为 75.97×10^8 人，其中发展中国家人口约占 80%，未来数十年，人口持续增长和更多发展中国家人口转向现代化生活方式，世界温室气体排放将在 $510\times10^8\mathrm{t/a}$ 的基础上持续增长，导致地球系统能量收支不平衡，极端天气事件和流行疾病发生日趋频繁，人类的可持续发展面临前所未有的挑战，如图 2-16 所示。

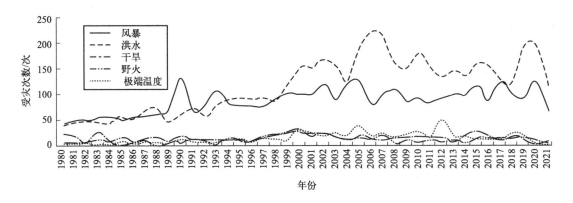

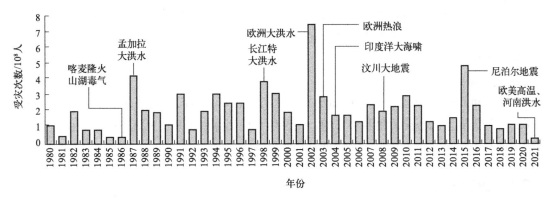

图 2-16　1980～2021 年人类经历的极端气候灾害

2.3.1　温室气体

温室气体是指大气中那些对太阳光几乎是透明的，但可强烈吸收地表发射的红外辐射，对地表有遮挡作用的气体。18世纪以来，化石燃料、化学涂料和试剂的大量使用，向大气排放了大量的二氧化碳、甲烷、氧化亚氮、臭氧、氟氯烃等微量气体。这些气体所产生的温室效应，必然加剧自然的温室效应，进一步加剧全球气候变暖。2022年10月26日，世界气象组织发布了《温室气体公报》，该公报指出2021年二氧化碳、甲烷和氧化亚氮等三种主要温室气体的浓度值分别为1750年工业化前的149%、262%和124%，均创历史新高。以下简要介绍几种温室气体的浓度变化情况。

(1) 二氧化碳

二氧化碳作为一种典型的长寿命温室气体，随着全球二氧化碳浓度不断上升，其辐射强度也随之增加。2018年11月29日，世界气象组织发布《温室气体公报》，该报告指出自1990年以来，长寿命温室气体导致气候变暖的"辐射强迫"效应总体上增加了41%，其中过去的十年间二氧化碳对这一增长的贡献率高达82%。温室气体及其温室效应，必然造成地球表面温度的不断攀升，由此带来一系列增强温室效应的问题。据预测，即便把人类活动引起的二氧化碳排放量保持在目前水平上，到2050年大气中二氧化碳浓度将增加至415~480ppm，到2100年维持在400~480ppm。

(2) 甲烷

自1750年以来，大气中甲烷的浓度增加了1060ppb（151%），并仍持续增加，目前的甲烷浓度在过去的四十二万年中是最大的。在人类活动中，如家畜饲养、生物体的燃烧以及煤矿开采和天然气的排放，都大幅增加了甲烷向大气中的排放。甲烷的增加影响大气中羟基的含量。羟基是对流层大气中最重要的氧化剂，它关系到大气中最重要的氧化过程。

(3) 氮氧化物

自工业革命以来，大气中一氧化二氮的浓度增加了46ppb，并且仍在继续增加，目前的一氧化二氮浓度至少在过去的一千年中是最大的，大约1/3的一氧化二氮排放量是由人类活动产生的。人类的农事活动，譬如农田化肥的使用，石油和天然气用量的增加，以及各类交通工具的增加都使得大气中一氧化二氮的浓度增加。

(4) 臭氧

自工业革命以来，对流层臭氧总量大约增加了36%。平流层中臭氧大约减少了几个百分点。臭氧的变化主要与人类集中排放氟氯烃类有关。大气中不少含碳气体既破坏臭氧层，同时又是温室气体。

(5) 氟氯烃

$CFCl_3$和CF_2C_{12}等全部氟氯烃都是工业化的产物，其会向平流层输送，并发生光化学分解。尽管受到国际协议的限制和管理，氟氯烃今后的排放水平会显著下降，但由于它们的存留时间较长，至少在大气中的浓度仍会很明显。

2.3.2 温室效应

要深入了解温室气体的温室效应，首先得认识地球系统的能量平衡。地球与外层空间保持着热量平衡。地球表面的平均温度，既取决于接收到的来自太阳的辐射总量，又取决于从地球逃逸到外层空间的辐射的总量。一般而言，接收辐射多，逃逸少，则地球温度上升；反之，地球温度下降。太阳辐射主要是以短波辐射为主，可以穿过大气层，而被地球表面所吸收。地球的温度比太阳低得多，它的再辐射，主要为长波辐射。大气层中的二氧化碳、水汽和微量气体，会大量吸收这种辐射，并把其中的大部分再辐射回地球的表面。大气层中的这种作用犹如一张毯子，若没有大气层，地球表面的平均温度将会从现在的 15℃ 下降到 −18℃。这种由于大气中存在二氧化碳、水汽和微量气体而使地球升温的现象，如同在温室中，阳光穿过玻璃使室内的大气升温，而热量不容易逃逸，结果使温室变暖。人们将大气中二氧化碳、水汽等所起的作用称为温室效应，而把这些气体称为温室气体。

2.3.3 碳循环中二氧化碳的排放现状

作为地球上最重要的生物地球化学循环之一，碳循环耦合了地球系统中的各类物质循环过程和能量流动，深刻地影响了生态系统功能与人类社会的可持续发展。工业革命以来，人类活动深刻改变了全球碳循环（图 2-17）。人为排放的二氧化碳在大气、海洋和陆地生物圈之间进行交换。一般来说，自然状态下二氧化碳在生物圈与大气圈之间的流动过程保持平衡状态，即生物圈从大气圈中吸收的二氧化碳几乎等量地释放到大气中。

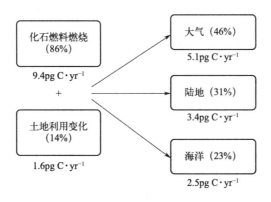

图 2-17 人类活动造成全球碳排放及其去向示意图（2010～2019 年）

然而，进入工业化时代以后，人类大量使用化石燃料向大气释放了大量二氧化碳，热带森林砍伐等土地利用变化也导致相当多的二氧化碳排放，从而打破了生物圈与大气圈之间原有的碳平衡，也引发全球变暖等环境问题。

原始文明时代的人类仍属于生物圈的一员，受限于人类数量和用火规模，额外排出的二氧化碳很快被地球碳循环调节了。但进入农业文明时代，农耕技术的发展、人口的增加，一方面对薪柴的使用，使本该在生物圈存留数百年的碳被提前终止循环，排放到大气圈；另一方面人类砍伐树木造成森林面积的减少，使森林碳库的储碳能力减弱，导致自 7000 年前起，大气圈中的二氧化碳浓度开始上升，但速度非常缓慢，并没有彻底改变地球碳循环；自 18 世纪开始，人类进入工业文明时代，化石能源的大量使用加速了地层深部有机碳的释放，大量被提前释放的二氧化碳进入地球系统，但森林的储碳效率下降，只能吸收人类排放的二氧化碳的 30% 左右，而海洋由于过量二氧化碳的吸收导致海水酸化，进而限制海洋碳库的储碳效率，也只能吸收人类排放的二氧化碳的 30% 左右，剩余 40% 左右的二氧化碳进入大气，短期内不参与碳循环，导致大气圈层中二氧化碳体积分数从工业革命前（1760 年）的 280ppm 上升到 2015 年的 400ppm，2019 年突破 410ppm，2021 年达到 415ppm，过去 70 年，大气中二氧化碳浓度的增长率是末次冰期结束时的 100 倍左右，成为影响全球温度和气候变化等连锁反应的直接因素。

2.3.4 如何减少碳排放

碳中和目标下,碳基能源向非碳基能源跨越,能源体系将加速向低碳化、零碳化转型,化石能源将从主体能源逐步转变为保障性能源,新能源将逐步成为主体清洁能源;能源技术将实现变革性突破,碳捕集与封存、氢能与燃料电池、生物光伏发电、太阳能发电、光储智能微网、超级储能、可控核聚变、智慧能源互联网等颠覆性技术将逐渐被攻克。能源理念将发生转变,从单一满足人类自身用能需求向呵护与共享地球的绿色用能转变,构建绿色能源命运共同体将成为打造人类命运共同体的重要组成部分,追求绿色创新、奉献绿色能源、建设绿色家园将成为新型能源科技创新体系的"三绿"目标。

2.3.4.1 世界能源转型战略举措

(1)更新能源理念,发展"能源学"与"碳中和学"能源理念

碳中和目标下,绿色能源体系建立是关键。能源学的提出打破了传统单一类型的能源研究范式,第一次以系统观的视角探究地球、能源、人类三者相互影响与协同演化这一科学问题,在时间和空间尺度,研究各类能源形成分布、评价选区、开发利用、有序替代、发展前景等内容,揭示地球系统中各种能量载体的共生分布关系及发展规律,对完善能源研究学科体系具有重要意义。碳中和学拓展了能源学的研究范畴,以人类活动引起的碳排放与地球碳循环系统之间的动态平衡为目标,以无碳新能源有序替代化石能源为途径,以经济产业政策、能源技术等为内容,探究人类活动足迹对自然环境影响最小化的科学规律,是能源科学与社会科学的交叉学科。创新发展能源学与碳中和学,培养人才、创新技术与管理,将为可持续开发利用地球能源、清洁绿色发展、建设宜居地球提供理论指导。

(2)创新能源技术,发展"三碳"技术

科学创新无尽前沿,技术发展无穷力量,科学技术的创新是实现碳中和目标的主要驱动力。低碳化和生态化成为新一轮科技革命的显著特征,绿色、智慧、可持续发展成为重大主题。发展"三碳"(碳减排、碳零排、碳负排)核心技术成为能源转型中科技创新的重要方向和关键目标。通过清洁替代、跨界融合、绿色接替三大路径,来推动化石能源碳中和发展,通过发展碳工业体系与氢工业体系,构建以清洁、无碳、智能、高效为核心的"新能源"+"智能源"体系。

(3)打造绿色能源命运共同体,共建宜居绿色地球

绿色发展承载人类同呼吸共命运的价值追求,成为全球的共同关切和期望目标,蕴含世界协同合作的融合与交汇。从能源利益共同体向绿色能源命运共同体发展,需要人类在"地球村"理念的框架上,建立以共赢、互信、协同、参与、分享为基础的能源科技创新与能源合作发展新模式,共同应对气候变化等挑战,尊重自然、顺应自然、呵护自然,积极促进全球可持续发展目标的实现,助力推动人类命运共同体的构建,共建生态宜居的绿色地球。

2.3.4.2 中国从"能源大国"向"能源强国"的战略跃升

中国从 1949 年能源总产量为 0.2×10^8 t 标准煤的"能源小国",发展为 2021 年能源总产量为 41.7×10^8 t 标准煤的"能源大国"。未来,向"能源强国"跨越,逐步实现"能源独立"，就必须牢牢端稳能源的饭碗。加快能源革命，建设能源强国，需遵循"科学无尽前沿、技术无穷力量"的宗旨，根植"只有枯竭的思想、没有枯竭的能源"的精神，秉承"绿色创新、绿色能源、绿色家园"的理念，打破固化传统观念的"封脑子"理论禁区，突破束缚产业升级的"卡脖子"技术，练就科技"杀手锏"绝招，依靠高水平科技自立自强，实现高质量的能源自主自强。既要一手端稳端牢化石能源的饭碗，筑牢筑强化石能源安全供给的"压舱石"，又要一手端起端好新能源的饭碗，筑高筑大新能源绿色可持续发展的"增长极"。能源发展具有化石能源低碳化、新能源规模化、能源系统智慧化三大趋势，分"三步走"构建高质量的"清洁低碳、安全高效、独立自主"绿色能源体系，实现中国能源生产与消费结构从以化石能源为主的"一大三小"向以新能源为主的"三小一大"战略性转型。

　　碳中和战略目标加速了新能源时代的到来。石器时代的终结不是因为缺少石头，化石能源时代的缩短也不是因为短缺资源。从传统化石能源向非化石新能源转型，是能源发展的必然趋势和必然选择。能源发展具有化石能源低碳化、新能源规模化、能源系统智慧化三大趋势，遵循"科学无尽前沿、技术无穷力量"的宗旨，根植"只有枯竭的思想，没有枯竭的能源"的精神，通过绿色创新，贡献绿色能源，共建绿色家园，力争实现"能源独立"，共享"美美与共，天下大同"的愿景世界。

✐ 习题

1. 碳单质具有哪些化学性质？
2. CO_2 的转化利用途径有哪些？
3. 什么是碳酸盐及其组成来源？
4. 碳酸盐在陆地和海洋中的存在形式和演变过程是什么？
5. 有机物可以根据何种依据来进行分类？
6. 碳循环的定义以及主要循环过程是什么？
7. 影响全球二氧化碳平衡失衡的主要因素有哪些？

第三章

含碳能源 *vs* 无碳能源

3.1 含碳能源与无碳能源

能源对人类生存及社会进步具有深远的影响。随着经济的不断发展，能源的消耗量和需求量迅猛增长。然而，目前应用的主要含碳能源——化石能源，在使用过程中会产生大量的含硫、含氮以及碳氧化合物，造成严重的生态环境问题，不利于人类的可持续发展。以太阳能、氢能等为代表的无碳能源正在发挥着越来越重要的作用。

3.1.1 含碳能源

含碳能源分为化石能源（主要包括煤炭、石油和天然气）和含碳可再生能源（主要是生物质能）。

3.1.1.1 化石能源

（1）煤炭

煤炭是古代植物由于地壳运动埋入地下，经过高温高压、隔绝空气等条件，经历了复杂的物理化学变化过程而形成的。煤炭存储量丰富、地域分布广泛，现已被广泛用作工业生产原料和燃料。

（2）石油

石油是动植物死后分解，与其他物质混合，经过地壳的运动，形成的固态、液态、气态的烃类混合物。

不同产地石油的性质、成分和外貌差异较大，密度一般在 $0.8 \sim 1.0 \mathrm{g/cm^3}$，黏度具有较宽的范围，凝固点一般在 $-60 \sim 30 ℃$ 范围，沸点一般是常温 $\sim 500 ℃$。石油是由多种亲油性化合物组成的混合物，可溶于多种极性较小的有机溶剂，它不溶于水但可与水形成乳状液。石油冶炼可制备燃油和汽油等燃料，也可获得众多化学工业品原料（溶剂、化肥、杀虫剂和塑料等）。

(3) 天然气

天然气主要由甲烷组成，另外还含有乙烷、丙烷和丁烷等烷烃和少量 H_2S、CO_2、N_2、H_2O、CO、He 和 Ar 等。它比空气轻，相对密度约为 0.65，且不溶于水，可液化，燃点为 650℃，爆炸极限为 5%～15%（体积分数）。由于其具有无色、无味的特性，为有利于泄漏监测，往往添加硫醇、四氢噻吩等。

天然气燃烧热值比较高，经过液化处理后，燃料热值可以提升 3 倍左右。

甲烷燃烧方程式如下。

完全燃烧：$CH_4 + 2O_2 \stackrel{}{=\!=\!=} CO_2 + 2H_2O$（反应条件为点燃）

不完全燃烧：$2CH_4 + 3O_2 \stackrel{}{=\!=\!=} 2CO + 4H_2O$

化石燃料的优点如下。①可靠：产生的能量取决于可燃烧的化石燃料量。与风能和太阳能等其他能源受环境影响相比，化石燃料更加可靠。②便宜：已经开发了具有成本效益的燃料基础设施系统来提取化石燃料能源。化石原料相较其他新开发能源廉价。③基础设施要求低：由于化石燃料已经使用了几十年，利用化石燃料能源的基础设施、管道和其他系统非常发达。④高效：与其他能源相比，效率更高。化石燃料能源储备量相较其他能源丰富，从而使它们的能量密度更高。⑤安全、易运输：建立了安全稳定的能源运输体系，使化石燃料成为一种低风险、易长距离运输的能源。⑥有用的副产品：腐烂的动物和死亡的植物是化石燃料的一些来源。从地球上提取的石油可以用于不同的目的。石油公司生产用于各个领域的塑料产品。⑦全球分布：化石燃料资源丰富，丰富的煤炭、原油和天然气矿脉遍布世界各地。⑧易于安装：随着化石燃料使用的增加，发电厂易于安装、使用和维护。⑨用途广泛：炼油厂、交通运输和塑料生产依赖化石燃料生产。

化石燃料的缺点如下。①不可再生：化石燃料的储备量会随着时间推移而耗尽，化石燃料的大量形成可能需要很多年。②不可持续：花费更多化石燃料能源将使化石储备不可持续。这将迫使人们寻找其他可持续和可再生的能源，如太阳能或风能。③成本上升：化石燃料储量变得稀缺且难以从地球表面提取，因此需要更多资源来找到它们，这增加了提取能量的成本。④人类健康：煤炭和其他化石燃料的燃烧会导致空气污染。产生的烟尘和氮氧化物会导致儿童和成人过敏、哮喘。⑤环境影响：煤炭开采和石油或天然气的开采会污染和破坏环境。采矿去除了土壤中用于植物和动物生长的丰富养分。它还容易导致开采地区水土流失。煤炭和石油生产废品对环境有害。废品需要适当处理，否则高浓度的硫和其他副产品会影响自然生态系统。⑥温室效应：化石燃料会释放出大量的含碳气体，导致全球气温升高，引起气候的变化。

3.1.1.2 生物质能

生物质能指植物通过光合作用将太阳能以化学能形式储存在生物质内部的能源，生物质能可以沿食物链进行能量流动，因此生物质能包括地球上所有生物以及有机废弃物所具有的全部能量。生物质可通过某些技术手段转化为固态、液态和气态燃料，因此生物质能是一种可再生能源。

生物质能的特点如下。①原料丰富。生物质能源蕴藏量大且具有普遍性。据估算，地球每年通过植物光合作用生产大约 1750 亿吨有机质，相当于全球能源消耗总量的 10～20 倍，在人类利用能源总量中排名第四位。②可再生性。生物质能源通过植物的光合作用实现再生。③清洁、低碳。生物质主要由 C、H、O 元素组成，硫和氮元素含量较低，燃烧过程中释放出的有害气体氮氧化物（NO_x）和硫氧化物（SO_x）少，属于清洁能源。同时，生物质能源于植物吸收二氧化碳（CO_2）通过光合作用固定的能量，而使用过程又会产生 CO_2，CO_2 的净排放量近乎为零。④替代优势。利用现代技术能大幅度提高生物质燃料的利用率，实现部分替代传统化石能源的目的。另外，生物质能可以转换成便于储存和运输的固态、液态、气态燃料，可直接运用于使用化石原料的工业锅炉和窑炉中。

生物质能的利用：生物质能在能源系统中发挥着举足轻重的作用，它在世界能源消费总量中居第四位。生物质能的利用方式有多种，根据利用方式差异可分为直接燃烧、热化学转换和生物化学转化三种途径。

（1）直接燃烧

直接燃烧方法由于技术难题少，是我国目前利用生物质能源的主要方式。但直接燃烧生物质获得能量，转换效率低，且污染环境，技术有待进一步优化和提高。如利用二次回炉燃烧方法，生物质工业锅炉 NO_x 排放量减少了 70％。采用生物质微米化技术可有效地提高燃烧效率并大幅减少环境污染。

（2）热化学转换

生物质能的热化学转换是指在一定温度和压强下将生物质炭化、热解、汽化或催化液化，将其转化为气态或者液态燃料的技术。

（3）生物化学转化

生物化学转化技术是微生物通过发酵方法将生物质转换成沼气、乙醇等燃料的过程，主要包含沼气发酵技术和乙醇发酵技术。

沼气发酵技术：目前主要在我国农村推广和使用。以农作物秸秆、生活有机垃圾、污水等为原料，在厌氧菌（如微生物-甲烷菌）作用下发酵形成可燃性混合气体——沼气。沼气的燃烧热值高，是一种清洁的燃料。沼气开发能有效地与农业结合，促进了农村产业发展，提升了农村生态文明。

乙醇发酵技术：乙醇可直接或者与汽油混合作为燃料。乙醇发酵技术以糖类、纤维素类等为生物原料，通过微生物发酵作用产生乙醇。

巴西以甘蔗渣为原料大量生成乙醇作为汽车燃料，有效减少了化石能源的进口量。美国以玉米为主要原料生产乙醇，并于 2006 年超越巴西，成为全球最大的生产乙醇燃料的国家。

生物质能转化技术不仅有利于改善生态环境，还能拓宽农业服务领域、加快农业经济的增长速度。

3.1.2 无碳能源

无碳能源是指能源利用过程中没有碳原子参与，没有二氧化碳产生的能源，主要包括原子核能、太阳能、风能、氢能、海洋能、地热能等。

3.1.2.1 原子核能

原子核结构发生变化时会释放出大量能量，称作核能或原子核能。原子核结构变化可以是自发的结构变化或人为制造的结构变化。自发的原子核结构变化称为放射性蜕变，地球内放射性元素蜕变释放的能量是地球内部地热主要来源。人为制造的原子核结构变化过程（核反应）能释放大量能量，可为人类生产生活提供能源。核反应是原子核与原子核或原子核与基本粒子相互作用释放能量的过程。核反应有两种：一是重元素的原子核发生分裂的核裂变反应；二是氢元素的原子核发生聚合的核聚变反应。

目前核能发电主要利用的是裂变能。以压水堆核电站为例，核燃料在反应堆中通过核裂变产生的热量加热一回路高压水，一回路水通过蒸汽发生器加热二回路水使之变为蒸汽。蒸汽通过管路进入汽轮机，推动汽轮发电机发电，发出的电通过电网送至千家万户。如图 3-1 所示，整个过程的能量转换是由核能转换为热能，热能转换为机械能，机械能再转换为电能。

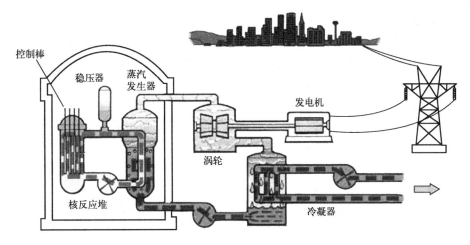

图 3-1 核电站发电原理

核能的优点如下：①碳排放量低。与煤、天然气或石油等化石燃料发电相比，核能发电产生的碳排放量要低得多，碳排放只发生在采矿、铀矿石精炼和反应堆燃料制造过程中。②高能量密度。大多数核反应堆使用铀作为燃料来源。铀的能量密度明显大于煤、石油和天然气。根据核能研究所的数据，1g 铀 235 完全裂变时产生的能量相当于 2.76 吨标准煤燃烧产生的能量。化石燃料能量密度是核燃料能量密度的几百万分之一，因此核能电厂所使用的燃料体积小，降低了运输成本。因核燃料能量密度高、运输量较小，核电站可以选择建在能源需求量大的工业区附近。燃料煤中少量钛、铀、镭等放射性物质排放到空气中会对环境造成污染，与煤燃烧火力发电厂不同，核电站设置的层层安全屏障基本排除了放射性污染物质的泄漏，放射性污染比烧煤电站少得多。③有效和可靠。核裂变可以持续很长一段时间。大多数核反应堆在需要补充燃料之前可以连续运行 1 到 2 年。④低运营成本。虽然核电站的建设成本非常昂贵，但运行成本低于煤、石油和天然气的替代品。与传统发电厂相比，核反应堆可以使用较少的燃料长时间运行。⑤最小量的废料。虽然核废料存在安全问题，但由于核废料的密度很大，故产生的废料少。根据美国核能办公室的数据，核燃料的密度大约是传统化石能源的 100 万倍。核能研究所估计，到目前为止，地球上产生的所有核燃料废料，可以堆在一个 30 英尺（1 英尺＝0.3048m）高的足球场上。与每小时产生相同数量废料的燃煤发电厂相比，核废料实际上要少得多。虽然如此，但核废料比化石燃料发电厂产生的废料要危险得多。⑥土地占用空间小。与太阳能和风能等其他清洁能源技术相比，核电站的占地面积要小得多。1000 兆瓦左右的小型核电站，其反应堆及其相关设施仅占用一平方英里（1 平方英里＝2589988.1103 平方米）。我国有丰富的铀矿资源，应用核燃料发电，是开发新能源的途径之一。例如，我国在浙江省海盐县兴建自行设计的秦山核电站，装机容量为 60 万千瓦。

核能的缺点如下。①核电站安全问题。尽管众所周知，核电站是安全的，它有几个内置的物理屏障，旨在防止放射性同位素逃逸到环境中。但核事故仍然是可能发生的，如切尔诺贝利（1986 年）和福岛第一核电站（2011 年）事件。②核废料问题。核废料具有放射性，放射性废物在环境中可以持续存在数百年甚至万年，这使得核废料不易安全地储存。

3.1.2.2 太阳能

太阳能，是指太阳内部氢原子发生核聚变产生的热辐射能。

（1）太阳能的优点

①太阳能十分巨大。太阳离地球较远，其辐射到地球的能量仅占其总辐射能的二十二亿分之一，但每分钟辐射到地球的能量仍有 8.8×10^{15} 焦耳，其能量相当于 3000 万吨标准煤完全燃烧释放出来的热量，比世界上其他能源产生的能量大得多。②太阳能供能长久。据科学家推算，太阳内部氢的储量尚能维持 50 亿年以上，对于人类而言可谓取用不竭。③太阳能普遍，获取方便。太阳光不局限于地域和海拔高度，开发和利用方便，无须开采和运输。④太阳能无害。太阳能不会造成环境的污染，它是一种清洁能源，对保护环境起到积极的作用。

（2）广泛利用太阳能的困难

①分散性：尽管太阳辐射到地球表面的总能量十分巨大，但是到达陆地上的有效能量仅为辐射总能量的 10% 左右，导致能量密度很低。正因如此，在利用太阳能时，能量收集和转换设备往往占地面积很大，造价较高。②不稳定性：太阳辐照度受自然条件限制，如白天黑夜、季节、海拔高度、雨雪天、雾天、阴天等都会影响地面接收太阳能。气候环境因素会导致某一地面的太阳能是间歇且不稳定的。为了使太阳能利用更广泛，就必须克服这一问题，使太阳能使用是连续、稳定的。③效率低和成本高：太阳能的利用受到转换技术的制约。有的太阳能利用装置效率较低，成本甚至是其他常规能源几倍，无法与常规能源相竞争。太阳能利用转换技术还有待进一步发展、提高。④能量转换装置制造过程会造成环境的污染和能源的大量消耗。如在光电转换技术中需要使用高纯硅，从原料硅砂到高纯硅需经过多道化学和物理处理过程，这不仅消耗大量能源，还会对环境造成污染。

（3）太阳能的利用

人类利用太阳能主要涉及三大技术领域：光热转换技术、光电转换技术和光化学转换技术。

① 光热转换技术。光热转换技术是利用太阳能最直接、简单和有效的途径。它是通过集热材料或者集热部件借助吸收、反射等方式将太阳辐射光能转变成热能。人类将光能转换成热能并加以利用的历史悠久，我国战国时期就开始利用凹面镜聚光点火，英国人赫胥黎于1837 年首次使用太阳灶烧饭，太阳能热水器已有将近 150 年的使用历史（1875 年首次使用）。根据光热转化温度可将光热转换归为低温光热转换与高温光热转换两种。100～300℃低温光热转换主要用于工业用热、空调、烹调、制冷等领域，300℃以上高温光热转换主要用于材料高温处理、热发电等。常见的太阳能集热器主要采用直接吸收太阳能或利用聚光镜聚光照射两种，并以空气或液体（水或防冻液）为传热介质。

② 光电转换技术。光电转换是把太阳辐射能转换成电能的过程，包括光热发电和光伏发电。光热发电原理是首先使用集热器收集太阳能并转换成热量，利用收集到的热量加热液体（主要为水）传输至蒸汽机，带动大型电伏组机器产生电能。光伏发电的原理是在太阳光

的照射下，基于光电效应产生电能存储或者直接利用。光伏发电的核心器件是太阳能电池。太阳能电池根据使用材料有硫化镉（CdS）电池、硅基（单晶硅、非晶硅、多晶硅）电池、磷化铟（InP）电池、砷化镓（GaAs）电池、砷化锌（ZnAs）电池和有机半导体电池等。

③ 光化学转换技术。光化学转换是将太阳辐射能转变成化学能的过程。光化学转换包括：光电化学作用、光合作用、光分解反应及光敏化学作用。其中，最有发展应用前景的是光催化产氢反应，其过程为太阳光照射在半导体和电解液界面，使水分解产生氢气和氧气。由于氢气的燃烧热值高、产物（水）唯一且对环境无影响，光解水制备氢气是光化学转换最理想的过程。

（4）我国太阳能发展现状及预测

我国太阳能资源分布广、光照时间充足，基础设施完善，具有大力发展光伏产业的条件，光伏产业已成为我国新能源产业中发展较为迅速的产业。2020 年，我国可再生能源发电装机容量已到达 9.34 亿 kW，核电装机容量达 5102.7 万 kW，二者合计达 9.85 亿 kW，占全国所有发电装机容量的 44.6%。为了完成"双碳"战略目标，国家能源局对我国能源作出规划：2030 年全国非化石能源消费比重达 25%，风电光伏装机达 12 亿 kW 以上，这表明 2021～2030 年间，我国风电光伏新增装机将达 6.66 亿 kW 以上。

3.1.2.3 风能

风能是太阳能的一种转化形式，受云层等因素影响，太阳辐射到地表面受热不均，引起大气层空气伴随着热传递而运动形成的动能，即为风能。风能开发利用成本比太阳能开发利用成本低，也是可再生清洁能源中最具发展前景的一种新能源。风能资源在地球上分布较广，储量较大，据估计在地球近地层风能总储量约为 1.3×10^{12} kW，但目前开发利用尚处于起步阶段。我国风能储量估计为 1.6×10^{9} kW，在世界上排名第三，可开发利用风能约占总量的 1/10。与化石能源相比，风能存量大、分布广、可再生、无污染，具有明显的优势，有着巨大的应用前景和发展潜力。对于沿海岛屿、边远地区、草原牧场以及远离电网的农村，风能可为生产和生活提供可靠的能源，具有十分重要的现实意义。目前，我国的风能利用主要有风力发电、风力提水和风帆助航等几种形式。

3.1.2.4 氢能

氢，化学元素符号 H，排在元素周期表中第一位。氢的单质形态是由双原子组成的 H_2 分子，是一种气体，无色、无味、无臭。氢气容易发生爆炸，它的爆炸极限为 4.0%～74.2%（氢气的体积占混合气总体积比例）。氢在宇宙中分布最为广泛，主要以化合物（H_2O）的形式存在于自然界中。所以，氢气一般需要通过一定手段利用其他能源制取得到，是一种二次能源。氢气被认为是最具潜力替代化石能源的清洁能源。

（1）氢能的优势

①氢能储量大、零污染。氢元素在宇宙中储量最为丰富，占宇宙总质量的 75%，能保证充足的能源供给。氢元素主要以化合物 H_2O 的形式存在，原料易于获取。此外，氢气和氧气燃烧释放出化学能来供能，产物为水且无其他中间产物，是最干净的能源。②氢能生产和使用可形成循环闭环，实现可持续发展。氢气可由水制备得到，燃烧后又生成水，这样可以形成一个循环闭环系统，具有可持续性。③氢的能量密度高。氢气的燃烧热值（120～142kJ/g）在常见燃料中是最高的，约为乙醇的 4 倍、煤炭的 5～6 倍、汽油的 3 倍。因此，

以氢气为燃料的发动机具有动力强劲、续航时间长的优点。

（2）氢能的缺点

尽管氢能相比其他能源具有一定的优势，但氢能也存在一些缺点。①价格昂贵。氢气需要消耗其他能源来制备得到。其中，电解水制氢以及蒸汽重整制氢是目前获取氢气的两种主要方法，但这两种方法成本都非常高。高昂的价格导致其在世界范围尚未得到广泛使用。目前，氢能主要应用于混合动力汽车中，氢能产业在各国均处于初期阶段，需要大量的研究和创新才能实现以廉价和可持续的方式来制备氢气。②储存困难。氢的密度较低。实际上，它的密度比汽油小得多。这意味着需要将气态氢气压缩为液态，并在较低的温度下存储，以确保其作为能源的有效性和效率。由于氢气这一特性，其必须在高压下存储和运输，限制其运输和使用的普遍性。③不安全性。尽管汽油比氢危险，但氢是高度易燃和易挥发的物质，经常引起人们对其潜在危险的关注。氢气缺乏气味，这使得几乎不可能通过嗅觉进行泄漏检测。要检测泄漏确保安全，必须安装传感器。④大规模运输难。由于氢的轻巧，运输氢是一项艰巨的任务。石油可以安全运输，因为它大部分是通过管道推动的。煤炭可以方便地用自卸车运输。目前氢主要以小批量运输。⑤取决于化石燃料。氢能是可再生的，对环境的影响最小，但是将其与氧气分离需要其他不可再生的资源，例如煤、石油和天然气。

（3）氢气主要来源

目前氢气来源（图 3-2）主要有三种。①"灰氢"，传统化石燃料（石油、煤炭、天然气等）经过重整、冶金等化学反应提取得到的氢气，虽然用上述方式获取氢气的技术和成本已得到了有效控制，但是在生产过程中会排放 CO_2 等污染物。②"蓝氢"，即将"灰氢"与碳捕集、利用与封存等先进技术结合制备的氢气，具有 CO_2 低排放量的特点。③"绿氢"，利用核能、可再生能源发电分解水制取氢气，从源头上实现了二氧化碳零排放。

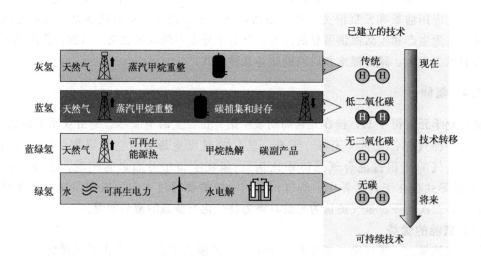

图 3-2　氢气来源示意图

（4）氢能产业链

氢能产业链（图 3-3）包括上游制氢、中游储运氢、下游用氢等。其中上游制氢包括化石燃料（如天然气、煤）制氢、电解水制氢、工业副产氢（煤焦化副产氢、氯碱工业副产氢等）等；储运环节分为高压气态储运、液态储运、固态储运等。氢气的大规模、低成本制备和储运是制约氢能应用的瓶颈。氢能的下游应用领域范围广，包括电力、道路交通、供暖、氢能化工等。其中交通领域是氢能行业发展萌芽期的重要突破口，氢燃料电池车未来发展前景良好。由于制氢成本和生产工艺的限制，氢能市场主要由"灰氢"和"蓝氢"占据，"绿氢"的市场占比比较低。目前制氢技术按制氢原料来源可分为化石燃料制氢、化工原料制氢、工业副产制氢和电解水制氢等。

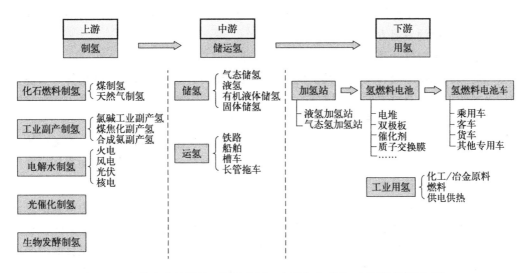

图 3-3　氢能产业链结构（资料来源：中国氢能联盟、开源证券研究所）

化石燃料制氢：煤和天然气等化石燃料重整制氢是当前制氢的主流方法。如我国煤炭资源丰富，截至 2022 年，煤制氢占比高达 62%。化石燃料蒸汽重整制氢技术路线已经十分成熟，价格相对较低，但是碳排放量高，不利于生态环境。近年来，通过联合碳捕集技术，可有效降低碳的排放量，但碳捕集手段也增加了成本。

制氢环节中大规模、低成本制氢是关键，路线由"灰氢"向"绿氢"发展。

化工原料制氢：在一定温度、压强和催化剂作用下将甲烷、甲醇等化工原料转化为 H_2 和二氧化碳混合气，再通过二氧化碳分离技术除掉二氧化碳制备高纯氢气。甲烷、甲醇等化工原料制氢技术工艺系统简单，运行稳定，但制氢成本受化工原料（甲烷、甲醇等）价格影响较大。

工业副产氢：对工业生产过程产生的富氢废弃物或副产物进行冷冻分离、变压吸附等制备高浓度氢气。如钢铁企业焦炉煤气中的氢气体积占比在 50% 以上，2021 年焦炉煤气中分离出大约 1000 亿立方米的氢气。目前，焦炉煤气作为燃料应用于烧结、炼铁和炼钢等生产过程中，导致焦炉煤气制氢发展空间有限。

氯碱副产物制氢：在电解饱和氯化钠溶液的过程中会产生 NaOH、氯气和氢气。氢气作为副产物气体杂质少，较易提纯制备高纯氢气。我国氯碱行业发达、分离技术成熟，回收副产品氢气符合我国能源发展需求。

电解水制氢：在直流电作用下，将水中的 H^+ 在阴极还原成 H_2，水中的 OH^- 在阳极被氧化成 O_2，其电解反应如下：

酸性条件下，阴极反应：$4H^+ + 4e^- \longrightarrow 2H_2$，$E_0 = 0V$

$$阳极反应：2H_2O \longrightarrow O_2 + 4H^+ + 4e^-，E_0 = 1.23V$$

$$碱性条件下，阴极反应：4H_2O + 4e^- \longrightarrow 2H_2 + 4OH^-，E_0 = -0.83V$$

$$阳极反应：4OH^- \longrightarrow O_2 + 2H_2O + 4e^-，E_0 = 0.4V$$

$$总反应为：2H_2O \longrightarrow O_2 + 2H_2$$

电解水制氢原理简单、技术成熟、成本低、产生的氢气纯度极高，对环境污染小。但由于电解水制氢能耗大，制氢成本高于其他制氢成本。目前，电解水制氢成本是煤制氢的 4～5 倍，规模和效率有待提高，因此，提升电解水技术含量、降低制氢成本、实现大规模电解水应用是制氢领域的发展方向。

储运氢环节中氢气的储存和运输效率亟待提高。

氢气的可大规模存储和运输是其区别于化学电池储能的重要特性，根据估算，目前氢气的储运成本约占用氢总成本的 30% 左右，是制约氢能应用的瓶颈之一。目前，氢气的储存和运输主要采用高压气态储运、深冷液态储运和固体储运。

高压气态储运：高压气态储氢具有容器设备结构简单、温度适应范围宽、充放氢气速度快等特点，是现阶段最常用的储氢方式。高压气态储氢设备可分为高压氢瓶和高压容器两大类，也可按照使用场景分为固定式和移动式两类。

液态储运：液态储氢能极大地提高氢气存储密度，缩小存储体积，可分为低温液态储氢和有机液体储氢。低温液态需将氢气冷却到零下二十摄氏度，储氢密度可达 $70.9kg/m^3$，但设备投资较大，液化能耗较高，长期储存过程中容易蒸发造成损失。低温液氢目前主要应用于航空航天领域，民用缺乏相关标准。有机液体储氢是基于某些不饱和有机物（如烯烃、炔烃或芳香烃）与氢气发生的可逆加氢和脱氢反应实现氢气的储存和富集，不饱和有机物加氢后形成更稳定的液体有机氢化物，储存方式与汽油等液体燃料类似，从而提高了储氢的安全性。然而，有机液体储氢仍然存在形成有机液体氢化物的反应温度较高、脱氢效率较低、催化剂稳定性有待提高等问题。

固态储运：固态储氢是以固体氢化物或纳米储氢材料通过化学或物理吸附的方式来储氢。氢化物理论储氢量虽然大，但实际储氢率仍低下，且一般不能重复循环利用，限制了其实际应用。吸附材料储氢是利用纳米空腔填充氢气。但是，采用吸附这种方法储氢又面临着储氢量小、储氢循环稳定性受吸附材料限制的问题，距离大规模商业化应用还有一段距离。

加氢站是氢能源产业链中制氢和氢能应用的联系枢纽，是氢能源产业化中重要的一环。根据氢气来源，加氢站可分为外供氢加氢站和站内制氢加氢站。外供氢加氢站是借助长管拖车、液氢槽车或者管道将氢气输运至加氢站后，在加氢站内进行压缩、存储、加注等操作。站内制氢加氢站是指利用加氢站内自备的制氢系统制氢、纯化、压缩后再进行加注。因此，站内制氢节省了氢气长距离运输费用，但是增加了氢气制取、纯化、压缩等运营费用。目前我国以外供氢加氢站为主进行加氢。

3.1.2.5 海洋能

海洋能通常指蕴藏在海洋中的可再生能源。海洋约占地球面积的 71%，却集中了地球上 97% 的水量。海洋能主要包含潮汐能、波浪能、温差能、盐差能和潮流能等。其中，潮汐能、潮流能、波浪能是机械能，温差能是内能，海水盐差能是化学能。表 3-1 列举出部分海洋能的定义、技术原理以及优缺点。

表 3-1 各类海洋能

发电种类	能量来源	技术原理	基本环境要求	优点	缺点
潮汐能	月球、太阳等的引力作用引起地球表面海水周期性涨落所引发的水位差带来的势能	潮汐升降运动推动水轮发电机组发电，将势能转化为电能	潮汐幅度至少几米，地形可进行土建以储存海水	发电清洁；不污染环境；不影响生态平衡	有间歇性，不便于并网运行；需要筑坝建电站
潮流能	涨潮和退潮，温度、盐度分布不均匀，或是海面上风的作用产生的海水大规模方向基本稳定的流动带来的动能	海水运动时的能量推动水轮机旋转，水流的动能转换为电能	流速峰值大于2m/s的地方（沿海水域高度局部化的地区）	规律性较强；能量密度高；环境友好	因置于水下，存在安装维护、海洋环境中的载荷与安全性能等关键技术问题
波浪能	海洋表面所具有的动能和势能的总和	捕获波浪能并将其转换为某种特定形式的机械能或电能	能流密度＞2kW/m，波高在0.5~4m	质量好；蕴藏量较大（特别是冬季）；分布广	能量密度与转化率低；易受海洋灾害性气候侵袭；经济效益差
温差能	热带和副热带海区表面温海水与深层冷海水间存在温差而蕴藏的热能	通过透平将表层温海水与深层冷海水间的温差转化为电能	适宜开发的地区温差范围为18~20℃	清洁能源；缓解全球变暖；可结合海水养殖；节省燃料	成本高，发电量少；热循环效率低；污染环境；换热器易发生腐蚀及生物附着
盐差能	江河流水与海洋咸水交汇，或不同盐度的海水混合时，在其界面上产生的巨大的渗透压所蕴藏的势能	混合界面放置特殊半透膜，引发淡水单方向流入海水，使海水侧体积增加，利用此势能驱动水轮机发电	河海交界处，具有淡水和盐水浓度差的地方	可开发量大；稳定发电	资源具有明显的季节变化；技术难度尚未攻克，缺少环境评估

3.1.2.6 地热能

地热能是来自地下，能够被人类开发利用的热能。地热能主要包括浅层地热能、深层地热能以及干热岩地热能。地热能为一种可再生资源，具有储存量丰富、开发成本低、稳定性强、节能减排等优点。目前地热能的利用主要为通过地热蒸汽和地热水为人类供能。其中干蒸汽利用最好，地热能利用可分为直接利用和地热发电两方面。如温度超过150℃以上的干蒸汽，属于高温地热田，可直接用于发电，但其数量也最少；湿蒸汽田的储量大约是干蒸汽田的20倍，温度在90~150℃之间，属中温地热田。湿蒸汽使用前必须预先除去其中的热水，在发电技术上实现较困难；热水储量最大，温度一般在90℃以下，属低温地热田，可直接用于取暖或供热。地热能的直接利用技术要求低，所需设备也较简单，因此已广泛用于工业加工、洗涤、医疗等各方面。地热发电和火力发电原理一样，都是将热能转变为机械能。

3.2 能源使用现状

如图3-4所示，全球能源消费总量持续上涨。在2019年至2021年期间，一次能源消耗增长完全由可再生能源推动。化石能源在这期间基本保持不变，石油消耗占比有所下降，但与煤炭和天然气的消耗增长抵消。

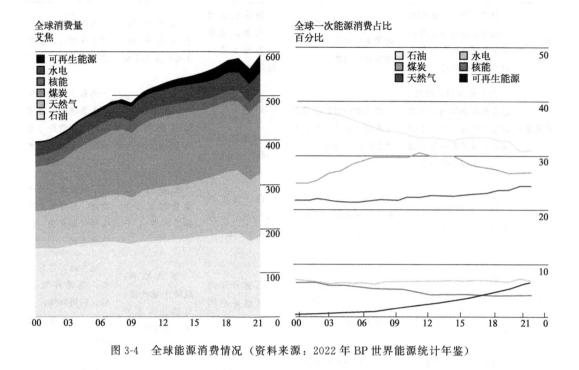

图 3-4　全球能源消费情况（资料来源：2022 年 BP 世界能源统计年鉴）

3.2.1　石油

　　根据 BP 统计，截至 2021 年底，石油产量（表 3-2）的前三名分别是美国、沙特阿拉伯、俄罗斯，这三个国家产量就占了 42.9％。同时，美国也是石油消费大国。美国、中国、欧洲地区是最大的石油消费地区（表 3-3）。

表 3-2　2022 年版《BP 世界能源统计年鉴》统计的石油产量

石油：产量（千桶/天）

	2011年	2012年	2013年	2014年	2015年	2016年	2017年	2018年	2019年	2020年	2021年	年均增长率		
												2021年	2021—2023年	占比2021年
加拿大	3515	3740	4000	4271	4388	4464	4813	5244	5372	5130	5429	5.80％	4.40％	6.00％
墨西哥	2940	2911	2882	2792	2593	2461	2227	2072	1921	1912	1928	0.80％	−4.10％	2.10％
美国	7890	8931	10103	11807	12783	12354	13140	15310	17114	16458	16585	0.80％	7.70％	18.50％
北美洲总计	14345	15582	16985	18870	19764	19279	20180	22626	24407	23500	23942	1.90％	5.30％	26.60％
阿根廷	667	657	644	638	646	610	590	591	620	601	627	4.40％	−0.60％	0.70％
巴西	2179	2145	2110	2341	2525	2607	2731	2691	2890	3030	2987	−1.40％	3.20％	3.30％
哥伦比亚	915	944	1010	990	1006	886	854	865	886	781	738	−5.50％	−2.10％	0.80％

续表

	2011年	2012年	2013年	2014年	2015年	2016年	2017年	2018年	2019年	2020年	2021年	年均增长率		
												2021年	2021—2023年	占比2021年
厄瓜多尔	501	505	527	557	543	548	531	517	531	479	473	−1.40%	−0.60%	0.50%
秘鲁	159	157	171	175	153	141	136	139	144	131	128	−2.80%	−2.10%	0.10%
特立尼达和多巴哥	136	117	116	114	109	97	99	87	82	76	77	−0.50%	−5.60%	0.10%
委内瑞拉	2755	2704	2680	2692	2864	2566	2220	1631	1022	640	654	2.10%	−13.40%	0.70%
其他中南美洲国家	144	147	152	155	164	135	133	128	122	186	225	20.90%	4.50%	0.20%
中南美洲总计	7456	7376	7410	7662	8010	7590	7294	6649	6297	5924	5909	−0.30%	−2.30%	6.60%
丹麦	225	204	178	167	158	142	138	116	103	72	65	−10.20%	−11.70%	0.10%
意大利	110	112	114	120	113	78	86	97	89	112	100	−10.00%	−0.90%	0.10%
挪威	2040	1917	1838	1886	1946	1997	1971	1851	1762	2003	2025	1.10%	−0.10%	2.30%
罗马尼亚	89	83	86	84	83	79	76	75	75	72	70	−3.60%	−2.40%	0.10%
英国	1114	947	865	854	964	1015	1005	1092	1118	1049	874	−16.60%	−2.40%	1.00%
其他欧洲国家	336	336	344	339	331	313	303	308	302	290	286	−1.30%	−1.60%	0.30%
欧洲总计	3914	3599	3425	3450	3595	3624	3579	3539	3449	3598	3420	−4.90%	−1.30%	3.80%
阿塞拜疆	932	882	888	861	851	838	793	796	775	714	722	1.20%	−2.50%	0.80%
哈萨克斯坦	1684	1664	1737	1710	1695	1655	1838	1904	1919	1806	1811	0.30%	0.70%	2.00%
俄罗斯	10533	10656	10807	10927	11087	11342	11374	11562	11679	10667	10944	2.60%	0.40%	12.20%
土库曼斯坦	234	244	256	263	271	270	269	259	254	219	252	15.30%	0.80%	0.30%
乌兹别克斯坦	80	72	69	63	60	57	61	64	67	61	60	−2.20%	−2.80%	0.10%
其他独联体国家	36	35	35	35	36	36	37	38	39	39	40	1.00%	1.00%	*
独联体国家总计	13499	13553	13792	13859	14000	14198	14372	14623	14733	13506	13829	2.40%	0.20%	15.40%
伊朗	4452	3810	3609	3714	3853	4578	4854	4608	3399	3084	3620	17.40%	−2.00%	4.00%
伊拉克	2773	3079	3099	3239	3986	4423	4538	4632	4779	4114	4102	−0.30%	4.00%	4.60%
科威特	2918	3173	3134	3106	3069	3150	3009	3060	2976	2695	2741	1.70%	−0.60%	3.00%
阿曼	885	918	942	943	981	1004	971	978	971	951	971	2.20%	0.90%	1.10%
卡塔尔	1824	1868	1887	1881	1805	1790	1756	1793	1727	1714	1746	1.90%	−0.40%	1.90%
沙特阿拉伯	11079	11622	11393	11519	11998	12406	11892	12261	11832	11039	10954	−0.80%	−0.10%	12.20%
叙利亚	353	171	59	33	27	25	25	24	34	43	96	123.20%	−12.20%	0.10%

续表

	2011年	2012年	2013年	2014年	2015年	2016年	2017年	2018年	2019年	2020年	2021年	年均增长率		
												2021年	2021—2023年	占比2021年
阿联酋	3300	3425	3566	3603	3898	4038	3910	3912	3999	3693	3668	-0.70%	1.10%	4.10%
也门	220	178	197	153	63	43	71	94	95	88	67	-23.70%	-11.20%	0.10%
其他中东国家	201	184	208	214	213	214	208	207	214	188	191	1.10%	-0.60%	0.20%
中东国家总计	28005	28428	28094	28405	29893	31671	31234	31569	30026	27609	28156	2.00%	0.10%	31.30%
阿尔及利亚	1642	1537	1485	1589	1558	1577	1540	1511	1487	1330	1353	1.70%	-1.90%	1.50%
安哥拉	1670	1734	1738	1701	1796	1745	1671	1519	1420	1318	1164	-11.60%	-0.50%	1.30%
乍得	114	101	91	89	111	117	98	116	127	126	116	-7.70%	0.20%	0.10%
刚果共和国	301	280	243	253	234	232	270	330	336	307	274	-10.70%	-0.90%	0.30%
埃及	714	715	710	714	726	691	660	674	653	632	608	-3.80%	-1.60%	0.70%
赤道几内亚	301	320	282	284	260	223	195	176	160	158	140	-11.70%	-7.40%	0.20%
加蓬	236	221	213	211	214	221	210	193	218	207	181	-12.70%	-2.60%	0.20%
利比亚	516	1539	1048	518	437	412	929	1165	1228	425	1269	198.40%	9.40%	1.40%
尼日利亚	2459	2409	2276	2273	2199	1898	1968	2005	2101	1828	1626	-11.10%	-4.10%	1.80%
南苏丹	—	31	100	155	148	137	147	144	172	165	153	-7.30%	—	0.20%
苏丹	291	103	118	120	109	84	70	74	72	63	64	1.10%	-14.00%	0.10%
突尼斯	73	73	68	63	57	54	46	44	41	37	45	21.30%	-4.60%	0.10%
其他非洲国家	200	208	242	247	276	270	317	315	348	331	293	11.50%	3.90%	0.30%
非洲总计	8517	9271	8614	8217	8125	7661	8121	8266	8363	6927	7286	5.20%	-1.50%	8.10%
澳大利亚	479	472	401	420	378	353	322	342	453	453	435	-3.90%	-1.00%	1.50%
文莱	165	159	135	136	127	121	113	112	121	110	107	-3.20%	-4.30%	1.30%
中国	4074	4155	4216	4246	4309	3999	386	3802	3848	3901	3994	2.40%	-0.20%	0.10%
印度	937	926	926	905	893	874	885	869	826	771	746	-3.20%	-2.30%	0.30%
印度尼西亚	952	917	871	847	838	873	837	808	781	742	692	-6.80%	-3.10%	0.70%
马来西亚	659	663	627	649	696	726	718	713	672	616	573	-7.00%	-1.40%	0.20%
泰国	429	471	466	464	481	489	486	475	475	421	398	-5.30%	-0.70%	0.20%
越南	316	347	346	325	352	317	284	257	236	207	192	-7.20%	-4.80%	1.40%
亚太其他地区国家	302	291	274	296	298	281	273	234	230	208	199	-4.70%	-4.10%	1.80%
亚太地区总计	8313	8401	8262	8288	8372	8033	4304	7612	7642	7429	7336	-1.30%	-1.20%	8.20%
全球总计	84049	86210	86582	88751	91759	92056	89084	94884	94917	88493	89878	1.60%	0.70%	100.00%

表 3-3　2022 年版《BP 世界能源统计年鉴》统计的石油消费量

石油：液体燃料消费总量（千桶/天）

	2011年	2012年	2013年	2014年	2015年	2016年	2017年	2018年	2019年	2020年	2021年	年均增长率		
												2021年	2021—2023年	占比2021年
加拿大	2445	2484	2480	2479	2499	2508	2487	2566	2558	2251	2292	1.80%	−0.60%	2.40%
墨西哥	2068	2086	2038	1965	1945	1956	1890	1843	1706	1321	1358	2.80%	−4.10%	1.40%
美国	18896	18482	18967	19100	19532	19692	19952	20512	20543	18186	19782	8.80%	0.50%	20.40%
北美洲总计	23409	23052	23485	23544	23976	24156	24329	24921	24807	21758	23432	7.70%	*	24.20%
阿根廷	629	669	713	709	727	711	711	680	612	541	624	15.30%	−0.10%	0.60%
巴西	2834	2894	3100	3218	3068	2894	2956	2927	3007	2778	2932	5.90%	0.30%	3.00%
智利	371	376	362	353	355	377	364	379	383	349	365	4.40%	−0.20%	0.40%
哥伦比亚	275	296	294	310	330	337	332	344	359	294	370	26.10%	3.00%	0.40%
厄瓜多尔	226	213	247	260	254	240	237	255	249	203	249	22.50%	1.00%	0.30%
秘鲁	216	219	231	229	245	260	271	278	288	219	276	25.60%	2.50%	0.30%
特立尼达和多巴哥	42	40	45	41	45	47	44	41	32	28	25	−10.40%	−5.00%	*
委内瑞拉	721	785	835	746	697	537	493	410	339	277	289	4.30%	−8.70%	0.30%
中美洲国家	366	369	373	388	420	435	444	423	454	382	433	13.50%	1.70%	0.40%
其他加勒比海沟地区国家	648	626	601	590	613	633	620	632	626	518	577	11.30%	−1.10%	0.60%
其他南中美国家	190	192	197	198	204	218	223	231	234	219	238	8.40%	2.30%	0.20%
中南美洲总计	6518	6679	6998	7042	6958	6689	6695	6600	6583	5808	6378	9.80%	−0.20%	6.60%
奥地利	256	256	263	255	256	261	263	267	276	239	246	2.70%	−0.40%	0.30%
比利时	632	611	633	629	647	654	664	704	662	583	655	12.30%	0.40%	0.70%
保加利亚	81	85	80	86	97	98	103	102	106	95	102	7.50%	2.40%	0.10%
克罗地亚	73	66	64	66	68	68	73	71	71	60	66	9.70%	−0.90%	0.10%
路斯	55	51	46	46	47	51	53	52	52	44	46	3.10%	−1.50%	*
捷克共和国	199	196	188	199	191	179	213	214	218	190	209	9.90%	0.50%	0.20%
丹麦	168	158	158	159	161	158	158	159	159	133	135	1.30%	−2.20%	0.10%
爱沙尼亚	27	32	31	29	29	29	30	30	30	29	30	3.60%	0.90%	*
芬兰	207	199	213	207	207	210	208	208	208	187	188	0.30%	−0.90%	0.20%
法国	1721	1669	1657	1610	1611	1596	1607	1605	1606	1372	1499	9.30%	−1.40%	1.50%

续表

	2011年	2012年	2013年	2014年	2015年	2016年	2017年	2018年	2019年	2020年	2021年	年均增长率		
												2021年	2021—2023年	占比 2021年
德国	2365	2352	2404	2344	2336	2374	2443	2325	2325	2132	2119	−0.60%	−1.10%	2.20%
希腊	352	307	285	284	297	297	301	298	298	251	254	1.40%	−3.20%	0.30%
匈牙利	142	133	131	147	157	155	168	180	180	168	179	6.10%	2.30%	0.20%
冰岛	14	14	15	16	17	19	21	23	23	13	13	2.30%	−0.70%	*
爱尔兰	149	140	141	140	146	152	153	158	158	134	136	1.50%	−0.90%	0.10%
意大利	1495	1401	1289	1220	1293	1284	1304	1331	1277	1064	1182	11.00%	−2.30%	1.20%
拉脱维亚	34	33	34	34	36	37	38	34	39	34	35	3.20%	0.60%	*
立陶宛	53	55	53	53	57	61	64	68	68	64	67	4.50%	2.40%	0.10%
卢森堡	61	59	58	57	56	56	59	63	63	52	54	3.70%	−1.20%	0.10%
荷兰	972	926	900	866	837	854	830	858	830	760	759	−0.20%	−2.40%	0.80%
北马其顿	20	19	19	19	20	22	21	21	22	20	24	16.00%	1.90%	*
挪威	225	218	229	218	220	217	223	229	223	213	208	−2.10%	−0.80%	0.20%
芬兰	591	570	537	538	558	605	662	685	702	664	713	7.40%	1.90%	0.70%
葡萄牙	256	231	241	247	246	248	246	245	253	207	215	3.90%	−1.70%	0.20%
罗马尼亚	191	191	174	187	191	202	213	219	230	216	234	8.50%	2.10%	0.20%
斯洛伐克	81	74	75	71	77	79	89	90	86	86	90	5%	1.10%	0.10%
艾塞文尼亚	55	54	51	50	49	2	54	56	54	46	49	7.00%	−1.20%	0.10%
西班牙	1370	1285	1191	1188	1233	1278	1291	1325	1325	1087	1199	10.30%	−1.30%	1.20%
瑞典	310	309	307	306	303	319	320	305	325	285	305	7.30%	0.20%	0.30%
瑞士	234	238	249	224	227	216	222	215	220	184	185	0.70%	−2.30%	0.20%
土耳其	673	704	756	774	917	976	1025	993	1008	915	942	3.00%	3.40%	1.00%
乌克兰	291	287	275	245	216	229	231	241	242	229	239	4.40%	−2.00%	0.20%
英国	1589	1532	1517	1522	1563	1612	1619	1601	1563	1209	1271	5.10%	−2.20%	1.30%
其他欧洲国家	320	299	297	295	305	326	342	338	347	314	322	2.70%	0.10%	0.30%
欧洲总计	15262	14754	14561	14331	14671	14924	15311	15313	15249	13279	13970	9.80%	−0.90%	14.40%
阿塞拜疆	89	92	101	99	100	98	99	104	105	91	95	4.30%	0.70%	0.10%
白俄罗斯	175	214	161	164	138	147	147	171	175	167	160	−4.30%	−0.90%	0.20%
哈萨克斯坦	270	288	297	304	289	304	313	338	345	302	327	8.30%	2.00%	0.30%
俄罗斯	3094	3140	3163	3300	3197	3277	3282	3313	3380	3214	3414	6.20%	1.00%	3.50%

续表

	2011年	2012年	2013年	2014年	2015年	2016年	2017年	2018年	2019年	2020年	2021年	年均增长率 2021年	2021—2023年	占比2021年
土库曼斯坦	125	129	137	143	145	143	144	145	146	140	146	4.50%	1.60%	0.20%
乌兹别克斯坦	104	88	83	82	83	86	87	95	95	83	90	8.80%	−1.50%	0.10%
其他独联体国家	65	75	78	76	78	86	82	96	89	77	84	8.60%	2.50%	0.10%
独联体国家总计	3922	4026	4020	4168	4030	4141	4154	4262	4335	4074	4316	5.90%	−0.90%	4.50%
伊朗	1715	1762	1879	1765	1580	1579	1656	1728	1784	1673	1690	1.00%	−0.10%	1.70%
伊拉克	564	619	688	650	630	687	720	847	720	629	722	14.50%	2.50%	0.70%
以色列	234	274	213	200	211	217	227	230	232	201	210	4.60%	−1.00%	0.20%
科威特	467	467	477	488	475	449	470	481	471	441	450	1.90%	−0.40%	0.50%
阿曼	146	157	178	185	184	187	224	232	224	190	209	9.80%	3.60%	0.20%
卡塔尔	244	260	303	312	356	369	335	347	369	296	311	5.10%	2.50%	0.30%
沙特阿拉伯	3285	3451	3444	3779	3901	3962	3870	3762	3691	3552	3595	1.20%	0.90%	3.70%
阿联酋	723	766	847	858	927	1021	1006	1004	972	855	952	11.40%	2.80%	1.00%
其他中东国家	736	696	653	652	566	535	570	552	541	482	502	4.10%	−3.70%	0.50%
中东国家总计	8114	8452	8682	8889	8830	9006	9078	9183	9004	8319	8641	3.90%	0.60%	8.90%
阿尔及利亚	349	370	387	401	425	412	408	416	431	385	403	4.70%	1.40%	0.40%
埃及	740	750	759	791	810	836	801	721	686	598	648	8.30%	−1.30%	0.70%
摩洛哥	275	277	282	272	268	275	291	287	293	258	286	10.80%	0.40%	0.30%
南非	533	543	554	546	602	577	577	578	571	468	505	7.90%	−0.50%	0.50%
东非	447	466	493	513	560	569	604	626	627	549	588	7.10%	2.80%	0.60%
中非	230	251	284	298	290	267	252	251	262	239	257	7.60%	1.10%	0.30%
西非	543	573	594	555	563	623	679	787	801	790	856	8.40%	4.70%	0.90%
其他北非国家	263	332	347	358	318	295	303	308	318	269	326	21.00%	2.10%	0.30%
其他非洲南部国家	49	51	54	56	57	56	57	58	59	54	56	3.40%	1.30%	0.10%
非洲总计	3429	3613	3754	3790	3893	3910	3972	4032	4048	3610	3925	8.70%	1.40%	4.10%
澳大利亚	988	1008	1038	1032	1021	1021	1068	1080	1069	919	947	3.00%	−0.40%	1.00%
孟加拉国	104	110	108	120	127	138	156	178	171	156	179	14.60%	5.60%	0.20%
中国	11010	11423	11989	12493	13369	13800	14532	15204	15795	15702	16768	1.30%	1.70%	17.30%

续表

	2011年	2012年	2013年	2014年	2015年	2016年	2017年	2018年	2019年	2020年	2021年	年均增长率		占比
												2021年	2021—2023年	2021年
印度	3510	3708	3751	3871	4188	4593	4767	5032	5215	4764	4954	4.00%	3.50%	5.10%
印度尼西亚	1539	1626	1592	1606	1524	1508	1612	1683	1691	1545	1634	5.80%	0.60%	1.70%
日本	4417	4683	4507	4293	4128	3997	3965	3830	3708	3285	3357	2.20%	−2.70%	3.50%
马来西亚	696	760	806	809	762	847	805	814	882	761	778	2.30%	1.10%	0.80%
新西兰	153	150	152	155	161	165	175	175	179	147	144	−1.90%	−0.60%	0.10%
巴基斯坦	414	402	442	458	505	566	589	498	446	437	503	15%	2.00%	0.50%
菲律宾	298	309	326	347	397	427	459	464	474	391	427	9.30%	3.70%	0.40%
新加坡	1208	1202	1217	1259	1329	1372	1405	1432	1408	1343	1330	−1.00%	1.00%	1.40%
韩国	2395	2474	2488	2483	2595	2821	2814	2814	2804	2645	2828	6.90%	1.70%	2.90%
斯里兰卡	102	109	94	106	111	134	130	126	135	123	119	−3.30%	1.50%	0.30%
泰国	1159	1224	1250	1267	1309	1338	1384	1416	1432	1272	1268	−0.30%	0.90%	1.30%
越南	358	262	375	397	482	524	552	581	599	493	464	−5.80%	2.60%	0.50%
亚太其他地区国家	322	333	352	378	424	432	434	486	510	524	546	4.20%	5.40%	0.60%
亚太地区总计	28673	29783	30487	31074	32432	33683	34847	35813	36518	34507	36246	5.00%	2.40%	37.40%
全球总计	89327	90359	91987	92838	94790	96509	98386	100124	100544	91355	96908	6.10%	0.80%	100.00%

3.2.2 天然气

根据 BP 统计，2021 年度，全球天然气产量排名前三位的国家分别为美国、俄罗斯和伊朗。而消费量上前五名的国家和地区分别是：美国、欧洲、俄罗斯、中国、伊朗。由表 3-4 和表 3-5 可知，美国既是天然气产量大国，也是天然气消费大国。中国和欧洲地区主要依靠进口，俄罗斯和中东则是主要出口地区。

表 3-4　2022 年版《BP 世界能源统计年鉴》统计的天然气产量

天然气：产量（单位：10 亿立方米）

	2011年	2012年	2013年	2014年	2015年	2016年	2017年	2018年	2019年	2020年	2021年	年均增长率		占比
												2021年	2021—2023年	2021年
加拿大	151.1	150.3	151.9	159	160.8	165.1	171.3	176.8	169.8	165.7	172.3	4.30%	1.30%	4.30%
墨西哥	52.1	50.9	52.5	51.3	47.9	43.7	38.3	35.2	31.3	30.5	29.2	−3.80%	−5.60%	0.70%
美国	617.4	649.1	655.7	704.7	740.3	727.4	746.2	840.9	928.1	915.9	934.2	2.30%	4.20%	23.10%

续表

	2011年	2012年	2013年	2014年	2015年	2016年	2017年	2018年	2019年	2020年	2021年	年均增长率		
												2021年	2021—2023年	占比2021年
北美洲总计	820.6	850.3	860.1	915	949	936.2	955.8	1052.9	1129.2	1112.1	1135.7	2.40%	3.30%	28.10%
阿根廷	37.7	36.7	34.6	34.5	35.5	37.3	37.1	39.4	41.6	38.3	38.6	1.10%	0.20%	1.00%
玻利维亚	15	17.1	19.6	20.3	19.6	18.8	18.3	17.1	15	14.5	15.1	4.70%	*	0.40%
巴西	17.2	19.8	21.9	23.3	23.8	24.1	27.2	25.2	25.7	24.2	24.3	0.70%	3.50%	0.60%
哥伦比亚	10.5	11.5	13.2	12.3	11.6	12	11.8	12.4	12.6	12.5	12.6	1.20%	1.80%	0.30%
秘鲁	11.5	12	12.4	13.1	12.7	14	13	12.8	13.5	12.2	11.5	−5.40%	*	0.30%
特立尼达和多巴哥	38.7	38.5	38.7	38.1	36	31.3	31.9	34	34.6	29.5	24.7	−15.90%	−4.40%	0.60%
委内瑞拉	30.2	31.9	30.6	31.8	36.1	37.2	38.6	31.6	25.6	21.6	24	11.50%	−2.30%	0.60%
其他中南美洲国家	3.2	3	2.7	2.6	2.9	3.1	3.1	3	3.2	2.7	2.6	−1.10%	−2.10%	0.10%
中南美洲总计	164	170.5	173.7	176	178.2	177.8	181	175.5	171.8	155.5	153.4	−1.00%	−0.70%	3.80%
丹麦	6.9	6	5	4.8	4.8	4.7	5.1	4.3	3.2	1.4	1.3	−4.90%	−15.30%	*
德国	10.5	9.5	8.6	8.1	7.5	6.9	6.4	5.5	5.3	4.5	4.5	0.40%	−8.00%	0.10%
意大利	8	8.2	7.4	6.8	6.4	5.5	5.3	5.2	4.6	3.9	3.2	−18.40%	−8.90%	0.10%
荷兰	69.5	68.4	72.4	60.4	45.9	44.3	37.9	32.3	27.8	20.1	18.1	−9.60%	−12.60%	0.40%
挪威	100.5	113.9	107.9	107.5	116.1	115.9	123.7	121.3	114.3	111.5	114.3	2.80%	1.30%	2.80%
波兰	4.5	4.5	4.4	4.3	4.3	4.1	4	4	4	3.9	3.9	−1.20%	−1.40%	0.10%
罗马尼亚	10.1	10.1	10	10.2	10.2	9.1	10	10	9.6	8.6	8.5	−1.30%	−1.70%	0.20%
乌克兰	19.5	19.4	20.2	20.2	18.8	19	19.4	19.7	19.4	19.1	18.6	−2.50%	−0.50%	0.50%
英国	46.1	39.2	37	37.4	40.7	41.7	41.9	40.6	39.2	39.5	32.7	−16.90%	−3.40%	0.80%
其他欧洲国家	9.2	8.4	7.2	6.3	6.1	8.7	9	8.4	7.4	6.3	5.4	−14.50%	−55.30%	0.10%
欧洲总计	284.8	287.6	280.1	266	260.8	259.9	262.7	251.3	234.8	218.8	210.5	−3.50%	−3.00%	5.20%
阿塞拜疆	16	16.8	17.5	18.4	18.8	18.3	17.8	18.8	23.9	25.9	31.8	23.30%	7.10%	0.80%
哈萨克斯坦	28.7	29	30.4	31	31.2	31.5	33.4	33.1	33.1	33.3	32	−3.80%	1.10%	0.80%
俄罗斯	616.8	601.9	614.5	591.2	584.4	589.3	635.6	669.1	679	637.3	701.7	10.40%	1.30%	17.40%
土库曼斯坦	56.3	59	59	63.5	65.9	63.2	58.7	61.5	63.2	66	79.3	20.40%	3.50%	2.00%
乌兹别克斯坦	56.6	56.5	55.9	56.3	53.6	53.1	53.6	58.3	57.5	47.1	50.9	8.40%	−1.10%	1.30%
其他独联体国家	0.3	0.3	0.3	0.3	0.3	0.3	0.3	0.3	0.3	0.3	0.3	5.10%	−0.30%	*

续表

	2011年	2012年	2013年	2014年	2015年	2016年	2017年	2018年	2019年	2020年	2021年	年均增长率		
												2021年	2021—2023年	占比2021年
独联体国家总计	774.7	763.5	777.6	760.7	754.2	755.7	799.4	841.1	857	809.9	896	10.90%	1.50%	22.20%
巴林	12.6	13.1	14	14.7	14.6	14.4	14.5	14.6	16.3	16.4	17.2	5.10%	3.20%	0.40%
伊朗	151	156.9	157.5	175.5	183.5	199.3	213.9	224.9	232.9	249.5	256.7	3.10%	5.40%	6.40%
伊拉克	6.3	6.3	7.1	7.5	7.3	9.9	10.1	10.6	11	7	9.4	33.90%	4.00%	0.20%
科威特	12.9	14.7	15.5	14.3	16.1	16.4	16.2	16.9	18.2	16.5	17.4	5.90%	3.10%	1.00%
阿曼	27.1	28.3	30.8	29.3	30.7	31.5	32.3	36.3	36.7	36.9	41.7	13.50%	4.40%	1.00%
卡塔尔	150.4	162.5	167.9	169.4	175.9	174.8	170.5	175.2	177.2	174.9	177	1.40%	1.60%	4.40%
沙特阿拉伯	87.6	94.4	95	97.3	99.2	105.3	109.3	112.1	111.2	113.1	117.3	4.00%	3.00%	2.90%
叙利亚	7.4	6.1	5	4.6	4.1	3.5	3.5	3.5	3.3	2.7	2.9	5.30%	−9.00%	0.10%
阿联酋	51	52.9	53.2	52.9	58.6	59.5	59.5	58.1	57.5	55.4	57	3.10%	1.10%	1.40%
也门	9.4	7.6	10.4	9.8	2.9	0.5	0.3	0.1	0.3	0.3	0.4	30.20%	−27.10%	*
其他中东国家	4.2	2.5	6.3	7.3	8.1	9	9.5	10.1	10.1	15	17.9	19.90%	15.50%	0.40%
中东国家总计	519.9	545.3	562.7	582.6	601	624.1	639.6	662.4	674.7	687.7	714.9	4.20%	3.20%	17.70%
阿尔及利亚	79.6	78.4	79.3	80.2	81.4	91.4	93	93.8	87	81.5	100.8	24.10%	2.40%	2.50%
埃及	59.1	58.6	54	47	42.6	40.3	48.8	58.6	64.9	58.5	67.8	16.30%	1.40%	1.70%
利比亚	7.5	11.6	12.2	11.8	14.7	14.8	13.6	13.2	13.5	12.1	12.4	2.70%	5.20%	0.30%
尼日利亚	36.4	39.2	33.1	40	47.6	42.6	47.2	48.3	49.3	49.4	45.9	−6.90%	2.30%	1.10%
其他非洲国家	17.9	18.9	20.5	20.7	21.8	22.8	26.9	27.9	28.3	29.8	30.6	3.30%	5.50%	0.80%
非洲总计	200.5	206.7	199.1	199.7	208.1	211.9	229.5	241.8	243	231.3	257.5	11.70%	2.50%	6.40%
澳大利亚	54.2	58	60.3	64.9	74.1	94	110.1	127.4	146.1	146	147.2	1.10%	10.50%	3.60%
孟加拉国	19.6	21.3	22	23	25.9	26.5	26.6	26.6	25.3	23.7	24.1	2.00%	2.10%	0.60%
文莱	12.5	12.3	11.9	12.7	13.3	12.9	12.9	12.6	13	12.6	11.5	−8.50%	−0.80%	0.30%
中国	106.2	111.5	121.8	131.2	135.7	137.9	149.2	161.4	176.7	194	209.2	8.10%	7.00%	5.20%
印度	42.9	37.3	31.1	29.4	28.1	26.6	27.7	27.5	26.9	23.8	28.5	20.40%	−4.00%	0.70%
印度尼西亚	82.7	78.3	77.6	76.4	76.2	75.1	72.7	72.8	67.6	59.5	59.3	−0.10%	−3.30%	1.50%
马来西亚	67	69.3	72.6	72.2	76.8	76.7	79.6	76.1	76.4	68.7	74.2	8.30%	1.00%	1.80%
缅甸	12.6	12.5	12.9	16.5	19.2	18.3	17.8	17	18.5	17.5	16.9	−3.00%	3.00%	0.40%
巴基斯坦	35.3	36.6	35.6	35	35	34.7	34.7	34.2	32.7	30.6	32.7	7.10%	−0.80%	0.80%
泰国	33.8	38.4	38.9	39.1	37.5	37.3	35.9	34.7	35.8	32.7	31.5	−3.30%	−0.70%	0.80%

| | 2011年 | 2012年 | 2013年 | 2014年 | 2015年 | 2016年 | 2017年 | 2018年 | 2019年 | 2020年 | 2021年 | 年均增长率 | | |
												2021年	2021—2023年	占比 2021年
越南	8.2	9	9.4	9.9	10.3	10.2	9.5	9.7	9.8	8.8	7.1	−19.20%	−1.40%	0.20%
亚太其他地区国家	17.7	17.7	18.2	23.1	27.9	28.9	29.1	26.9	28.6	28.4	26.6	−6.10%	4.10%	0.70%
亚太地区总计	492.7	502.2	512.3	533.4	560	579.1	605.8	626.9	657.4	646.3	668.8	3.80%	3.10%	16.60%
全球总计	3257.2	3326.1	3365.6	3433.4	3511.3	3544.7	3673.8	3851.9	3967.9	3861.6	4036.8	4.80%	2.20%	100.00%
其中：经合组织	1151	1187	1196.5	1242.1	1281	1289.8	1328	1431.7	1511.6	1483.5	1503	1.60%	2.70%	37.20%
非经合组织	2106.3	2139.1	2168.9	2191.2	2230	2255	2345.5	2420	2456.1	2378	2533.8	6.80%	1.90%	62.80%
欧盟	117.5	113.9	113.9	99.9	84.3	82.3	76.8	68.8	61.1	47.8	44	−7.70%	−9.30%	1.10%

表 3-5　2022 年版《BP 世界能源统计年鉴》统计的天然气消费量

| | 2011年 | 2012年 | 2013年 | 2014年 | 2015年 | 2016年 | 2017年 | 2018年 | 2019年 | 2020年 | 2021年 | 年均增长率 | | |
												2021年	2021—2023年	占比 2021年
加拿大	100.6	99.4	105.4	109.8	110.3	105	109.9	115.6	117.3	113.3	119.2	5.90%	1.70%	3.00%
墨西哥	70.8	73.7	77.8	78.8	80.5	83	86	87.6	88	83.7	88.2	5.70%	2.20%	2.20%
美国	658.2	688.1	707	722.3	743.6	749.1	740	821.7	850.7	831.9	826.7	−0.40%	2.30%	20.50%
北美洲总计	829.6	861.2	890.2	910.9	934.7	937.1	935.9	1024.9	1056	1028.9	1034.1	2.40%	2.20%	25.60%
阿根廷	43.8	45.7	46	46.2	46.7	48.2	48.3	48.7	46.6	43.9	45.9	4.80%	0.50%	1.10%
巴西	27.5	32.6	38.4	40.7	42.9	37.1	37.6	36.9	35.7	31.4	40.4	29.10%	3.90%	1.00%
智利	5.8	5.3	5.3	4.4	4.8	5.9	5.6	5.6	6.5	6.2	6.3	0.90%	0.70%	0.20%
哥伦比亚	8.5	9.5	10.5	11.4	11.2	12.1	11.8	12.7	12.9	13.1	12.6	−3.50%	4.00%	0.30%
厄瓜多尔	0.6	0.7	0.9	0.9	0.8	0.9	0.8	0.7	0.6	0.6	0.5	−0.10%	−0.20%	*
秘鲁	6.3	6.9	6.7	7.4	7.6	8.5	7.5	8.0	8.2	7.1	8	12.80%	2.50%	0.20%
特立尼达和多巴哥	20.8	20.2	20.4	20.5	19.6	16.9	18.3	17.4	17.5	15.2	15.6	3.00%	−2.70%	0.40%
委内瑞拉	33.3	34.6	32.3	34	37	37.2	38.6	30.6	25.6	21.6	24	11.50%	−3.20%	0.60%
中美洲	—	—	—	—	—	—	—	0.2	0.5	0.4	0.3	−20.90%	—	*
其他加勒比海地区国家	2.7	3.2	3.6	3.7	3.7	3.8	3.6	4.1	5.0	4.6	6	30.70%	8.10%	0.10%
其他南美洲国家	3	3.1	3.3	3.5	3.4	3.5	3.6	3.7	3.8	3.1	3.6	17.30%	1.80%	0.10%

续表

	2011年	2012年	2013年	2014年	2015年	2016年	2017年	2018年	2019年	2020年	2021年	年均增长率		
												2021年	2021—2023年	占比2021年
中南美洲地区总计	152.3	161.8	167.4	172.7	177.7	174.1	175.7	168.6	162.9	147.2	163.2	11.30%	0.70%	4.00%
奥地利	9	8.6	8.2	7.5	8	8.3	9.1	8.7	8.9	8.5	9	6.00%	*	0.20%
比利时	16.5	16.7	16.5	14.5	15.8	16.2	16.4	16.9	17.4	17	17	0.10%	0.30%	0.40%
保加利亚	3.1	2.9	2.8	2.7	3	3.1	3.2	3	2.8	2.9	3.3	13.40%	0.80%	0.10%
克罗地亚	3	2.8	2.7	2.3	2.4	2.5	2.9	2.7	2.8	2.9	2.8	-3.50%	-0.60%	0.10%
塞洛斯	—	—	—	—	—	—	—	—	—	—	—	—	—	—
捷克共和国	7.9	8	8.1	7.2	7.5	8.2	8.4	8	8.3	8.5	9.1	7.50%	1.40%	0.20%
丹麦	4.3	4.1	3.8	3.3	3.3	3.4	3.2	3.1	2.9	2.3	2.3	*	-6.10%	0.10%
爱沙尼亚	0.6	0.6	0.6	0.5	0.5	0.5	0.5	0.5	0.5	0.4	0.5	13.30%	-1.80%	*
芬兰	3.6	3.2	3	2.7	2.3	2	1.8	2.1	2	2.1	2	-1.20%	-5.50%	0.10%
法国	43	44.4	45.1	37.9	40.8	44.5	44.8	42.8	43.7	40.6	43	6.30%	*	1.10%
德国	80.9	81.1	85	73.9	77	84.9	87.7	85.9	89.3	87.1	90.5	4.20%	1.10%	2.20%
希腊	4.6	4.2	3.7	2.8	3.1	4	4.8	4.7	5.2	6.3	7	10.40%	4.30%	0.20%
匈牙利	10.9	9.7	9.1	8.1	8.7	9.3	9.9	9.6	9.8	10.2	10.8	6.10%	-0.10%	0.30%
冰岛	—	—	—	—	—	—	—	—	—	—	—	—	—	—
爱尔兰	4.8	4.7	4.5	4.3	4.4	4.9	5	5.2	5.3	5.3	5.1	-3.80%	0.60%	0.10%
意大利	74.2	71.4	66.7	59	64.3	67.5	71.6	69.2	70.8	67.6	72.5	7.50%	-0.20%	1.80%
拉脱维亚	1.5	1.4	1.4	1.3	1.3	1.3	1.2	1.4	1.3	1.1	1.2	8.30%	-2.70%	*
立陶宛	3.2	3.1	2.5	2.4	2.4	2.1	2.2	2.2	2.2	2.4	2.2	-5.30%	-3.40%	0.10%
卢森堡	1.2	1.2	1	1	0.9	0.8	0.8	0.8	0.8	0.7	0.8	7.20%	-4.30%	*
荷兰	40.9	39.3	39.1	34.5	34.1	35.2	36.1	35.5	37	36.2	35.1	-2.70%	-1.50%	0.90%
北马其顿	0.1	0.1	0.2	0.1	0.1	0.2	0.3	0.2	0.3	0.3	0.4	26.40%	12.30%	*
挪威	4	4	4	4.3	4.3	4.4	4.6	4.4	4.6	4.4	4.3	-2.90%	0.60%	0.10%
波兰	16.5	17.4	17.4	17	17.1	18.3	19.2	19.9	20.9	21.1	23.2	10.70%	3.50%	0.60%
葡萄牙	5.3	4.6	4.3	4.1	4.8	5.1	6.3	5.8	6.1	6	5.9	-2.60%	1.10%	0.10%
罗马尼亚	12.9	12.5	11.4	10.9	10.4	10.5	11.3	11.6	10.8	11.3	11.4	1.80%	-1.20%	0.30%
斯洛伐克	5.4	5.1	5.3	4.4	4.5	4.5	4.8	4.7	4.8	4.8	5.3	12.20%	-0.10%	0.10%
斯洛文尼亚	0.9	0.8	0.8	0.7	0.8	0.8	0.9	0.9	0.9	0.9	0.9	5.60%	0.50%	*

	2011年	2012年	2013年	2014年	2015年	2016年	2017年	2018年	2019年	2020年	2021年	年均增长率		
												2021年	2021—2023年	占比 2021年
西班牙	33.6	33.2	30.3	27.5	28.5	29.1	31.7	31.5	36	32.5	33.9	4.60%	0.10%	0.80%
瑞典	1.2	1.1	1	0.8	0.9	1	1	1	1	1.3	1.3	2.90%	0.70%	*
瑞士	3.1	3	3.6	3.1	3.3	3.5	3.5	3.3	3.4	3.3	3.6	9.00%	1.50%	0.10%
土耳其	41.8	43.3	44	46.6	46	44.5	51.6	47.2	43.4	46.2	57.3	24.40%	3.20%	1.40%
乌克兰	56.1	51.8	47.7	40.3	32	31.4	30.2	30.6	28.3	29.3	26.1	−10.80%	−7.40%	0.60%
英国	81.9	76.9	76.3	70.1	72	80.7	78.5	78.6	77.7	73	76.9	5.70%	−0.60%	1.90%
其他欧洲国家	4.2	3.9	4.2	4.1	4.5	4.6	5.3	5.3	5.5	5.5	6.2	14.80%	4.00%	0.20%
欧洲总计	580.2	565.1	554.3	499.9	509	537.3	558.8	547.3	554.7	542	570.9	5.70%	−0.20%	14.40%
阿塞拜疆	8.9	9.4	9.4	9.9	11.1	10.9	10.6	10.8	11.8	12.4	12.7	3.10%	3.60%	0.30%
白俄罗斯	19.2	19.4	19.3	19.1	17.9	17.8	18.2	19.3	19.2	17.8	19	7.90%	−0.10%	0.50%
哈萨克斯坦	9.9	10.7	11.2	12.7	12.9	13.4	14.1	16.5	16.6	17.4	15.1	−12.90%	4.40%	0.40%
俄罗斯	435.6	428.6	424.9	422.2	408.7	420.6	431.1	454.5	444.3	423.5	474.6	12.40%	0.90%	11.80%
土库曼斯坦	20.7	22.9	19.3	20	25.4	25.1	24.8	28.4	31.5	29.6	36.7	24.20%	5.90%	0.90%
乌兹别克斯坦	47.4	46.2	46.2	48.5	46.3	43.3	44.8	44.4	44.6	43.6	46.4	6.90%	−0.20%	1.10%
其他独联体国家	5.5	5.7	4.8	5.3	5.2	5.1	5.1	5.9	5.6	5.9	6.2	6.10%	1.30%	0.20%
独联体国家总计	547.2	542.9	535.1	537.7	527.5	536.2	548.7	579.8	573.6	550.2	610.7	11.40%	1.10%	15.10%
伊朗	153.2	152.5	153.8	173.4	184	196.3	205	212.6	218.4	234.3	241.1	3.20%	4.60%	6.00%
伊拉克	6.3	6.3	7.1	7.5	7.3	9.9	11.4	14.6	19.5	18.5	17.1	−7.30%	10.50%	0.40%
以色列	4.7	2.4	6.6	7.2	8.1	9.2	9.9	10.5	10.8	11.3	11.7	3.50%	9.40%	0.30%
科威特	15.9	17.5	17.8	17.9	20.3	21.1	21	21.2	23.3	22.1	25.1	13.50%	4.70%	0.60%
阿曼	18.1	19.7	21.7	21.3	23	22.9	23.4	25	25	25.9	29.5	14.20%	5.00%	0.70%
卡塔尔	28.9	33.6	36.3	38.4	43.4	41.4	41.2	40.7	41.9	38.9	40	3.10%	3.30%	1.00%
沙特阿拉伯	87.6	94.4	96	97.3	99.2	105.3	109.3	112.1	111.2	113.1	117.3	4.00%	3.00%	2.90%
阿联酋	61.6	63.9	64.7	63.4	71.5	71.9	72.5	71.2	71	69.6	69.4	*	1.20%	1.70%
其他中东国家	22.1	20.6	21.3	20.9	22.5	23.1	23.2	22	23.2	23.2	24.3	4.90%	0.90%	0.60%
中东国家总计	398.4	410.9	425.3	447.3	479.3	501.1	516.9	529.9	544.3	556.9	575.5	3.60%	3.70%	14.30%
阿尔及利亚	26.8	29.9	32.1	36.1	37.9	38.6	39.5	43.4	45.1	43.6	45.8	5.40%	5.50%	1.10%

续表

| | 2011年 | 2012年 | 2013年 | 2014年 | 2015年 | 2016年 | 2017年 | 2018年 | 2019年 | 2020年 | 2021年 | 年均增长率 | | |
												2021年	2021—2023年	占比2021年
埃及	47.8	50.6	49.5	46.2	46	49.4	55.9	59.6	59	58.3	61.9	6.40%	2.60%	1.50%
摩洛哥	0.9	1.2	1.1	1.1	1.1	1.1	1.1	1	1	0.8	0.8	0.90%	−1.40%	*
南非	4.3	4.4	4.1	4.3	4.3	3.7	4	4.4	4.3	4	3.9	−2.70%	−1.00%	0.10%
东非	1	1.1	1.1	1.3	1.6	2.0	2	2.1	2.4	2.3	2.7	16.20%	10.80%	0.10%
中非	3	3.7	4.1	4	4.3	5.5	5.5	5.5	5.1	5.3	6.1	16.50%	7.50%	0.20%
西非	12.2	12.9	12.7	16	23.8	21.1	22	23.5	24.2	25.9	28	8.50%	8.60%	0.70%
其他北非国家	10.1	10.9	12.3	11.3	13.4	15.7	14.8	14.8	14	13.5	15.3	13.50%	4.20%	0.40%
其他非洲南部国家	—	—	—	—	—	—	—	—	—	—	—	—	—	—
非洲总计	106.1	114.7	117	120.3	132.4	137.1	144.8	154.3	155.1	153.7	164.5	7.30%	4.50%	4.10%
澳大利亚	32.8	33	34.7	37.2	38.8	37.9	37.1	36.8	43.9	43.1	39.4	−8.30%	1.90%	1.00%
孟加拉国	19.6	21.3	22	23	25.9	26.5	26.6	27.4	30.9	29.9	31.1	4.30%	4.70%	0.80%
中国	155.1	171.4	192.3	209.7	217.9	233.5	267.6	310.6	334.8	366.4	410.8	20.70%	10%	10.20%
印度	60.3	55.7	49	48.5	47.8	50.8	53.6	58	59.2	60.5	62.2	3.10%	0.30%	1.50%
印度尼西亚	42.7	43	44.5	44	45.8	44.6	43.2	44.5	44	37.5	37.1	−0.90%	−1.40%	0.90%
日本	112	123.2	123.5	124.8	118.7	116.4	117	115.7	108.1	104.1	103.6	−0.20%	−0.80%	2.60%
马来西亚	38.3	42	44.6	44.7	46.8	45	45	44.7	45.2	38.3	41.1	7.50%	0.70%	1.00%
新西兰	4	4.5	4.7	5.2	4.8	4.8	5	4.5	4.8	4.6	3.9	−14.90%	−0.40%	0.10%
巴基斯坦	35.3	36.6	35.6	35	36.5	38.7	40.7	43.6	44.5	41.2	44.8	9%	2.40%	1.10%
菲律宾	3.8	3.6	3.4	3.5	3.3	3.8	3.8	4.1	4.2	3.8	3.3	−14.30%	−1.50%	0.10%
新加坡	8.3	8.9	10	10.4	11.6	11.9	12.3	12.3	12.5	12.6	13.4	6.30%	4.90%	0.30%
韩国	48.4	52.5	55	50	45.6	47.6	49.8	57.8	56	57.5	62.5	9.00%	2.60%	1.50%
斯里兰卡	—	—	—	—	—	—	—	—	—	—	—			
中国台湾	17	17.9	17.9	18.9	20.2	21	23.2	23.7	23.3	24.9	27.3	10.00%	4.50%	0.70%
泰国	44.3	48.6	48.9	49.9	51	50.6	50.1	50	50.9	46.9	47	0.60%	0.60%	1.20%
越南	8.2	9	9.4	9.9	10.3	10.2	9.5	9.7	9.8	8.8	7.1	−19.20%	−1.40%	0.20%
亚太其他地区国家	6.9	8.5	8.2	9.7	10.9	10.4	10.7	10.8	11.3	11.6	11	−4.70%	4.20%	0.30%
亚太地区总计	620	661.8	685.8	705.5	715.7	732.7	772	830.5	860.1	866.8	918.3	6.20%	4.00%	22.70%
全球总计	3233.8	3318.4	3375.1	3394.3	3476.3	3555.6	3652.8	3835.3	3906.7	3845.7	4037.2	5.30%	2.20%	100.00%

3.2.3　煤炭

根据 BP 集团统计，截至 2021 年，煤炭的主要储量在亚太地区，主要产量也在亚太地区，主要消费市场还在亚太地区。就从目前整个能源市场上看，煤炭的供需是平衡的。除开煤炭资源，就石油和天然气的供需来看，美洲能够维持自身需求，但是欧洲国家和中国非常依赖进口，而俄罗斯和中东国家是主要出口国。

从目前能源分布和消费状况来看，我国是一个能源消费大国，也是一个能源进口大国，却不是能源出口大国。随着世界经济的快速发展，能源的需求量也越来越大，现有能源供给也会越来越紧张，我国能源行业将承受巨大的压力，摆脱能源"卡脖子"的问题是中国亟须解决的事情。我国应优先发展非化石能源，确立生态优先、绿色发展的导向，通过科技创新攻关太阳能、风能、水能、生物质能等无碳能源，去改变能源的供给结构，去把握未来发展的主动权。

3.3　能源发展与挑战

我国能源发展面临的问题和挑战：①我国能源供给安全面临重大挑战；②生态环境压力加大，污染排放问题突出。针对含碳化石能源消耗带来的种种问题，我国正通过推动"能源转型"走向可持续、清洁和低/无碳的未来，通过使用无碳能源逐渐取代含碳化石能源，实现能源的清洁高效利用。

我国无碳能源发展的阻碍如下。

① 从经济角度来看，低碳或无碳能源替代高碳能源，最直接的前提是，生产和使用新能源的成本要低于，至少要等于有碳能源的成本。然而，当前我国新能源中，除了核能、水电外，其他形式的新能源都存在成本偏高、技术落后和配套设施跟不上的问题。

② 如何让有碳能源有效退出。一部无碳能源的规划图同时也是一部有碳能源的退出路线图。退出过快，将引起能源荒；退出太慢，又和无碳能源撞车。经验表明，项目上马容易拆除难。目前，我国正处于工业化鼎盛时期，能源消耗巨大，特别是煤炭、石油的消耗量每年在增长，甚至还出现阶段性"煤荒、电荒"。而其下游产业以及地方经济对石油、煤炭的依赖性都很高，如果对有碳能源急"刹车"，很容易造成能源产业危机，有损经济增长。

③ 我国无碳能源发展还得解决未来无碳能源产业的机制问题。我国尽管在无碳能源研发和利用方面，存在诸多的激励性政策，但依然存在许多制度上的障碍。这些障碍主要来自于整个能源制度体系的不衔接配套，来自于没有长期稳定的制度支撑与保障等。

🖋 习题

1. 简要概括一下化石燃料的优缺点。
2. 请问生物质能具有哪些特点？
3. 简要概括一下生物质能的利用方式。
4. 简要概括一下核能的优缺点。
5. 简要概括一下太阳能的优缺点。
6. 太阳能的利用技术有哪些？
7. 简要概括一下氢能的优缺点。
8. 无碳能源在发展过程中存在哪些阻碍？

扫码获取课件

第四章

碳达峰与化学

4.1 碳达峰的内涵

碳达峰，是指在 2030 年前后，中国 CO_2 排放量达到峰值，之后 CO_2 排放量逐步减少。碳达峰是 CO_2 排放量由增转降的历史拐点，标志着碳排放与经济发展实现脱钩。改革开放以来，中国经济快速增长，这使得中国成为世界第二大经济体，这也使得中国 CO_2 排放快速增长。2009 年至 2019 年，中国国内生产总值增长了 2.6 倍，碳排放量增加了 1.5 倍。为了加大减排力度，中国政府宣布二氧化碳排放力争于 2030 年前达到峰值，努力争取 2060 年前实现碳中和。由于二氧化碳的排放主要是在经济发展的过程中产生，人们应该首先厘清经济发展与碳排放的关系，才能更有效地实现碳中和。

4.2 化石燃料与能量转化

4.2.1 能源与人类文明

能源是支撑人类文明进步的物质基础和维持社会运转的基本条件。目前，世界能源结构变化已经历了三个时期：柴薪能源时期，煤炭能源时期和石油、天然气能源时期。人类社会早期主要是利用贮存在食物中的化学能，此时，在能源利用上人和动物无本质差别。随着火的使用，人类社会开始使用树枝、杂草等生物质燃烧所产生的能量，同时使用畜力、风力、水力从事生产生活活动。此时，人类生产生活水平较低，直至 18 世纪产业革命时期。煤、石油、天然气能源时期可统称为化石能源时期，使用的是上古时期遗留下来的动植物的遗骸在地层下经过上万年的物理化学作用形成的能源。

树枝、杂草、木材等燃料是由 C、H、O、N、S 等元素组成的复合物。煤和石油也是由上述元素组成的复合物，它们都是来自自然界，或是从自然界物质转化而来。在使用过程中，都会产生 CO_2、CO、氮氧化物、二氧化硫等气体产物。为满足能源和减少碳排放需求，开发使用太阳能、风能、地热能、氢能、核能非碳新能源变得尤为重要。目前，我国能源供给结构主要是化石能源火力发电供能，为提高化石能源利用效率和减少环境污染，对化石能源综合利用势在必行。因此，未来一段时间，我国将进入多种能源共同供能的时代。

图 4-1 为全球碳循环的简图，溶入海洋的 CO_2、大气中的 CO_2 和碳酸盐岩吸收、转化、释放的 CO_2 处于动态平衡中。植物通过光合作用将 CO_2 转化为糖类，同时实现太阳能到化学能的转化。光合作用是地球上非常重要的化学反应，几乎所有的生物或直接利用光合作用，或直接、间接利用可以光合作用的生物。无论以植物为食物，还是以树枝、杂草、木材等为燃料，都是利用光合作用产生的化学能（积累的太阳能）。在植物的生命周期内，或最终死去，或被吃掉，死的生物体经过腐败作用产生 CO_2，完成碳循环。从碳循环的简图可以看出，光合作用和腐败作用相加，导致产生的 CO_2 被利用，以至于 CO_2 净增长基本为零。

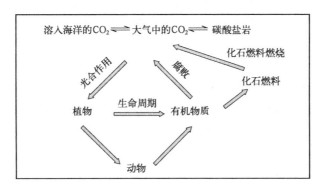

图 4-1　全球碳循环简图

化石燃料的形成和燃烧是全球碳循环的一个重要支路。积累的有机质大约有 1% 不会腐败，这些深埋地下的有机质经过一系列复杂的生化和地球化学矿化作用，形成化石燃料。化石燃料的燃烧，不可避免地释放 CO_2。光合作用是重要的 CO_2 去除环节，而有机质腐败和化石燃料的燃烧过程中固定的碳变成 CO_2 回到大气中。对于稳态的地球碳循环，大气中的 CO_2 浓度增加速率和减少速率基本持平。由于化石能源的大量使用，当进入大气的 CO_2 通量超过进入碳汇的通量时，大气中 CO_2 浓度必然会增加。为了应对由温室效应带来的气候问题和环境问题，我国采取积极的"双碳"战略，调节能源供给侧和需求侧，减少 CO_2 排放量。

4.2.2　柴薪能源时期

4.2.2.1　木材的燃烧、热值和污染来源

木材是草本植物的材料。木材的化学成分为纤维素、半纤维素、木质素和蛋白质、脂肪及少量的无机成分。纤维素是葡萄糖以 β-1,4′ 缩醛键形成的聚合物。半纤维素是沉积在纤维素微纤丝间的基质聚糖，对木材的柔韧、坚韧性能影响重大。木质素是由对香豆醇、松柏醇和芥子醇三种单体形成的关键生物聚合物，它使植物具有刚性结构，是植物直立生长而非倒地生长的原因之一。木材中的无机成分是植物从环境中吸收的并用于各种生化功能。纤维素在木材聚糖中占 50%～60%。半纤维素在木材聚糖中约占 35%～50%。木质素占木本植

物细胞壁的 $15\%\sim35\%$。另外，木材还含有百分之几的脂肪、树脂、丹宁、萜类、黄酮类、芪类等抽提物。在元素组成上，干燥的木材主要由 C、O、H 组成，另外含有少量 N、S 等元素。

木材存于地表，无须挖掘开采，使用方便，可以制作木料、家具和其他木制器物，也可以制成纸制品、玻璃纸和人造丝，或者用作燃料或转化为其他有用燃料、化学品。木材是人类最先使用的主要燃料，使用历史悠久。直至目前，木材仍是发展中国家许多地区的重要燃料，世界近一半人口都在使用各种各样的生物燃料。

木材作为燃料，其使用价值主要是源于其燃烧产生的热值。木材燃烧产生的热值可用热值公式 $CV=17.5F+26.5(1-F)$ 进行估算，其中 F 是木材中纤维素和半纤维素的含量。热值 CV 受到木材的种类、水分和抽提物的含量等因素的影响。木质素的热值为 26MJ/kg，高于纤维素的热值 18MJ/kg。抽提物的热值更高，但抽提物在木材中的含量有限，只有百分之几。另外，干燥的木材的热值（约 15MJ/kg）高于刚收获的木材的热值（约 5MJ/kg），完全干燥的木材的热值为优质煤热值的 75%，为石油热值的 40%，因此，木材在使用前需要充分干燥除去水分。

木材的燃烧一般可分为 2 个阶段：木材中的低挥发性组分被火焰的热量蒸发，以气相均相反应或被燃烧或逃逸到环境中；剩余的高含碳固体（炭）以气-固相多相共存的形式被燃烧。木材的燃烧会产生显著的空气污染，这是由挥发性组分未能完全燃烧而逃逸到环境中所致。木材燃烧不充分也会产生一氧化碳污染物。木材燃烧过程中，钾、钠等无机成分形成灰分。

4.2.2.2　木材的综合利用

木材的燃烧热值较低，燃烧时还会造成一定程度的污染，为提高木材的利用率，需要对木材进行综合利用。木材的综合利用——木材的热解。木材热解，指的是在 400～500℃ 空气受限的情况下对木材进行干馏（碳化），碳化过程中，抽提物或生物聚合物热解成许多低分子量有机物。碳化过程中会产生木醋液、木焦油混合物和木炭。碳化过程的冷凝气会产生木醋液，木醋液含有多达 50 种小极性有机物，可分离制备醋酸、丙酮、甲醇和 2-丙烯-1-醇等化工产品。同时，碳化过程中也会得到一种浓缩的有机物质混合物——木焦油。木焦油可分离制备清油、重油、沥青产品混合物。清油经进一步处理，可得到醛类、羧酸、酯类、酮类等众多化工产品。重油则可以分离得到各种酚类衍生物产品。另外，木材的干馏会得到另外一种重要的化工产品——木炭。木炭是一种重要的还原剂，经过高温碳化，热值提升近 2 倍（30MJ/kg），相当于最优的煤的热值。由于热解过程中木材中氧的含量进一步减少，氮和硫元素基本为零，所以所得木炭是一种洁净、无烟、高热值的燃料，常常用作工业还原剂生产铜等金属产品。

4.2.2.3　木材的气化

在忽略木材中无机成分、氮和硫元素的情况下，完全干燥的硬木和软木的经验式分别为 $C_{48}H_{68}O_{32}$ 和 $C_{45}H_{62}O_{26}$，在水蒸气存在时，木材气化发生的反应可表示为：

$$C_{48}H_{68}O_{32}+16H_2O=48CO+50H_2 \quad（硬木）$$
$$C_{45}H_{62}O_{26}+19H_2O=45CO+50H_2 \quad（软木）$$

含碳原料和水蒸气反应非常重要且用途广泛，几乎所有的碳原子都能气化产生 CO。硬木和软木的经验式描述的是简单的化合物，实际情况则复杂很多。另外，在实际气化过程中，木材可能发生热解，甚至会发生燃烧反应，因此，会得到许多气体产品和冷凝产品。木材气化的期望产物是 CO 和 H_2 的混合气，即合成气。合成气可以转化为许多化工产品，如甲醇和液态烃。合成气制备甲醇的反应为：

$$CO + 2H_2 \Longrightarrow CH_3OH$$

由合成气制烯烃的费-托合成反应为：$2xCO + (y+2x)H_2 \Longrightarrow 2C_xH_y + 2xH_2O$。费-托合成通常在 Fe、Ru 和 Co 基催化剂催化作用下完成，产物分布较为复杂，其分布遵循 Anderson-Schulz-Flory 理论。木材气化过程产生的 CO 和 H_2 比例基本为 1∶1，为了满足合成气制甲醇和合成气的费-托合成反应，可以采用水煤气变化反应（$CO + H_2O \Longrightarrow CO_2 + H_2$）调节 CO 和 H_2 比例。

4.2.2.4 木材的糖化和发酵

生物质资源是地球上最丰富的可再生资源，地球每年产生约 2000 亿吨生物质，其中木质纤维素占比 60% 以上。生物质以化学能的形式固定着丰富的太阳能。我国是一个农业大国，生物质资源非常丰富。伴随着生物质资源相对过剩和随意焚烧的现象，环境遭到了一定程度的污染，还威胁着人们的健康和社会的发展。因此，木材的糖化和发酵势在必行。

纤维素是木质纤维素的主要成分，是由数个 β-D-吡喃型葡萄糖单体以 β-1,4-糖苷键构成的直链聚合物。半纤维素是由五碳糖和六碳糖构成的异质多聚体，它结合在纤维素表面，与纤维素连接成坚固的网络结构。木质素是一类复杂的酚类聚合物，组成和性质较复杂，在木质纤维素中起增加机械强度的作用。

降解和糖化技术：木质纤维素降解可采用酸水解和酶水解两条技术路线来实现。一般是使用浓酸溶解纤维素，而在稀酸中使纤维素水解。与浓酸相比，稀酸需要在较高温度下才能使半纤维素和纤维素完全水解。因此，稀酸水解纤维素通常采用二级水解的工艺方案：第一级温度略低的水解反应器降解易水解的半纤维素；第二级温度较高的反应器降解较难水解的木质素。与酸水解工艺相比，酶水解具有反应条件温和、不生成有毒降解产物、糖得率高和设备投资低等优点。但纤维素酶的生产效率低、成本较高限制了其大规模使用。因此，实现纤维素酶的大规模使用，首先寻找规模使用的高比活力的纤维素酶，其次应用微生物酶工程技术提高酶活性。随着生物化学、分子生物学以及基因工程等多种交叉学科的快速发展，获得适合工业化的高比活力的纤维素酶已指日可待。

发酵技术：利用木质纤维素原料生物转化酒精主要有以下几种途径。①分步水解和发酵（SHF）：纤维素酶水解与乙醇发酵分步进行，45～50℃ 酶解，30～35℃ 乙醇发酵，需要提高酶用量才能得到一定的乙醇产量。②同时糖化和发酵（SSF）：纤维素酶解与葡萄糖的乙醇发酵在同一个反应器中进行，酶解过程中产生的葡萄糖被微生物迅速利用，解除了葡萄糖对纤维素酶的反馈抑制作用，提高了酶解效率，SSF 是目前典型的木质纤维素生产乙醇的方法，国内外的中间试验基本都采用此法。③直接微生物转化（DMC）：作物秸秆中的纤维素成分通过某些微生物的直接发酵可以转换为酒精。这些微生物既能产生纤维素酶系水解纤维素，又能发酵糖产生乙醇。

4.2.3 化石能源时期

4.2.3.1 煤

(1) 我国能源生产结构持续优化情况

根据中国能源大数据报告（2022）和国家统计局数据，2021 年，我国能源消费结构持续优化，煤、石油、天然气及一次电力和其他占比分别为 56.2%、17.9%、8.5% 和 17.4%。根据 2014 年中华人民共和国气候变化第二次两年更新报告中数据：能源活动碳排放最高，而化石能源的燃烧，不可避免地会产生 CO_2、SO_2 和氮氧化物。若实现"碳中和"目标，需要针对煤、石油和天然气能源消费"碳中和"。

(2) 煤是生物质碳的固定

有机物质形成化石燃料是基于 98%～99% 的有机物质在生命周期结束时被完全腐化的事实。化石燃料是封存于地壳中远古有机物质残余物。无论是植物还是动物都需要从环境获取物质和能量来维持生存及种族延续，它们都是由 C、H、O、N 等元素构成的复合物，都蕴含着丰富的能量。完成生命周期时，有机物质被好氧菌分解而腐化。然而，有机物质埋藏深度大于 1 米时，厌氧菌就开始降解有机物质。厌氧菌可以利用硫酸盐和硝酸盐作为能源，将纤维素、半纤维素等有机物质成分降解为单糖、氨基酸、酚类衍生物和醛类衍生物，这些物质初步结合生成黄腐酸，进一步缩合生成腐殖酸。腐殖酸、未反应/部分反应的脂肪、油、蜡等物质可结合形成油母质。根据有机物质的来源，可以得到藻型、腐泥型和腐殖型油母质。油母质经过深成作用，最终形成不同种类的化石燃料。因此，化石燃料都是远古有机物质经过复杂的地球化学作用形成的燃料，蕴含的化学能源于光合作用固定的太阳能。

(3) 煤的成分

煤的等级不同，元素组成差异较大，约含 65%～95% 的碳、2%～6% 的氢、含量变化较大的氧，以及少量的 N、S 等元素。另外，煤中还包含了大量不同的无机成分（占煤原始质量的百分之几到 25%），这就是煤燃烧后会留下大量灰分的原因。煤中的无机成分主要有三个来源，第一个来源是起始的植物材料，这是由于植物从环境中获得各种元素以维持正常的新陈代谢，从而在植物体内富集了许多无机物。第二个来源是植物碎片在积累或成岩作用时矿物质输送到了煤沼中，成为伴生矿物质。第三个来源是煤层在深成作用完成后，水携带矿物质沉积到煤中，形成次生矿物质。煤中矿物质已鉴定出 120 种以上，但只有不到 20 种由于含量比较高变得很重要。这 20 种可分为黏土、碳酸盐、硅、硫化物、盐、硫酸盐六类。其中黏土是煤炭主要矿物质，它们占总矿物质含量的一大半，煤中常见的矿物质有伊利石、高岭土和蒙脱石，这些矿物为燃烧后的灰分贡献了硅、铝、钠、钾、镁等元素。碳酸盐主要以方解石、菱镁矿和菱铁矿的形式存在，它们在煤的燃烧过程中有 CO_2 的生成，如方解石（$CaCO_3$）在 600～900℃ 发生分解反应：$CaCO_3 \rightleftharpoons CaO + CO_2$。另外，CaO 可以与 H_2S 反应生成稳定的 CaS，因此，煤中含有钙的化合物或是燃烧时加入碳酸钙，可以减少气态硫化物的排放。硅主要以石英形式存在，其占了矿物质总量的 20%，一些硅可以从植物岩来，但主要是被水冲入煤沼的。硫化物主要以黄铁矿 FeS_2 形式存在，在燃烧过程中，硫化物变成氧硫化物，会造成一定的空气污染。煤中的盐类是从海洋环境中累积的有机物中来的，在中欧、英国和澳大利亚等地开采的煤中较常见。大部分煤中的硫酸盐浓度较低，主要是以铁、钙等的硫酸盐形式存在。

（4）煤燃烧带来的污染

煤是由 C、H、O、N、S 等元素构成的复合物，煤的种类、产地不同，煤的化学组成差异较大，且含有大量的无机物和水分。当煤燃烧较充分时，碳元素氧化产物主要是二氧化碳 CO_2，燃烧不充分时，碳元素氧化产物除二氧化碳 CO_2（$C+O_2 \rightleftharpoons CO_2$）外，还有一氧化碳 CO（C 不完全燃烧：$2C+O_2 \rightleftharpoons 2CO$）。煤炭中 N 与游离态 N_2 的 N 不同，燃烧时更容易发生氧化反应。对于煤炭中 N，煤燃烧时产生的氮氧化物主要是一氧化氮（$N_2+O_2 \rightleftharpoons 2NO$）和二氧化氮（$2NO+O_2 \rightleftharpoons 2NO_2$），这二者统称为 NO_x。此外还有少量氧化二氮（N_2O）的产生。通常情况下，煤燃烧生成的 NO_x，NO 占 90％以上，NO_2 占 5％～10％，而 N_2O 比例较低，约占 1％。煤的燃烧过程中，NO_x 生成量与燃烧温度、空气过量系数等燃烧条件关系密切。对于硫（S）元素，所有的 S 都会转化为二氧化硫（$S+O_2 \rightleftharpoons SO_2$），但在高温条件下或有催化剂存在时，少量 SO_2 会转化为三氧化硫（$O_2+2SO_2 \rightleftharpoons 2SO_3$），但生成的 SO_3 含量较低，约占 0.5％～2％。燃煤所排放的 NO_x、SO_2 和 SO_3 污染空气，毒化水质，形成酸雨。然而，煤炭燃烧中的环保问题不仅来自燃烧后生成的 SO_x、NO_x，还有煤烟和煤灰。煤炭 20 种主要矿物质在燃烧时会形成煤渣。如伊利石、高岭土和蒙脱石类黏土会生成 Fe_2O_3、Al_2O_3、SiO_2，而方解石、菱镁矿和菱铁矿类碳酸盐在煤燃烧时会转化为 MgO、CaO、Fe_xO_y。方解石（$CaCO_3$）分解产生的 CaO 与 H_2S 反应生成稳定的 CaS。煤渣的化学成分中 SiO_2 占比 40％～50％、Al_2O_3 占比 30％～35％、Fe_2O_3 占比 4％～20％、CaO 占比 1％～5％及含有少量 MgO、硫化物、碳等。据估算，每燃烧 100 万吨煤，除了要排放 2 万吨 SO_2 气体外，还有 20 万吨灰渣和 3 万吨烟尘，灰渣是典型的固体污染物，而烟尘可以飘浮在空气中，这对水体、土壤、空气也会造成严重污染。煤渣的综合利用具有环境效益、经济效益，如用于制造三合土（作为建筑材料）。如以煤渣细粒为主，掺入适量粉煤灰和石灰、石膏制成砌筑砂浆。所得复合材料具有一定抗压、抗折、抗冻性能，符合建筑材料使用要求，煤渣磨细后可用于生产水泥。煤渣还可以与石灰混合，可作为屋面保温或室内地基材料。另外，煤渣还可以提取一定微量元素。

在众多的应用中，煤的无机成分基本没有正面的作用。减少无机成分的含量可以增加等量煤产品的热值。在煤的运输中，这意味着单位运费可以运输更多的燃料。在使用过程中，灰分必须收集并且按照适当的方法处理，煤的净化可以减小对空气、水体和土壤的污染。无机物含量越低，投入到灰分处理上的精力和费用越少。黄铁矿在煤燃烧过程中会排放一定的 SO_2 和 SO_3，所以从煤中脱硫铁矿可以减少 SO_2 和 SO_3 排放。在煤炭焦化的过程中，无机成分的存在会稀释中间塑化相、干扰焦炭的形成，从而进一步污染要还原的金属产品，因此，煤在使用前需要净化处理。

（5）煤的综合利用

煤的净化指的是减少无机成分的含量，也就是减少灰分含量。煤在使用前是否需要净化以及净化到什么程度取决于市场要求，如满足热值、灰分、硫含量等要求。另外，煤净化方法还要考虑碳质、无机成分的种类、分布等因素。根据煤与矿物质表面性质和密度的差异，对煤进行泡沫浮选。研磨的煤粉由疏水性碳氢化合物大分子构成的富含煤和亲水性的黏土、石英等富含矿的颗粒组成。浮选过程中往粉碎（研磨）煤与水的混合体系中吹入空气，密度大、亲水的无机矿物质下沉，而密度小、疏水的煤颗粒上浮，从而达到煤与无机矿物质的分离。

将煤炭转化为气态燃料的过程称为煤的气化。煤的气化可得到清洁气体和液体燃料，可以消除潜在的污染物。气体和液体燃料的运输比固体燃料更方便、快捷。与传统的煤粉炉发电相比，整体煤气化联合循环（IGCC）发电效率更高、能耗更少、二氧化碳排放更少，所以，煤气化是煤综合利用的重要组成部分。

煤是由 C、H、O、N、S 等元素组成的复合物，在讨论煤的气化时，首先要对煤进行简化处理，用碳（C）来表示与其他小分子的反应。煤气化相关的反应包括以下 5 类。

① 燃烧反应：

$$C + O_2 == CO_2 \quad 放热$$
$$2C + O_2 == 2CO \quad 放热$$

② 热分解反应：

$$煤 \longrightarrow 粉焦 + 挥发性组分（500 \sim 1000℃）$$
$$挥发性组分 \longrightarrow 焦油 + 燃气（CO、CO_2、H_2、CH_4）$$

③ 气化反应：

$$C + CO_2 == 2CO \quad 吸热$$
$$C + H_2O == CO + H_2 \quad 吸热$$

④ 生成气改质反应：

$$CO + H_2O == CO_2 + H_2 \quad 放热$$

⑤ CO_2 吸收反应：

$$CO_2 + 吸收剂 == 吸收剂\text{-}CO_2 \quad 放热$$

煤的气化反应，可涉及以下 3 种反应。①热分解反应必须由外部供给能量。热分解反应中得到可挥发成分和残留固体。②煤的部分燃烧（900 ~ 1600℃），煤燃烧放出大量的热，产生的 CO 与气化剂 H_2O、CO_2 反应，产生燃气（CO、CO_2、H_2）和灰分。③化学循环气化反应（600 ~ 800℃）：在煤气化炉中加入 H_2O、CO_2 吸收剂，吸收剂与 CO_2 作用是放热反应，可以为煤气化提供能量，反应后得到氢气、灰分和吸收剂-CO_2，此过程对于低碳新能源的生产和二氧化碳减排具有积极的作用。

低碳新能源的使用符合低碳减排的发展目标。为此，低碳新能源的开发和使用及非碳新能源的使用变得尤为重要。氢是化工合成不可缺少的原料，也是燃料电池、氢能源汽车和零排放氢发电的燃料。煤是由 C、H、O、N、S 等元素组成的复合物，煤的气化能产生氢气，需要在高温下与水反应，产生氢气的同时，也产生了 CO_2 排放，因此，有科学家称化石燃料制备的氢气为灰氢。然而，煤的气化提高了煤的使用效率，同时又减轻了环境负荷。煤气化产生的合成气（CO、H_2）可以通过费-托合成合成液体燃料，由甲醇制备二甲醚、乙烯、丙烯，具有重要的意义。

从中国能源大数据报告（2023）统计结果可以看出：能源消费低碳化发展趋势比较明显。从能源品种看，煤炭需求持续高位运行，足量稳价供应态势良好，煤炭消费量占能源消费总量的 56.2%。2022 年，太阳能发电等清洁能源消费量在能源消费总量中占比 25.9%。近十年来，清洁能源消费占能源消费总量的比重从 2013 年的 15.5% 上升到 2022 年的 25.9%，能源消费结构持续向清洁低碳转型。在能源消费中，碳占消费总量的半数以上，且煤炭资源在质量上差别较大，导致能源消费整体质量不高，对煤的高效利用对于中国尤为重要。只有同时使用煤热解技术，才能提升转化率和焦油率的转化水平，达到高效利用煤的目的。

煤的热解技术，主要包含加氢热解、催化热解和甲烷活化热解三种。①加氢热解指的是煤在氢气自由基还原作用下的热解过程。与煤的气化和液化相比，加氢热解可以有效地控制 H_2S 含量。焦油的收率高，这是由于煤在氢气热解下更能实现焦油的轻质化目标，可以得到更大比例的低分子化合物。②催化热解指的是煤在催化剂存在时的热解过程。催化剂的使用降低热解温度、加速热解过程，可以降低煤热解时产生的重质组分，从而提高焦油的品质。③甲烷活化热解指的是煤的热解过程中加入甲烷气体，热解温度低于 400℃ 时，煤在甲烷和氮气气氛下的热解曲线无差异，但在 400～700℃ 条件下热解时，甲烷气氛下煤的失重速率比氮气气氛下的热解速率大，因而在 500℃ 时，甲烷气氛中煤热解取得焦油产率峰值的温度，低于氮气气氛下的焦油产率峰值温度。

$$\text{(naphthalene)} + C_4H_6 \longrightarrow \text{(anthracene)} + 2H_2 \tag{4-1}$$

$$\text{(benzene)} + C_4H_6 \longrightarrow \text{(naphthalene)} + 2H_2 \tag{4-2}$$

$$2\,\text{(benzene)} \longrightarrow \text{(naphthalene)} + 2H_2 \tag{4-3}$$

$$\text{(2-CH$_2$R-phenol)} \longrightarrow \text{(2-CH$_3$-phenol)} + CH_2{=}CH{-}R' \tag{4-4}$$

$$\text{(ethylbenzene)} \longrightarrow \text{(benzene)} + C_2H_4 \tag{4-5}$$

$$\text{(cyclohexane)} \longrightarrow \text{(benzene)} + 3H_2 \tag{4-6}$$

$$\text{(cyclohexene)} \longrightarrow \text{(benzene)} + 2H_2 \tag{4-7}$$

$$\text{(9,10-dihydroanthracene)} \longrightarrow \text{(anthracene)} + H_2 \tag{4-8}$$

$$\text{(phenol)} + H_2 \longrightarrow \text{(benzene)} + H_2O \tag{4-9}$$

$$\text{(toluene)} + H_2 \longrightarrow \text{(benzene)} + CH_4 \tag{4-10}$$

$$\text{(aniline)} + H_2 \longrightarrow \text{(benzene)} + NH_3 \tag{4-11}$$

煤的热解过程和机制：煤的热解过程大致分为两步，第一步是煤大分子进行热解，热解产生的挥发性组分彼此反应。第二步是第一步产生的挥发性组分继续发生缩合［式（4-1）～式（4-3）］、裂解［式（4-4）、式（4-5）］、脱氢［式（4-6）～式（4-8）］和加氢反应［式（4-9）～式（4-11）］。

煤的液化技术：为缓解能源紧缺的局面，由煤合成液体燃料的煤液化技术令人关注。煤作为最重要的一次能源，其洁净、高效和非燃料利用逐渐受到人们的重视。煤与石油都是由C、N、O、H、S等元素组成的复合物，其差别在于C/H不同，将煤由固态转化为液态的过程称为煤的液化。煤中非共价键占主导，其次是共价键。煤的液化过程，就是使非共价键和共价键断裂，大分子变成小分子的过程。煤的液化分直接液化和间接液化。煤通过加氢裂化变为液体燃料的过程称为直接液化。加氢裂化过程中，在催化剂作用下，H/C提高、液态粗油比例提高、煤中N、O、S元素被气化并除去。煤的间接液化指的是先把煤气化变成合成气，再将合成气在Co基、Fe基、Ru基催化剂的作用下转化成汽油、柴油、煤油、燃料油、液化石油气和其他化学品等的工艺过程。

费-托合成相关的反应：

生成烷烃：$nCO + (2n+1)H_2 = C_nH_{2n+2} + nH_2O$

生成烯烃：$nCO + 2nH_2 = C_nH_{2n} + nH_2O$

副反应：

生成甲烷：$CO + 3H_2 \Longrightarrow CH_4 + H_2O$

生成甲醇：$CO + 2H_2 \Longrightarrow CH_3OH$

生成乙醇：$2CO + 4H_2 \Longrightarrow C_2H_5OH + H_2O$

积碳反应：$2CO \Longrightarrow C + CO_2$

除了生成上述产物之外，还可能生成更高碳数的醇、醛、酮、酸、酯等。

煤的炭化和焦化：通常，煤的炭化和热解几乎可以互换，但热解具有更广泛的含义。热解以气体和液体为主要产物，而不是固体。炭化是将煤转化成碳或富碳的固体。炭化会得到富碳固体和相对富氢的轻质气体和液体。热分解过程中经历了中间流体状态的碳质固体称为焦炭。热分解过程中不经历流体状态的碳质固体称为碳焦。炭化过程分为低温炭化、中温炭化和高温炭化。低温炭化是在450～700℃条件下碳化，焦油的产率最高。焦油的分离和提纯可获得多种有用化学产品。低温炭化时产生的气体可作为燃料，剩余的固体碳质具有高度反应性，可作为有用的固体燃料使用。700～900℃中温炭化时，气体的收率最大，因此中温炭化是制气体燃料的潜在路线，炭焦也是有用的燃料，可作为无烟燃料进行使用。900～1200℃区间内发生高温炭化，产品主要是多孔的焦炭，可在冶金行业中使用。炭化过程一个重要应用是生产无烟固体燃料。对于人口密集的大城市而言，可以避免在使用燃煤的过程中造成的空气污染和水体污染。

4.2.3.2　石油

(1) 石油的组成

石油由C、H、O、N、S等元素组成。其中：82%～87%的是碳元素；11%～15%的是氢元素；其余的是O、N、S等元素，O和N的含量很少超过1.5%，极端情况下，S的含量可达到6%。虽然石油是由C、H、O、N、S等元素组成，但是其化学组成、物理性质展示出了显著的多样性，目前发现样品中含有大约10^5种成分，且成分的含量随样品各不相同。从组成上来看，石油含有四类化合物：烷烃、环烷烃、芳香族化合物和杂原子化合物。链烷烃主要来自于脂质的裂解，在石油溶液中存在十八烷和更大的烷烃，目前石油中发现的最大烷烃是 $C_{78}H_{158}$。石油中也含有支链烷烃，然而，石油中没有烯烃、二烯烃、炔烃。石油中存在的烯烃来自于炼油的过程中。石油中几乎所有的环烷烃都衍生于环戊烷或环己烷，这些结构通常是原始有机物质中更大的环状结构的残留部分。石油中还含有各种多环烷烃，比如孕烷和甲藻甾烷。这些物质也是生物的标记物，如甲藻甾烷衍生于水生微生物鞭毛藻。石油中常温下为液体的芳香族化合物有苯、甲苯、二甲苯和均三甲苯及其衍生物。稠环芳香族化合物在常温下为固体，它们和它们的衍生物都可能存在石油的溶液中。石油中芳香族化合物的含量在 $10\%\sim50\%$。石油含 O、N、S 原子，N、S 氧化产物排放到空气中会造成酸雨，因此，N、S 是人们不希望的。石油中酚、酸、醇、酯、酮等衍生物都含有氧原子。环烷酸具有较强的酸性，在石油炼制过程中对管道、阀门和金属制品具有较强的腐蚀作用。石油中含有吡咯、吲哚、咔唑、吡啶及其衍生物，一般情况下，油的沥青质含量越大，含 N 量也就越高。含 H_2S 和其他硫源的石油称为酸性原油。石油含硫化合物燃烧后产生的含氧化物对环境污染较大，必须进行适当的处理才能排放到空气中。石油的无机成分主要是 NaCl 等离子化合物和卟啉基配位化合物。

（2）石油带来的污染

根据国家统计局数据，2022 年，我国能源消费中，石油的消费占能源消费总量的 17.9%。人们的生产生活都离不开石油化工行业。但是由于石油是由 C、H、O、N、S 等元素组成，在燃烧过程中会产生大量的 CO_2、CO、SO_x、NO_x 气体。除此之外，石油化工产业还产生其他类型的废气，如粉尘、挥发性有机物、芳烃等。这些废气对大气环境造成严重污染，其成分复杂、毒性较大、危害人类和动植物健康，甚至具有较高的致癌性等。这些气体产物除了引起酸雨现象和光化学烟雾等外，还对建筑物、暴露在环境中的设施具有较强的腐蚀作用。另外在"双碳"战略背景下，开发、使用非碳型能源代替传统燃料（煤炭、石油、天然气），才能从根本上减少碳排放，减少环境污染。

在石油的开采、炼制过程中会排放大量含有大量有机物、重金属和无机盐类的废水，这些废水处理不当，可能造成对生态环境的污染，致使土壤、河流、湖泊的物理性质、化学性质发生较大的改变，给水生植物和动物带来巨大的灾难，进而危害人们的健康安全。同时，石油化工生产过程中会产生多种固体废物，包括污泥、盐泥和催化剂等。这些固体污染物如处理不当，会危害土壤、水体、空气等安全，甚至危及水生动植物的正常生长。

（3）石油的综合利用

为解决油质差、轻质油含量低的问题，常用催化裂解技术来提高石油炼制质量。催化裂解反应是在 $480\sim530℃$ 和 $1.4\sim2MPa$ 时，在催化剂作用下按碳正离子机制进行裂解反应。在裂解过程中，发生裂化、异构化、芳构化反应。裂化过程中，催化剂由于结焦现象而失活，为再生催化剂，需要将空气通入反应体系，在 $600\sim730℃$ 高温氧化再生催化剂。催化裂解技术包含移动床催化裂化技术、流化床催化裂化技术、循环裂化床催化裂化技术、多产异构烷烃催化裂化技术几种。移动床催化裂化技术在石油炼制中的应用是比较普遍的，分别在催化器和再生器中完成裂化反应和催化剂再生，此方法在我国石油裂解应用比较广泛。流化床催化裂化技术生产效率较高，可实现连续作业，有着良好的应用前景。循环裂化床催化裂化技术装置简单、易于操作，有着良好的工作性能，并且装置成本较低。催化裂解催化剂是石油催化裂解不可或缺的物质，对于不同的石油和加工需求，所用的裂解催化剂种类不同。裂解催化剂的种类繁多，常见的催化剂有硅铝酸盐、硅酸盐、钼酸盐等。催化剂的活性、选择性和寿命在一定的催化条件下差异性较大。因此，需要根据加工工艺和产品要求选择合适的催化剂。其中，硅铝酸盐常用于裂解重质油，用于汽油和柴油的生产。而硅酸盐可用于轻质油的裂解，用于生产乙烯、丙烯等产品。

催化重整是以石脑油为原料，在催化剂的作用下，重整成富含芳香烃的工业过程。催化重整的目的：提高芳香烃的产量，为橡胶、塑料和精细化学品的生产提供原料。催化重整汽油的辛烷值高、硫和烯含量少，因此，所得的汽油是清洁汽油。催化重整的原料有直馏石脑油、加氢裂化石脑油、焦化石脑油、催化裂化石脑油和裂解乙烯石脑油。直馏石脑油和加氢裂化石脑油是理想的重整原料，但供给不足。催化裂化石脑油含烯烃、环烷烃和杂质较多，需处理后再进行重整。

催化重整中的化学反应如下。

六元环烷烃的脱氢反应：

$$\bigcirc \Longleftrightarrow \bigcirc +3H_2$$

$$\bigcirc \Longleftrightarrow \bigcirc +3H_2$$

五元环烷烃的异构脱氢反应：

$$\bigcirc \Longleftrightarrow \bigcirc +3H_2$$

$$\bigcirc -C_2H_5 \Longleftrightarrow \bigcirc +3H_2$$

烷烃的环化脱氢反应：

$$C_6H_{14} \Longleftrightarrow \bigcirc +4H_2$$

$$C_7H_{16} \Longleftrightarrow \bigcirc +4H_2$$

异构化反应：

$$n\text{-}C_7H_{16} \Longleftrightarrow i\text{-}C_7H_{16}$$

加氢裂化反应：

$$n\text{-}C_8H_{18}+H_2 \Longleftrightarrow 2i\text{-}C_4H_{10}$$

除发生上述反应外，还会发生缩合成焦反应，生成焦炭。石油重整催化剂有贵金属催化剂和非贵金属催化剂两大类，其中，贵金属催化剂主要是 Al_2O_3 负载的 Pt-Re 催化剂、Pt-Sn 催化剂和 Pt-Ir 催化剂等；而非贵金属催化剂主要有 Al_2O_3 负载的 Cr_2O_3 催化剂和 MoO_3 催化剂等，其性能较贵金属催化剂低得多。

重度热裂化过程产生大量的焦炭。焦化过程通常有两个目的：①以液体燃料为目标产品，焦炭是副产品；②以适合销售的焦炭为目标产品，液体产品为副产品。焦炭是从流体相中形成，或者是生产过程中经过流体相而产生的固体材料。焦化过程一般通过延迟焦化、流化焦化和灵活焦化三种方式进行。延迟焦化是一种半连续操作，在焦化过程中，原料被连续引入，而焦炭则是18～24h间隔内去除一次。在延迟焦化过程中，需要2个或4个焦炭鼓，这样取出焦炭时生产依然可以进行。根据原料和焦化条件，可以得到球状焦炭、海绵状焦炭、针状焦炭三种产品。球状焦炭碳含量低，适用于廉价的固体燃料。海绵状焦炭为中级产品，适用于制备电解冶炼铝和碳阳极材料。针状焦炭为优质产品，适用于人造石墨和弧炉电极。流化焦化可提供良好的热传导性能，可获得比延迟焦化更高的温度。与延迟焦化法相比，流化焦化轻质产品的停留时间比较短，因此，流化焦化法液体产量更高。灵活焦化将流化床焦化工艺与气化炉相结合，这样可以得到炼油厂中使用的清洁气体燃料。

4.2.3.3 天然气

(1) 天然气的组分

天然气是烃和不同含量的非烃物质的混合物，通常是以气相与地下储存的石油共存。天然气中烃类物质主要是甲烷，在化石燃料成岩作用过程中，形成的天然气储存在地壳岩石中。天然气分为伴生天然气和非伴生天然气。伴生天然气或溶解在油中或以气体的形式与石油共存。非伴生天然气指的是气体单独存在。煤层中也会积累一定甲烷，在煤炭开采时将气体分离采出，也是甲烷的一个重要来源。页岩中含有大量的油母质，经历深成作用后可产生一定的天然气。天然气是由甲烷、乙烷、丙烷、丁烷、氦、氢、氮、二氧化碳等气体组成。同时，天然气还含有硫化氢（H_2S），通常硫化氢的含量很少，可能由氨基酸中的巯基经厌氧作用产生、硫酸根经厌氧物厌氧还原产生或油母质经深成作用产生。硫化氢具有难闻的气味，更具有毒性。硫化氢氧化后可产生硫氧化物（$2H_2S+3O_2 \rule[0.5ex]{1.5em}{0.4pt} 2SO_2+2H_2O$ 或 $H_2S+2O_2 \rule[0.5ex]{1.5em}{0.4pt} SO_3+H_2O$），$SO_2$和$SO_3$释放到空气中会造成酸雨，为保护生态环境，天然气应经脱硫处理才能作为燃料使用。另外，在"双碳"战略背景下，天然气在使用前应采用CCUS技术减少CO_2的排放。

(2) 天然气燃烧的污染

天然气的主要成分是烷烃，其中甲烷体积分数超80%（约83%～95%），另外还有少量的乙烷（约7%）、丙烷（约2%）和丁烷（约1%），除此之外还有硫化氢、二氧化碳、氮气和微量的稀有气体。天然气在输送到用户之前，还要添加一定硫醇、四氢噻吩等来给天然气添加气味，以方便检测并保证使用安全。天然气直接燃烧时碳元素氧化产生大量CO_2，燃烧不充分产生少量CO，硫化氢和添加的硫醇中的硫元素氧化会产生SO_x，助燃气N_2在高温下燃烧会产生一定量NO_x等。其中，SO_x、NO_x是形成酸雨的主要污染物。

污染物产生涉及的反应如下。

① 燃烧反应：

$$CH_4+2O_2 \rule[0.5ex]{1.5em}{0.4pt} CO_2+2H_2O$$
$$2CH_4+3O_2 \rule[0.5ex]{1.5em}{0.4pt} 2CO+4H_2O$$

② 产生NO_x反应：

$$N_2+O_2 \rule[0.5ex]{1.5em}{0.4pt} 2NO（>1200℃）$$
$$2NO+O_2 \rule[0.5ex]{1.5em}{0.4pt} 2NO_2$$

③ 产生SO_x反应：

$$2H_2S+3O_2 \rule[0.5ex]{1.5em}{0.4pt} 2SO_2+2H_2O$$
$$H_2S+2O_2 \rule[0.5ex]{1.5em}{0.4pt} SO_3+H_2O$$

天然气燃烧会产生SO_2，产生SO_2的量与硫化氢的比例关系重大。一般认为，产生

SO_2 的浓度确定为 $10\sim15mg/m^3$。天然气燃烧会产生大量的氮氧化物，每 1 万立方米的天然气燃烧约产生 6.3kg，其浓度约为 $60mg/m^3$。另外，虽然天然气是清洁能源，但依然会产生一定量的烟尘，每 1 万立方米的天然气燃烧约产生 2.4kg 烟尘，其浓度为 $20\sim25mg/m^3$。

(3) 天然气的处理

天然气中含有的 H_2S、CO_2 组分，在水存在的情况下会腐蚀金属。天然气中的硫化氢组分经分离、克劳斯反应制成单质硫，硫在工业、农业、医疗、能源等领域应用广泛。分离后的 CO_2 可用于舞台效果、食品、萃取、采矿等行业。从生态环境保护和"双碳"战略角度出发，需要将 H_2S、CO_2 从天然气中分离。目前，天然气脱硫、脱碳可使用干法和湿法两类。工业上大规模脱硫和脱碳主要采用湿法，而干法脱硫目前已很少使用（图 4-2）。

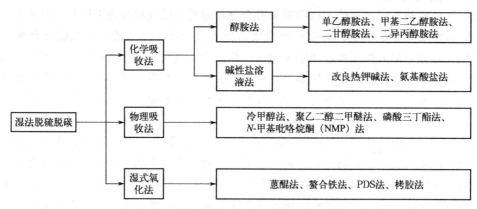

图 4-2 湿法除去 H_2S 和 CO_2

CO_2 在水中有一定的溶解度，溶于水得到 H_2CO_3 溶液。H_2S 和 H_2CO_3 是二元弱酸，化学吸收法是以弱碱溶液为吸收剂，以可逆的化学反应为基础，吸收 H_2S 和 CO_2 后采用升温或降压的方式富集酸性气体。热 K_2CO_3 碱溶液（一种二元弱碱）可用于吸收 H_2S 和 CO_2，除去天然气中的 H_2S 和 CO_2 气体。

基本原理：二元弱酸与二元弱碱的酸碱中和反应。

$$K_2CO_3 + H_2O + CO_2 \Longrightarrow 2KHCO_3$$
$$K_2CO_3 + H_2S \Longrightarrow KHCO_3 + KHS$$

改良热钾碱法适用于含酸气量 8% 以上，CO_2/H_2S 高的气体净化。美国和日本很多合成氨厂采用这种方法去除 CO_2。

物理吸收法采用有机物质对 H_2S 和 CO_2 气体进行溶解而消除气体。物理吸收一般在高压和较低的温度下进行。湿式氧化法是基于氧化还原反应除去 H_2S 和 CO_2 气体。目前有应用价值的湿式氧化法有二十多种，如蒽醌法、螯合铁法和 PDS 法等。湿式氧化法的脱硫效率高，在氧化反应过程中生产单质硫，污染小，常压和加压下可操作，可操作性强，运行成本低。

4.2.3.4 传统能源的低碳化

(1) 煤、石油和天然气发电行业的低碳绿色发展

中共中央十八届五中全会公报明确提出了推动低碳循环发展，建设清洁低碳、安全高效的现代能源体系。《能源发展战略行动计划（2014—2020 年）》《国家应对气候变化规划

（2014—2020年）》和《煤炭清洁高效利用行动计划（2015—2020年）》等中央政府文件也先后密集出台，为推动清洁低碳化发展制定了切实可行的目标和实施路线。中国消耗了全球接近23%的能源，但仅创造了全球13%的GDP。为此，要实现能源消费结构的转型，必须要推动产业结构的升级。产业结构升级是产业结构高级化的一个过程，产业结构升级不仅包含产业中由第一、第二产业向第三产业转移，也包含各个产业内部的高级化过程。调整优化能源消费结构，需要综合考虑我国煤炭、石油、天然气等各种能源的资源禀赋，以及由此形成的经济发展对不同能源的偏好。

根据国家能源局统计数据，我国在2022年低碳能源消费占比稳步提升。从分能源品种看，煤炭、石油、天然气消费量占能源消费总量的56.2%、17.9%和8.5%，化石能源消费占能源消费总量82.5%，一次电力及其它能源消费占能源消费总量的25.9%。近十年来，清洁能源消费占能源消费总量的比重逐年提升，能源消费结构持续向清洁低碳转型。

从现行能源消费结构来看，煤、石油、天然气能源消费短期内仍将主导我国能源消费。基于我国"富煤、贫油和少气"的自然资源禀赋和我国能源自给率约80%的国情，提高能源利用率，才能节省更多的能源。发展化石能源清洁利用技术，才能从源头减少环境污染和碳排放。

清洁煤技术能有效提升煤炭使用的环境效益和经济效益，对"双碳"战略的实现具有较大的影响。我国电力生产主要是煤火力发电（约占56.2%）。大型坑口电站发电采用燃前两段干法选煤技术提高煤炭资源生产和优化消费配置。在发电时，无须煤炭的远距离运输，在坑口将所制备的低灰、低硫、高热值的煤燃料用于高效率、低污染、低成本火力发电。火力发电所得电力输送给千家万户，而矿区的污染比较小。清洁煤技术除了煤炭的清洁开采，还包括清洁转化过程。通过高效的坑口热-电联产技术对传统电力行业进行改造升级，提高火力发电效率和减少污染。

干法选煤法，主要包括空气重介质流化床干选法和复合式干选法。空气重介质流化床干选法分选密度宽，精度高，适用于各种煤种的分选。复合式干选法分选技术仅用于排矸和易分选煤的分选。除了空气重介质流化床干选法和复合式干选法，还有摩擦电选技术。摩擦电选可用于低灰、低硫、高热值煤燃料、优质活性炭材料的生产。另外，还可以根据选煤性质和火力发电锅炉的要求对分选参数进行调整，可将灰分减小至8%和硫分小于0.5%，因此，摩擦电选技术适合新建设的发电厂和老发电厂的技术改造。干法选煤技术是脱硫降灰经济、有效的方法，适合我国"富煤、贫油和少气"国情。

原煤直接燃烧会产生SO_2等气体污染物和固体废弃物，需要经处理后才能使用。固硫添加剂的加入可降低SO_2气体排放量，但也会减小煤的热值，增加能耗。固定的硫在高温下可能部分裂解而释放SO_2，并且会造成二次环境污染。采用燃前干法选煤技术具有更高的环境效益和经济效益。据估计，干法选煤的投入是固硫添加剂投入的1/15。煤炭中含有大量的煤矸石，坑口电站发电避免了煤炭的长距离运输，这样节省了大量的运力，缓解了铁路运输的紧张情况。电力的高压输送可将资源优势转化成经济优势，将洁净能源输送到经济较发达地区，避免了经济发达地区的环境污染。实践证明，山西阳城-江苏淮阴500千伏的电力输送工程，工程建设1840公里，1993年投资约36亿元，仅仅修路投资至少需要184亿元。可见电力输送比燃料运输再发电投资更少。

目前我国已经形成较完备、较清洁煤相关产业，但仍受到盈利能力不高、投资成本高和比例不均衡等问题的限制。在清洁开采过程中，通过洗选、液化等方式固定煤炭中的污染成分，分离有效成分，进而降低碳排放和污染气体排放。选煤技术发展较快，但仍不能满足实际需求。水浆煤技术广泛应用在各个高碳排放部门。清洁转化技术为煤炭火力发电、煤炭化工等行业提供洁净的碳源。整体煤气化联合循环技术（IGCC）通过气化煤推动燃气-蒸汽联合循环发电，发电效率较高，是一种推动二氧化碳捕集、利用与封存（CCUS）技术，因此也是很有应用前景的火力发电技术。将清洁煤、石油、天然煤转化成气、油和其他精细化工品，从而实现了煤的洁净、高效、精细化和高附加值转化。

在能源消费总量中，石油、天然气消费量占能源消费总量的 17.9% 和 8.5%，在"双碳"战略背景下，石油和天然气火力发电也需要实现低碳化。石油化工低碳化包括：能源绿色化，原料低碳化，过程高效化、清洁化，产品低碳化，废弃物循环利用等内容。原料低碳化：低碳烯烃生产原料不断增加。页岩气革命增加了世界轻烃的产量。轻烃用作乙烯原料的比例快速增加，乙烯原料多元化趋势进一步发展。随着天然气产量的不断增加，由天然气制备甲醇、氢、低碳烯烃的项目逐渐增加。以生物质为原料制备乙醇，并制备乙烯和聚乙烯。石化化工低碳化：在"双碳"战略背景下，各石油化工公司都更加重视降低能耗，推动石油化工的低碳化发展，提高资源的综合利用水平。2000 年至 2017 年，轻油收率从 74.8% 上升至 81.8%，预计在 2035 年可达到 85%。CO_2 利用水平逐渐提高：CO_2 驱油已成为提高采油率的一种重要的方法。另外 CO_2 作为一种重要的化工原料，合成碳酸乙烯酯等化工产品。低碳化石化生产技术不断应用。氢能及燃料电池是促进经济社会发展的重要技术。欧盟、美国等正大力发展生物燃料。生物质降解纤维素乙醇、生物柴油已形成一定规模。我国从 2020 年全面推广 E10 乙醇汽油。

(2) CO_2 耦合低碳能源、零碳能源的转化利用技术

甲烷-二氧化碳干气重整（DRM 反应：$CH_4 + CO_2 \Longleftrightarrow 2H_2 + 2CO$）技术可同时转化 CH_4 和 CO_2 两种温室气体，制取 CO 和 H_2 的混合气体。DRM 反应制得的合成气中，水燃气变换反应（WGS）的存在导致 H_2 和 CO 的比例小于 1，解决了传统甲烷重整制得的合成气中 H_2/CO 高的问题（$H_2/CO = 3/1$）。DRM 反应所得合成气可用于碳基合成、费-托合成或直接制烯烃的原料气。DRM 反应提高了含碳能源的利用效率，在"双碳"战略背景下实现"绿色碳科学"具有重要的现实意义和经济价值。

在"双碳"战略背景下，风电、太阳能发电等清洁能源消费量占能源消费总量比例逐年提高，但这些能源具有间歇性的特点，给并入电网带来一定冲击。在"双碳"背景下，在间歇性能源和催化剂的作用下，电解水制得零碳能源 H_2。在催化剂的作用下，H_2 将 CO_2 还原为液体燃料和其他有价值的化学品，如甲醇、汽油轻馏分和甲酸。1923 年，巴斯夫公司开发首个 CO_2 加氢制甲醇的 ZnO/Cr_2O_3 催化剂。ZnO/Cr_2O_3 催化剂反应条件较苛刻，温度 350~400℃、压力 24~31MPa。20 世纪 70 年代，英国帝国化学工业公司开发出 $Cu/ZnO/Al_2O_3$ 催化剂。$Cu/ZnO/Al_2O_3$ 催化剂运行条件较 ZnO/Cr_2O_3 催化剂稍温和（温度 200~300℃、压力 5~10MPa）。2020 年，中国科学院大连物理化学研究所李灿课题组开发全球首套"液态太阳燃料合成示范项目"并运行成功。"液态太阳燃料合成示范项目"实现了太阳能光伏发电、电解水制氢和 CO_2 加氢制甲醇反应的偶联。CO_2 可以直接制备低碳烯烃、汽油产物。中国科学院大连物理化学研究所孙剑等使用 $Na-Fe_3O_4/HZSM-5$ 催化剂制备高辛烷值汽油。

在光催化作用下，实现了 CO_2 直接转化制备 CO、$HCOOH$、$HCHO$、CH_3OH、CH_4、C_2H_4、C_2H_5OH 等产品。电催化还原 CO_2 的研究主要集中在高效催化剂的研发、电极集成

工业和电解体系构建等方面。从商业化示范及推广状况以及从化学品价值看：富 CH_4 含碳燃料与 CO_2 经干气重整制备合成气已经取得了较大的进展，已经具备工业生产的条件。CO_2 可与低碳新能源和零碳能源耦合，制备液体燃料和有附加值的化工品。在光催化或电催化的作用下，直接将 CO_2 还原成 CO、CH_3OH、CH_4、C_2H_4、C_2H_5OH 等产品，这是真正的碳资源的循环使用。

（3）选择性催化还原法（SCR）

石化裂解炉、加热炉、焚烧炉等会排放大量氮氧化物（NO_x）。NO_x 是破坏臭氧层、引起光化学烟雾和酸雨的元凶之一，严重危害了自然环境和人体健康。石化裂解炉、加热炉、焚烧炉设备等常采用低氮燃烧器结合选择性催化还原脱硝工艺来严格控制石化行业 NO_x 排放。得益于氨选择性催化技术的广泛使用，以电力行业为代表的燃煤烟气 NO_x 排放已得到了有效控制。但低温工业烟气温度范围在 $130\sim240℃$，商用的钒-钨-钛催化剂在此温度范围内无法高效地催化 SCR 反应且 SO_2 和 H_2O 耐受性差。NH_3-SCR 反应是指在催化剂作用下，烟气中的 NO_x 在催化剂表面与 O_2（工业烟气 O_2 体积浓度范围为 $4\%\sim12\%$），和还原剂 NH_3 反应生成无毒无害的 N_2 和 H_2O，其主要化学反应式如下：

$$4NH_3 + 4NO + O_2 === 4N_2 + 6H_2O$$

无氧 NH_3-SCR 过程可按下式反应：

$$4NH_3 + 6NO === 5N_2 + 6H_2O$$

当体系中存在 NO_2，将会发生快速 SCR 反应：

$$4NH_3 + 2NO_2 + O_2 === 3N_2 + 6H_2O$$

$$4NH_3 + 2NO + 2NO_2 === 4N_2 + 6H_2O$$

此外，还原剂 NH_3 还会发生一系列的副反应，主要是产生 N_2O 副产物。NH_3-SCR 技术脱硝效率高且稳定，广泛应用于固定源烟气的脱硝工艺中，也是目前使用最广泛的脱硝技术。NH_3-SCR 催化剂钒-钨-钛催化剂（V_2O_5-WO_3-TiO_2）是中低温烟气脱硝技术的核心，最佳温度为 $300\sim400℃$。V_2O_5-WO_3-TiO_2 在燃煤工业烟气脱硝方面有着出色的表现。但钢铁工业、工业锅炉、陶瓷窑炉、水泥窑炉等烟气处理温度在 $120\sim300℃$，低于 V_2O_5-WO_3-TiO_2 最佳工作温度。另外，催化剂的 SO_2 和 H_2O 的耐受性较低，导致催化剂活性降低。从节能减排角度出发，提高 NH_3-SCR 催化剂的低温活性和抗硫抗水性能是发展非电行业烟气脱硝的关键。催化剂主要包括贵金属、分子筛、碳基材料和过渡金属氧化物四类。①CeO_2、MnO_x-CeO_2/石墨烯 TiO_2-Al_2O_3 负载的贵金属 Pt、Ag、Pd、Rh 等。②具有均匀立方晶格微孔的 ZSM-5、SZZ-13、SBA-15、SAPO-34、MCM-41 材料负载的 Pt、Ag、Pd、Rh 等。③碳基材料有着比表面积大、微孔结构发达以及吸附性能优良等特点，是作为催化剂载体的良好选择。如活性炭纤维（ACF）、SiO_2@$FeCeO_x$/CNTs、活性炭（AC）等。④活性组分和载体均由过渡金属及其氧化物构成的催化剂称为过渡金属氧化物催化剂。过渡金属中存在可接受电子对的、未被充满的 d 轨道，加上过渡金属具有的多种元素价态，使得过渡金属氧化物具有一定的脱硝性能。过渡金属氧化物催化剂常用 V、Cr、Mn、Fe、Cu、Ce 等元素氧化物作为活性组分，以 TiO_2 和 SiO_2 作为常见的载体。可以通过多种金属元素组合、优化合成工艺或采用不同种类的载体等策略开发性能优异的低温 NH_3-SCR 脱硝催化剂（$150\sim200℃$，NO_x 转化率 $>90\%$），但在净化实际工业烟气时活性会受到 SO_2 和水蒸气影响，活性会逐步降低，抗硫抗水性能有待进一步优化。

(4) 石灰石/石膏湿法烟气脱硫 (FGD)

工业烟气中含有的粉尘、重金属、SO_2、氮氧化物（NO_x）等物质已成为重要的大气污染源。目前工业烟气脱硫技术已高达 200 多种，其中湿法烟气脱硫技术占比最大。工业烟气湿法脱硫技术包括：石灰石/石膏法、氨法、双碱法等。石灰石/石膏法脱硫技术是目前国内外技术最成熟的湿法脱硫技术，目前已广泛应用于燃煤电厂、钢铁厂、有色金属冶炼厂、炼焦厂、化工厂的烟气脱硫。石灰石/石膏法脱硫技术是以廉价易得的石灰石或者石灰作为脱硫剂，由于亚硫酸（H_2SO_3）酸性比碳酸（H_2CO_3）的酸性强，在吸收塔内，吸收浆液中的 $CaCO_3$ 或 $Ca(OH)_2$ 与烟气中的 SO_2 发生反应生成 $CaSO_3$，通入空气后其被氧化为 $CaSO_4$，经结晶析出得到石膏。氨法烟气脱硫技术是另一种在工业中应用广泛的湿法烟气脱硫技术，它是以碱性氨水为吸收液，在吸收塔内的氨水首先与烟气中的酸性气体 SO_2 反应生成 $(NH_4)_2SO_3$，然后 $(NH_4)_2SO_3$ 被氧化为 $(NH_4)_2SO_4$。钠钙双碱法是以 $NaOH$、Na_2CO_3、Na_2SO_3 等碱溶液作为吸收液，与含有酸性气体 SO_2 的工业烟气在吸收塔内接触反应：

$$2NaOH + SO_2 \mathop{=\!=\!=} Na_2SO_3 + H_2O$$

$$Na_2CO_3 + SO_2 \mathop{=\!=\!=} Na_2SO_3 + CO_2$$

$$Na_2SO_3 + SO_2 + H_2O \mathop{=\!=\!=} 2NaHSO_3$$

再生过程：

$$Ca(OH)_2 + Na_2SO_3 \mathop{=\!=\!=} 2NaOH + CaSO_3$$

$$CaCO_3 + Na_2SO_3 \mathop{=\!=\!=} CaSO_3 + Na_2CO_3$$

$$Ca(OH)_2 + 2NaHSO_3 \mathop{=\!=\!=} Na_2SO_3 + CaSO_3 \cdot \frac{1}{2}H_2O + \frac{3}{2}H_2O$$

氧化过程：

$$2CaSO_3 + O_2 \longrightarrow 2CaSO_4$$

工业烟气湿法脱硫技术成熟、设备简单、易于操作和脱硫效率高，已成为工业烟气脱硫的主流技术和使用频率较高的烟气脱硫技术。

4.3 化学能与其他能量转化

4.3.1 地球上能源的分类

宏观上讲，地球上的能源来自三个方面：①来自太阳能的能源；②地球内部的固有能源；③潮汐能。太阳能除了光和热能可以被人类直接利用外，它还是地球上许多能源的主要来源。人类所需的能量，都直接或间地来源于太阳能，植物通过光合作用将太阳能转化成化学能在植物体内储存起来。食草动物以植物为食并从食物中获得赖以生存的物质和能量。植物和动物在生命周期结束后，绝大部分被微生物降解释放出二氧化碳。只有极少部分被深埋地下经过复杂的地球化学作用形成化石能源。因此化石能源也是来自于光合作用固定的化学能。另外，风能、水力能和海洋波浪能，也都是由太阳能转化而来的。地球内部蕴含着巨大的能量，其能量一方面来自于所固有的热能，另一方面来自于地球内部不稳定的同位素蜕变所产生的能量。潮汐能是月球、地球乃至其他天体相对位置变化对随地球旋转的海水引力变化而形成的涨潮和落潮，由于涨潮和落潮水位差变化，水位差变化蕴含着巨大的能量。

从不同侧面分析讨论时，能源有不同的分类方法，见表 4-1。自然界以天然形式存在的能源称为一次能源。将一次能源经加工转化成符合需要形式能源称为二次能源。自然界存在的能源是一次能源，水力能、太阳能、风能、生物质能、海洋波浪能、洋流能、潮汐能、地热能、油页岩、核能属于一次能源。而焦炭、煤气、电力、氢能、柴油、汽油、煤油、燃气、沼气等都是从其他能源转化而来，都是二次能源。生物质能直接燃烧供能时是一次能源，制取沼气、酒精再利用时则是二次能源。

表 4-1 能源分类

类别		来自太阳能的能源		星体间的能源	地球固有能源
一次能源	可再生能源	常规能源	新能源		
		水力能	海洋波浪能、海水温差能、盐度差能、洋流能	潮汐能	地热能
	非再生能源	煤、石油、天然气			
			油页岩		核能
二次能源	焦炭、煤气、电力、氢能、柴油、汽油、煤油、燃气、沼气、液化气、电石				

在一次能源中，随时间推移而不断生成的能源称为可再生能源。越用越少的能源属于非再生资源。因此，煤、石油、天然气、油页岩、核能属于非再生资源。水力能、太阳能、风能、波力能、洋流能、地热能属于可再生资源。

4.3.2 低碳能源

各类能源用于发电时，碳排放量是不同的。考虑到燃料或能源的开采、运输，设备制造、电网建设、运行、维护等环节中消耗能源的碳排放和生命周期的发电量，煤炭发电排放率是 275g/kWh，石油发电排放率是 204g/kWh，天然气发电排放率是 181g/kWh，太阳能热发电排放率是 92g/kWh，太阳能光伏发电排放率是 55g/kWh，波浪发电排放率是 41g/kWh，海水温差排放率是 36g/kWh，潮汐发电排放率是 35g/kWh，风力发电排放率是 20g/kWh，地热发电排放率是 11g/kWh，核能发电排放率是 6g/kWh。因此，可以看出地热能、风能、潮汐能、水力能、太阳能属于低碳能源。天然气属于中间状态。石油、煤炭碳排放率较高。按现有的划分标准，地热能、风能、潮汐能、水力能、太阳能这些低碳能源使用后可以恢复属于可再生低碳能源，称为第Ⅰ类低碳能源。石油、煤、天然气、核能消耗后，短期不能恢复，属于非再生高碳能源。石油、煤炭在发电过程中产生较多的 CO_2、硫氧化物 SO_x 和氮氧化物 NO_x 等有毒有害气体，对环境造成的不良影响较大。煤炭、石油、天然气清洁高效利用可有效降低碳排放，硫氧化物 SO_x 和氮氧化物 NO_x 等有毒有害气体排放也得到了有效控制，因此，清洁石油、清洁煤、清洁天然气、核能被称为第Ⅱ类低碳能源。

可再生能源一般具有污染少、分布广和无穷尽的特点，但是可再生能源分布较分散，能量密度较低，有的还是间歇性的，给收集和开采带来一定的困难。当今世界对煤、石油、天然气等化石能源的需求越来越大，然而，这些能源是非再生能源，终究还是无法避免化石能源枯竭的命运。中国正处于经济快速增长时期，不可能牺牲经济发展来满足碳排放要求，更需要开发新能源弥补传统化石能源欠缺。另外，在"双碳"战略背景下，中国低碳发展现状及发展趋势如图 4-3 所示。中国能源现状是化石能源使用比重较高、低碳新能源比重较低。

据国际权威机构预测，到 2060 年，全球新能源和可再生能源占世界能源结构的比例可达 70% 以上，成为现有化石能源的替代能源。因此，中国新能源发展趋势为加快能源结构调整、坚持低碳能源技术创新和低碳能源制度创新。中国发展低碳能源技术，必须正视我国以化石能源为主的现状，注重现有化石能源的洁净高效转化利用和节能减排技术。但战略上必须以新能源代替化石能源，可再生能源代替传统能源，逐步提高新能源的比重。政策上积极拓展制度创新和技术创新，为低碳能源技术道路提供有力保障。

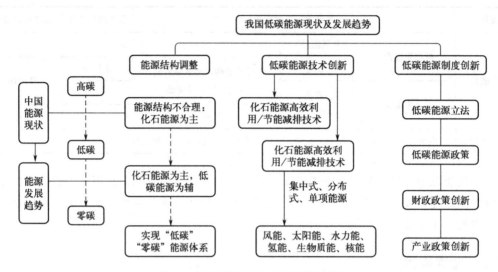

图 4-3　我国低碳发展现状及发展趋势

4.3.3　洁净煤

4.3.3.1　洁净煤发展背景

"双碳"战略背景下的中国新能源技术研究涉及两个方面：煤、石油、天然气化石能源的高效利用；能源结构和产业结构的调整。具体包括：逐步降低化石能源消费比率、提高化石能源清洁化比率，开发和使用清洁、可再生能源资源，促进能源供应多样化。近期，中国能源结构为以煤炭、石油、天然气消费为主，化石能源与风电、光伏发电、水电等新能源互补。

虽然煤炭在我国能源消费结构占比呈下降的趋势，从 2013 年的 67.4% 降到 2022 年的 56.2%，还是处于主导的地位。能源消费结构中化石能源占比从 2013 年的 89.8% 降到 2022 年的 82.6%，在"双碳"战略背景下，中国只有积极技术创新、支持产业绿色转型、实施化石能源清洁利用，改善以煤为大的结构，缩小化石能源占比，才能实现"双碳"战略目标。

煤炭洁净化利用是现实选择。基于我国"富煤、贫油、少气"的资源禀赋，形成了以煤为主的能源消费结构现实，能源低碳清洁化要充分考虑到经济发展需求和 CO_2 减排要求，煤炭清洁高效利用就是基于这一事实。自 2010 年至 2022 年，我国水电、火电、核电发电呈逐年增加的趋势。其中，2010 年，我国火力发电量 33319 亿千瓦时，至 2022 年，火力发电量已达到 58887 亿千瓦时。煤炭消费量占能源消费总量的 56.2%，比上年上升 0.2 个百分点。在未来一段时间内煤炭作为主体能源的地位仍难以改变。高效清洁化利用煤炭资源必然成为我国能源清洁低碳化的首要选择。煤炭作为高碳排放能源，在使用过程中必然伴随着 CO_2 排放，然而，技术的不断创新，不仅可以减少燃烧过程中氮氧化物（NO_x）、硫化物（SO_2）等污染气体的排放，还可以减少 CO_2 排放。如果燃煤发电标准能耗从 $314g/kW \cdot h$ 降至 $300g/kW \cdot h$，每 $1 \times 10^8 kW \cdot h$ 燃煤发电量将减少 3700t 的 CO_2 排放。煤炭洁净化利用是基于现实的选择，也是实现"双碳"战略目标的必然选择。

4.3.3.2 洁净煤概念和分类

洁净煤技术是煤炭高效、洁净开发，加工，燃烧，转化及污染控制技术的总称，指的是在煤燃烧前采用煤炭加工和净化技术对煤炭进行加工、燃烧时提高燃烧效率和控制污染物、燃烧后进行废弃物处理、碳减排及综合利用技术。根据煤炭利用过程，洁净煤技术主要包括7 个技术方向：①煤炭加工与净化技术，包括选煤、洗煤、型煤、水煤浆、配煤技术等子技术；②煤炭高效洁净燃烧技术，包括循环流化床燃烧、加压流化床燃烧、粉煤燃烧、超临界发电、超超临界发电、整体煤气化联合循环、整体煤气化燃料电池联合循环、富氧燃烧等子技术；③煤炭转化与合成技术，包括气化、液化、氢燃料电池、煤化工、煤制烯烃、分质分级转化等子技术；④污染物控制技术，包括工业锅炉和窑炉、烟气净化、脱硫、脱硝、除尘、颗粒物控制、汞排放等子技术；⑤废弃物处理技术，包括粉煤灰、煤矸石、煤层气、矿井水、煤泥等子技术；⑥碳减排技术，包括碳捕集和封存技术，碳捕集、利用和封存技术等子技术；⑦综合利用技术，包括多联产技术等子技术。

4.3.3.3 洁净煤遴选标准

洁净煤技术具有一定的生命周期，需要采用最先进的科研成果不断完善和进步，因而从技术的洁净贡献系数、成熟度、领先程度、应用前景和突破难度 5 个维度给出了洁净煤技术的遴选标准。遴选标准包括 5 个指标体系。①洁净贡献系数：提升煤炭利用效率、减少污染物比率、较少碳排放比率，目的是减少氮氧化物、硫氧化物和 CO_2 排放；②技术成熟度：9级技术成熟度评价标准，目的是提高能效；③技术领先程度：技术性能评估参数、技术优势差距，利用最先进科研成果，提高煤的质量；④技术应用前景：技术产业化竞争力、技术市场需求分析；⑤技术突破难度：技术实现时间、技术进步速度。

4.3.3.4 洁净煤发展方向

洁净煤技术发展重点领域和方向受到国家洁净煤政策和行动计划的引导。我国在 1997年颁发的《中国洁净煤技术"九五"计划和 2010 年发展纲要》是最早指导洁净煤技术发展的指导性文件。文件指出：我国发展洁净煤技术的宗旨是"提高煤炭利用效率，减少环境污染，促进经济发展"。"九五"洁净煤技术的推广应用，重点放在对目前我国的环境造成严重污染的主要环节，包括洗煤、型煤、烟气脱硫、煤灰渣处理等。要通过法规的引导，辅以优惠的政策，解决资金来源，争取在短时期内实现煤烟型污染有明显改善，煤炭利用效率有显著提高。在"十一五"期间，洁净煤技术被列入国家高技术研究发展计划（863 计划）。2016 年，我国颁布《煤炭工业发展"十三五"规划》，阐明"十三五"时期我国煤炭工业发展主要任务是：加快煤炭结构优化升级、推进煤炭清洁生产、促进煤炭清洁高效利用等任务，指导煤炭工业科学发展。2014 年，国能煤炭［2014］571 号《关于促进煤炭安全绿色开发和清洁高效利用的意见》颁布，文件强调落实"节约、清洁、安全"的能源战略方针，促进能源生产和消费革命，进一步提升煤炭开发利用水平。国家能源局为加快推动能源消费革命，进一步提高煤炭清洁高效利用水平，有效缓解资源环境压力，发布《煤炭清洁高效利用行动计划（2015—2020 年）》。2017 年，为加快推进煤炭清洁高效利用，指导煤炭深加工产业科学健康发展，国家能源局印发《煤炭深加工产业示范"十三五"规划》。另外，国家发展和改革委员会与国家能源局等单位接连发布《能源技术革命创新行动计划（2016—2030年）》《面向 2035 洁净煤工程技术发展战略》等项目，根据这些文件，洁净煤技术可分为两个阶段：减污染和碳减排。根据这些文件，可发现洁净煤技术的重点关注 10 个技术方向：①700℃超超临界发电技术；②先进整体煤气化联合循环/整体煤气化燃料电池联合循环技术；③碳捕集、利用与封存技术；④燃煤发电污染物深度控制技术；⑤高灵活性智能燃煤发电技术；⑥燃煤清洁燃料和化学品技术；⑦先进循环流化床发电技术；⑧煤炭分级转化技术；⑨煤转化废水处置与回用技术；⑩共伴生稀缺资源回收利用技术。

4.3.3.5 洁净煤发展态势

（1）700℃超超临界发电技术

700℃超超临界燃煤发电技术是指主蒸汽超过 700℃、蒸汽压力超过 35MPa 的先进发电技术。燃煤消耗量大幅减少，发电效率超过 50%，硫氧化物、氮氧化物、重金属等污染物大幅减少，符合"双碳"战略背景下节能减排和生态环境保护的期望，具有十分重要的经济效益和环境效益。各国一直积极发展更高参数、更大容量的火力发电技术。由于主蒸汽温度高、压力大，机组对主蒸汽管道、联箱等关键部件材料性能要求较高。围绕这一核心，建设700℃超超临界发电站需要解决的关键技术问题有以下 5 个方面：新型高温镍基等材料的研制；锅炉、汽轮机等关键部件的加工制造；高温阀门的制造；高温材料和关键部件的实炉验证；700℃超超临界流体发电站的设计、建造、运行。我国是国际上投运 600℃超超临界机组最多的国家，同时注重 700℃超超临界燃煤发电技术创新发展。为此，我国在 2010 年成立 700℃超超临界燃煤发电技术创新联盟，2011 年设立 700℃超超临界燃煤发电关键设备研发及应用示范项目，2015 年 12 月全国首个 700℃关键部件验证试验平台成功实现投运。目前，国内 700℃超超临界发电项目正在按照计划稳步进行，已取得了阶段性进展。

（2）整体煤气化联合循环/整体煤气化燃料电池联合循环技术（IGCC/IGFC 技术）

煤燃烧火力发电是电力最大组成部分，也是导致气候变化和全球变暖主要原因。洁净煤技术可以减少 CO_2 和污染物排放，在世界范围内得到了广泛的发展。近年来，整体煤气化联合循环（IGCC）和整体煤气化燃料电池联合循环技术（IGFC）已成为燃煤电厂一种非常流行的替代方案。特别是，对于褐煤、亚烟煤等低品位煤被用作能源时它们具有更大的优势。常规 IGCC 和 IGFC 总热效率仅为 48%～52% 和 55%～60%。为了获得更高的发电效率，人们目前正在开发高级 IGCC（A-IGCC）和高级 IGFC（A-IGFC）技术，在蒸汽重整气化炉中的吸热反应回收燃气轮机或固体氧化物燃料的余热，因此总能耗效率提高了 10% 左右，并易于 CO_2 分离，收集和固定甚至减少至零。在传统的 IGCC/IGFC 系统中，煤/生物质首先转化为合成气，然后杂质在燃气轮机和/或 SOFC 中使用之前从合成气中去除。这导致了更低的硫氧化物、氮氧化物、微粒和汞的排放。A-IGCC 和 A-IGFC 的总电效率分别可高达 57%～59% 和 70%～76%，这远远高于传统的 IGCC 和 IGFC。2012 年 11 月我国华能天津 250MW IGCC 示范机组投入商业运行，该示范电站是我国首套自主研发、设计、建设、运营的 IGCC 示范工程，已实现粉尘和 SO_2 排放浓度低于 $1mg/Nm^3$、NO_x 排放浓度低于 $50mg/Nm^3$，排放达到了天然气发电水平，同时发电效率比同容量常规发电技术提高 $4\%\sim6\%$。

(3) 燃煤发电污染物深度控制技术

燃煤火力发电过程，燃烧产生的烟气通过除尘、脱硫后排入大气，污染气体包括碳氧化物、氮氧化物、硫氧化物。废水包括灰水、酸碱性废水、含油废水、净化废水、脱硫废水和锅炉清洗废水等，同时，也会产生粉尘、噪声污染、工业废渣和生活垃圾。这些都会造成很严重的空气污染、水体污染、噪声污染、土壤污染和固体废物污染。为除去固体粉尘，常采用各种机械式除尘设备、静电除尘器、布袋除尘器及湿式除尘器等设备除去 $PM_{2.5}$ 和 PM_{10}，质量浓度由几百 mg/m^3 降至几 mg/m^3。机械式除尘，自动化程度低、成本低，是小规模电厂的首选，但机械旋转式除尘设备只能用于初级除尘。静电吸尘是另一种应用较广的吸尘方式。火力发电燃煤燃烧过程中，锅炉温度较高（$>1200℃$）、压力大，产生高含量 SiO_2 和 Al_2O_3 粉尘，在高压静电场作用下除尘效率在 99% 以上，并可捕集 $PM_{2.5}$、PM_{10} 等 μm 级别的粒子。因此，国内的燃煤火力发电大中型锅炉或新建锅炉均选择静电除尘器。布袋除尘器原理较简单，就是利用无纺布、针刺毡等布袋对粉尘进行过滤，粉尘去除效率可达 99.9% 以上，是现阶段普遍采用的最高效的除尘方式。燃煤中含有一定量硫元素，在燃烧过程中会产生一定量 SO_2，如果不对其脱硫处理会对环境造成一定程度的污染。脱硫处理主要分为燃烧前脱硫、燃烧中脱硫和燃烧后脱硫。燃烧前脱硫主要是采用物理性脱硫，此方法是基于矿物硫成分的带磁特性除去矿物硫成分；燃烧中脱硫也称"炉内脱硫"，是基于化学反应除去燃烧过程炉内残渣中产生的固体硫酸盐；燃烧后脱硫技术是防止 SO_2 排放入环境的最后一道防线，主要有以强碱性溶液为吸收液的湿法、以碱性粉末为吸收剂的半干法及以固态物质为吸收剂的干法脱硫这三种形式。以 $Ca(OH)_2$、$NaOH$ 等为代表的碱液湿法脱硫技术可大量吸收 SO_2，是目前燃煤发电主要采用的技术。半干法脱硫技术是高温蒸发水分环境下的脱硫工业，反应生成固态干粉，脱硫效果不如湿法脱硫，但其设备管理简单、运行维护较容易，在火力发电行业也有广泛的应用。干法脱硫利用高温催化反应或是高温高压下分解反应减少 SO_2，较湿法脱硫、半干法脱硫技术，此方法耗时多，反应慢，但此方法避免了废液的处理。

煤炭中含有一定量的氮元素，燃烧过程中不可避免会产生一定量的氮氧化物（NO_x），对环境也有一定程度的污染，因此需要进行脱硝处理。与脱硫类似，可通过喷射粉末吸附、溶液反应、催化还原等方法进行脱硝处理。吸附粉末可选择对 NH_3 具有良好吸附性的活性炭。NO_x 与 SO_2 类似，都是酸性气体，可选择强碱性溶液除去 NO_x。NO_x 中氮元素化合价较高，可通过还原剂选择性还原 NO_x 除去氮氧化物。NO_x 与 SO_2 带来了大气污染和水体污染，给民众身体健康带来了严重威胁，也制约了我国的经济发展。因此，燃煤发电厂必须应用最先进科技成果、优化治理方案、完善脱硫脱硝技术，实现经济发展与环境保护的双赢局面。

(4) 燃煤清洁燃料和化学品技术

根据国家能源局统计数据，我国在 2022 年煤炭占能源消费总量的 56.2%，我国以煤为主的能源结构在未来相当长的时期内不会改变。我国煤炭资源分类中，褐煤、低变质烟煤、中变质烟煤和无烟煤的比例分别为 12.7%、42.5%、27.6% 和 17.2%，一半以上为低阶煤。目前，燃煤直接燃烧火力发电或直接供暖，利用效率低、污染物和碳排放量大，需要提高煤炭利用效率和减少环境污染。这也是保障能源安全、促进经济发展、缓解环境压力的现实选择和必然要求。煤燃烧是煤炭利用的主要方式，提高燃烧效率，降低 NO_x、SO_2 和 CO 等废弃物是燃烧过程中的重要方向之一。根据煤的组成和结构特征，优化煤炭利用方式，以煤炭的清洁、高效、梯级利用为目标，同时考虑"双碳"战略背景下碳排放要求，通过煤的直接利用（燃烧、炼焦、气化、液化等）和间接利用（先转换成合成气，再合成其他产品），形成了"热解——油气提质——半焦燃烧——发电""热解——气化——合成"和"热解——气化——费-托合成——油品共处理"三条技术路线。经过系统性优化和集成，实现了煤的梯级利用，能效提高了 5%～8%，CO_2 捕集成本降低 30%～40%，形成了能效高、污染低、排放低和高值化的低阶燃煤综合利用技术体系。

（5）共伴生稀缺资源回收利用技术

矿产资源是经济发展重要的物质基础。煤作为我国主体的能源，煤系中共伴生有能源、金属、非金属和水气矿产四大类矿产资源。能源主要包含煤、油、天然气，金属矿产包括锂、锗、镓、铌、钽、铀等，非金属矿产包括高岭土、耐火黏土、硅藻土、膨润土、石墨和叶蜡石等。水气矿产包括地下热水和 CO_2 等。

煤系伴生矿如下。①煤层气。我国煤层气储量位居世界第三，深埋 2000m 以内的煤层气储量估计约 36.8 万亿立方米，华北与西北地区煤层气储量占总煤层气资源的 56.3% 和 28.1%，全国大于 5000 亿立方米的含煤层气盆地（群）共有 14 个。②页岩气。截至 2022 年底，我国页岩气储量达 5605.59 立方米，位居世界第一。③页岩油。油页岩与煤层互层或发育在煤层之上，且成油能力超过煤。我国页岩油储量现已探明累计达 329.8 亿吨，位居世界第四。④致密气。致密气累计可采集资源在 6.4 千亿立方米到 8.7 千亿立方米，占全国陆上资源的 78%。煤层气尽管已开展了 20 年的科技攻关和工业化实验，但绝大多数煤层气具有"高储低渗"的特点，制约了我国煤层气的开采和应用。我国页岩气分布区域广，埋藏深，开发难度较大，开发成本较高。我国页岩油产量一直位居世界第一，目前已有十余家页岩油干馏厂投入运行，年产量约 35 万吨。致密气的开采，我国于 2012 年已突破 300 亿立方米，占我国天然气总产量的三分之一。

地壳中统计的元素共 88 种，其中 86 种已经从煤样或煤的解吸气体中检测出。其中，煤中镓的含量在 5～10μg/g；锂成矿现象不明显、面积小、分布广；锗在我国煤中分布浓度为 5～20μg/g；我国褐煤、无烟煤于早古生代煤中，均含有工业品位的富铀煤层。目前，煤中锗、镓、锂矿的利用主要处于研发阶段。煤炭伴生金属矿的开发、利用取决于主、伴之间的关系及重要程度。

煤系非金属矿产。①高岭土。我国煤系高岭土探明储量 16.7 亿吨，位居世界首位，占我国高岭土总储量的 50% 以上。高岭土是目前煤系非金属矿最主要的开采矿种，山西大同塔山煤矿和安徽淮北田烁里硅藻土存量分别为 5 万吨和 50 万吨。②耐火黏土。其包括耐火度大于 1580℃ 的黏土和铝土矿，耐火黏土的时空分布与铝土矿的时空分布一致，基本产于煤系地层。我国耐火黏土装备水平、选矿技术和煅烧技术等均远落后于国外。③膨润土。我国煤系膨润土探明储量为 8.9 亿吨，且以钠基膨润土为主，品位较高。在煤矿领域，膨润土主要用于型煤的黏结剂。④硅藻土。我国煤系硅藻土以与褐煤共生为主，规模较大，我国探明储量为 1.9 亿吨，占总储量的 71%，主要用于啤酒、饮料、医药、化工行业的助滤剂。⑤石墨。我国石墨储量位居世界首位，储量占世界总储量的 77.5%，矿体分布集中、品位高、易开发。我国共查明煤系石墨矿 31 个，占石墨矿数量的 20%，其产量占石墨总产量的 50%。

4.3.3.6 洁净煤实施路径

煤炭是我国主要的一次能源，是我国能源安全和经济发展的基础，所以在煤炭使用过程中推进洁净煤技术，即在煤炭开发利用全过程中，旨在减少污染排放、提高煤炭利用率的煤炭加工、煤炭燃烧、污染控制的新技术。通过洁净煤技术，可以使煤炭燃烧效率大幅提高（8%～10%）、CO_2 排放大幅减少（约 40%）。洁净煤实施途径有 3 种。①重介质选煤法：选择密度介于精煤和洗渣的溶液作为介质选煤介质，将中煤、矸石与精煤分开。因此，重介质选煤法具有精度准确和效率高的优点。②流化床燃烧脱硫技术。其反应过程加入石灰石，使煤燃烧生成的二氧化硫可与同时石灰石热分解产生的氧化钙反应，从而达到脱硫目的。③活性炭联合脱硫脱硝技术。活性炭对烟气中 SO_2（二氧化硫）具有吸附作用，烟气中的 NO_x（氮氧化物）选择性还原需要喷氨，氨对酸性气体 SO_2 同样有脱除作用。往燃烧炉中选择性加入脱硫剂，脱硫剂燃烧分解与硫氧化物（SO_x）反应得到固态氧化物，完成脱硫。

4.3.4 洁净油

4.3.4.1 洁净油发展背景

据中国能源大数据报告（2023）估算，2022 年能源消费总量比上年增长 2.9%。非化石能源消费占能源消费总量比重较上年提高 0.7 个百分点（17.4%），煤炭比重提高 0.3 个百分点（56.2%），石油比重下降 0.7 个百分点（17.9%），天然气比重下降 0.3 个百分点（8.5%）。可以看出，我国石油炼制工业一直都是国民经济发展的主力，石油炼制不仅可以提炼出许多石油产品，也能为石油化工企业和人类生产生活供给基本的原料。然而，在人类享用石油炼制给人们生产生活带来便利的同时，也不得不面对石油炼制过程产生的污染。炼制过程对大气、土壤、水体等带来严重污染，随着生态环境保护和可持续发展战略的提出，石油清洁炼制技术逐渐受到人们的广泛关注。洁净生产，指的是运用高科技产品和新工艺以提高资源利用率、减少污染的排放，避免对大气、水体和土壤的污染。

4.3.4.2 石油炼制过程中的重大污染源

石油炼制是根据烃类产品沸点差异性进行蒸馏分离产品，石油炼制过程中的污染源主要分为三类。①加热炉、催化再生气、锅炉燃烧过程、沥青氧化尾气、焦化放空或炼制过程中的废气硫氧化物 SO_x、氮氧化物 NO_x、CO_2、硫化氢、氨气、粉尘，这些污染气体不经过处理直接排放，会对大气造成严重的污染。②对水质造成污染的液体，炼油厂废水一般有含油污水、含硫污水、硫化钠、氢氧化钠等含碱污水、生活污水等，污染物主要是油。含硫原油裂化、裂解、焦化、加氢过程中，会产生含大量硫化物、氨氮、挥发酚等污染物的污水，这些污水不经过处理直接排放会对河流、水体造成严重的污染。③工业垃圾、石油废渣、废催化剂、废酸渣、废碱渣等，一旦排放会对土壤造成严重污染。

4.3.4.3 清洁油的发展

炼油工业清洁生产是指节约材料、节约能源、减少废物含量和毒性的生产过程。1979 年，欧共体理事会开始推行清洁生产。1989 年，联合国环境署工业与环境规划活动中心

（UNEP IE/PAC）制定《清洁生产计划》并推行清洁生产。1992 年，联合国环境和发展大会通过《21 世纪议程》，号召提高能效，发展清洁技术。1994 年，我国将清洁生产列为"中国 21 世纪议程"的重点项目，列入《环境和发展十大对策》，我国从此进入清洁生产的时代。1997 年，中国石化行业内开展了清洁生产的审计。2002 年，炼油厂开始实施清洁生产方案。2002 年，《中华人民共和国清洁生产促进法》颁布，我国开始依法推行清洁生产。2003 年，为了为清洁生产提供技术导向和指导，国家颁布一系列石油炼制业的清洁生产标准。

4.3.4.4　清洁油的生产技术

从国内外汽油标准对比和我国洁净燃料发展趋势来看，在"双碳"背景和生态环境保护的背景下，控制车辆排放和提供清洁车用燃料是汽车工业和炼油工业面临的严峻形势。清洁燃料的生产主要是寻找清洁燃料代替传统燃料，同时对车用汽油的深度脱硫、脱芳烃、脱烯烃以及柴油的超深度脱硫、降低芳烃含量以及提高十六烷值。

（1）汽柴油所含物质及脱除情况

汽油和柴油中都含有一定量含硫化合物，除硫化氢、硫醇和硫化物之外，汽油中还含有一定量的单环噻吩，而柴油除含硫化氢、硫醇、硫化物、噻吩外，还含有一定量苯并噻吩、二苯并噻吩。对于不同含硫化合物，脱除难度不同。硫、硫化氢、硫醇、二硫化物、多硫化物等活性硫脱除相对容易；硫醚、噻吩、苯并噻吩脱除较难；4,6-二烷基二苯并噻吩脱除非常困难。

（2）汽油脱硫技术

我国成品汽油主要是催化裂化汽油，催化加氢容易实现脱硫，但辛烷值也会随之下降。因此，汽油加氢脱硫过程在加氢脱硫和饱和烯烃的同时，需要保证辛烷值损失在可接受范围内。汽油加氢脱硫主要针对汽油的中、重馏分，我国石油化工科学研究院（RIPP）开发的催化裂化汽油选择性加氢脱硫 RSDS 技术和抚顺石油化工研究院（FRIPP）开发的催化汽油选择性加氢脱硫（OCT-M）正进行工业实验。在借鉴国外已实现工业化的埃克森美孚公司（Exxon-Mobil 公司）的 Scnfining、法国石油研究院（IFP）的 Prim-G 技术基础上，我国可根据产品质量要求，进一步优化。当炼厂具有充足的无硫、无烯烃高辛烷值汽油调和组分、单纯采用降硫助剂不能达标的情况下，选用该技术可以发挥其反应温度较低、液收高、空速高、氢耗低因而设备投资和加工费用相对较低的优势。我国石油化工科学研究院开发的催化裂化汽油加氢脱硫异构降烯烃技术（RIDOS）非选择性加氢脱硫中试结果表明，总的汽油含硫量为 $100\mu g/g$，烯烃体积含量 20% 左右，抗爆指数损失低于 1 个单位，目前已经实现工业化应用。但此技术与选择性汽油加氢技术相比，反应温度较高，裂化较剧烈，造成汽油收率低于选择性加氢，产物还有低硫烯烃汽油、C_3 和 C_4 烷烃，因此，造成操作费用和生产成本高于选择性加氢脱硫。

（3）催化汽油的间接脱硫技术

催化汽油间接脱硫主要是对催化裂化（FCC）原料进行加氢处理。经加氢处理后，减压馏分油（VGO）原料硫含量降至 $0.15\% \sim 0.25\%$ 时，FCC 汽油硫含量可降至 $50 \sim 150\mu g/g$。因此，催化汽油间接脱硫是大幅降低汽油硫含量的有效手段，还可以提高轻质油收率、降低汽油烯烃含量、减少生焦和再生烟气的硫含量。目前国内外 FCC 原料加氢技术发展很快，但由于经济性问题未普遍采用。催化汽油的硫含量降到 $100\mu g/g$ 左右时，采用催化汽油直接加氢的投资为原料加氢间接处理工艺的 20%。只有在催化原料的硫含量低于 0.5%，同时采用硫转移助剂，才能使再生烟气中硫氧化物和颗粒排放满足大气污染物综合排放标准（GB 16297—1996）。

（4）催化汽油的非加氢处理技术

①采用降硫添加剂脱除汽油硫化物的降硫幅度较小，只能作为降硫的辅助措施。国内研发的脱硫助剂（LGSA 助剂、MS-011、LDS-S1 助剂、TS-01 助剂、NS-58 助剂、SRS-1 助剂）已经实现工业化应用，脱硫率可达 15%～20%。②采用可再生的选择性吸附剂吸附脱硫，脱硫率可达 90%，该技术已通过中试。③利用细菌的新陈代谢脱除石油中的硫化物，此方法可在常温常压下进行脱硫，该技术尚在研究阶段。

（5）柴油脱硫、脱芳技术

针对大部分直馏柴油，可以通过调整柴油馏程、切除重馏分、低压加氢方式降低硫含量。对于劣质柴油，可通过两段加氢、高压加氢、芳烃饱和、加氢裂化等方式降硫、降芳、提高十六烷值。对稠环芳烃含量较高的裂化柴油，需要采用两段加氢加工成高十六烷值低硫低芳柴油。第一段加氢采用 Mo-Ni 基催化剂，降低硫含量；第二段加氢采用对硫敏感且具有高芳烃饱和活性的贵金属催化剂，以降低芳烃含量。

采用加氢裂化工艺生产清洁柴油：加氢裂化能从 VGO 生产低硫低氮低芳中间馏分油、石脑油和优质未转化油，也是唯一能直接生产高品质柴油的工艺。该技术可根据市场需求在较大范围内调整产品结构，多产喷气燃料、清洁柴油、高黏度润滑油，因此此技术是石油加工的核心技术。高压加氢裂化压力在 10～15MPa，反应温度为 320～440℃，对处理重质、劣质原料，在高转化率下生产高质量油品会具有很大的优势，该产品是炼厂低值燃料的优良调和部分，在降低商品柴油芳烃含量和提高十六烷值方面意义重大。目前，工业已应用的有单段、单段串联、两段高压加氢工艺。为了拓展加氢产品的应用范围和促进油化联合，我国采用单段串联工艺，未转化油作为催化裂化原料和蒸汽裂解生产乙烯的原料。未处理高硫高氮原料，采用单段加氢工艺结合中油型催化剂。此方法产品分布稳定、流程简单、易于操作，逐渐成为发展趋势。

柴油非加氢脱硫技术：能生产超低硫柴油，节约投资、降低成本，具有良好的应用前景。①催化选择性氧化脱硫是将噻吩类硫化物氧化成砜和亚砜衍生物，再根据极性差异用溶剂抽提除硫砜和亚砜。氧化剂可再生循环使用。该技术投资少、费用低、耗能少、污染少，能生产低硫产品，适合中、小炼厂脱硫。美国 Petro Star 公司采用过氧乙酸非选择性氧化脱硫。采用超声波强化氧化脱硫，脱硫效果更佳。②日本能源公司在 60℃下，采用 H_2O_2 做氧化剂，乙酸、三氟乙酸等羧酸做助剂，再用 NaOH 溶液洗涤，用吸附能力较强的硅胶或铝胶吸附氧化后的硫化物，此方法可使硫含量降低至 $1\mu g/g$。③采用特殊菌种作为生物催化剂，脱硫速率比加氢脱硫快 20 倍。生物脱硫投资少、费用低，具有较好的应用前景。

（6）降低催化汽油烯烃含量的技术

我国催化汽油烯烃含量偏高，降低催化汽油的烯烃含量是提升我国汽油质量的重要任务。①优化催化裂化装置是提高催化剂活性、降低催化裂化温度、降低裂化汽油烯烃含量的一种策略。②采用烯烃催化剂或助剂，是降低催化汽油烯烃含量的另外一种重要策略。降烯烃催化剂已发展多代：第一代为 GOR 系列降烯烃催化剂；第二代催化剂有 COR-LY、OBIT-3600B、COR-Ⅱ、LAP、LBO-12、DOCO 等。在催化裂化装置使用催化剂是降烯烃简单易行的方法。③采用多产液化气及柴油催化裂化技术（MGD 技术）、多产异构烷烃工艺（MIP 工艺）和降低催化裂化汽油烯烃技术（FDFCC 技术）降低催化汽油烯烃含量。

MGD 技术是将提升管反应器从底部到顶部依次设计为汽油反应、重质油反应、轻质油反应和总深度控制 4 个反应区。将催化裂化、渣油催化裂化、组分选择性裂化和汽油裂化多项技术结合起来，从而对催化裂化反应进行精细控制。该技术能调整产品结构、提高汽油产量。MIP 工艺是将提升管反应器分为两个反应区，第一个反应区采用高温、高剂油比，在较短时间内将重质原料变为烯烃组分；第二个反应区具有一定高度的扩散区，该区有利于异构烷烃和芳烃生成，以弥补辛烷值的降低。MIP 工艺已实现工业化应用。FDFCC 技术是采用双提升管催化裂化反应流程对劣质重油、焦化蜡油、高烯烃含量粗汽油和低辛烷值汽油组分进行改质的新工艺。该工业可操作性强，为汽油理想的二次反应提供了充分的改质空间。

(7) 优质高辛烷值汽油的生产技术

无硫无芳烃优质高辛烷值汽油可以提高燃料的抗爆性，还能减少硫化物、烯烃、芳烃衍生物在裂解汽油中的含量，烯烃改质和轻石脑油异构化使汽油组分更加合理。醚化技术是目前常用轻烯烃改质技术，国内外已经实现工业化。通过催化异丁烯、异戊烯、$C_5 \sim C_7$ 烯烃与甲醇醚化提高辛烷值和改善汽油组分。对于醚化技术用于提高汽油的清洁性能仍存在一定争议，但由于我国催化汽油烯烃含量普遍较高（约 $40\% \sim 60\%$），因此只要甲醇的价格合适，醚化技术在我国仍有广阔的应用前景。

烷基化技术可生产无硫无芳烃优质高辛烷值烷基化油。受环境保护因素影响，传统液体酸烷基化工艺逐步被固体酸烷基化工艺取代。固体酸烷基化对烷基化设备无腐蚀、易维护且投入少，需要缓冲设备，冷却费用低。发展固体酸直接烷基化技术的关键在于三个方面：①超强酸的筛选；②热力学平衡和反应条件优化；③催化剂堵塞而造成的活性降低。国外完成中试的固体酸催化剂有 BF_3/Al_2O_3、SbF_5/SiO_2、$CF_3\text{-}HSO_3/SiO_2$、$Pt\text{-}KCl\text{-}AlCl_3/Al_2O_3$ 等。烷基化反应器系统有循环反应器和再生器、固定床反应器、浆态床反应器和移动床反应器。间接烷基化技术分为连续的烯烃齐聚和加氢饱和。间接烷基化生产油品效果与固体酸直接烷基化效果相同。实际应用时将甲基叔丁基醚装置改造成间接烷基化装置，与直接烷基化装置联合生产烷基化油能多加工原料，提高丁烯的利用率。另外，将轻石脑油异构化可直接将直馏汽油或汽油的辛烷值提高 $10 \sim 20$ 个单位，生产优质高辛烷值清洁汽油，因此轻石脑油异构化有望得到快速发展。

4.3.5 "双碳"背景下天然气产业发展

2022 年，天然气产量 2201.1 亿 m^3，同比增长 6.0%，占能源生产的 6.0%。而在 2022 年，中国消费 45444 万吨标准煤的天然气，占消费总量的 8.5%。在"双碳"战略背景下，在扩大能源供给和可再生化的同时，要求减少碳排放率较高的煤（$275g/kW \cdot h$）、石油（$204g/kW \cdot h$）能源的使用，增加清洁化石能源的使用。天然气（$181g/kW \cdot h$）的碳排放率低于煤和石油，采用天然气逐步代替煤炭，提升天然气在电力行业、工业等行业中的使用占比，直到逐步被非碳新能源取代。

2020 年，中国天然气消费 $3240 \times 10^8 m^3$，占一次能源消费总量的 8.7%。天然气消费比例仍远低于美国（32.2%）、日本（20.8%）和德国（24.2%）的天然气消费占比。在"双碳"战略背景下，碳排放在 2030 年左右达到峰值，随后下降。国际能源署等权威机构预测中国的天然气消费量将在 2030 年至 2040 年间达到峰值，预计为 $5110 \times 10^8 \sim 7500 \times 10^8 m^3$。中国石油及中国石油大学（北京）相关的研究报告估计中国天然气消费量将继续增长。据中国石油《2050 年世界和中国能源展望》，氢能和天然气的消费量预计在 2050 年分别达到 $5900 \times 10^8 m^3$ 和 $5500 \times 10^8 m^3$。总的来说，"双碳"战略目标导向下高碳排放率化石能源的消费比例下降、传统化石能源清洁净化、非碳新能源消费比例增加是中国能源发展的必然趋势。能源结构在由高碳排放率能源向低碳排放率能源和可再生能源转型过程中，天然气作为较为清洁的化石能源，较碳排放率高的石油和煤有着相对乐观的发展前景。在"碳达峰""碳中和"实现过程中，天然气作为可再生能源、无碳能源的有力支持，保障着能源稳定供给。

4.3.5.1 天然气

天然气有狭义和广义之分，广义天然气是指自然界蕴含在地下岩层中的一类可燃性气体，包含油田气、气田气、煤层气、生物生成气等。而人们常用的天然气指油田气和气田气，以烃类为主，并含有非烃气体。天然气、煤和石油都属于不可再生化石能源。煤、石油、天然气的碳排放率分别为 $275g/kW \cdot h$、$204g/kW \cdot h$ 和 $181g/kW \cdot h$，因此，与煤和石油相比，天然气是相对低碳排放的化石能源。天然气燃烧后无废水、废渣产生，燃烧后能减少近 100% 的 SO_2 排放和粉尘排放、近 60% 的 CO_2 排放和 50% 的氮氧化物 NO_x 排放，因此有助于减少酸雨的产生和缓解碳排放压力。

天然气可用于发电，用作燃料和化工原料，在各行各业中应用广泛：天然气可用于燃气轮机燃烧发电；用于民用和商用燃气、热水器、供暖、造纸、冶金、陶瓷、水泥等行业；用作汽车燃料；天然气作为化工原料，生产炭黑、化学药品；由甲烷生产丙烷和丁烷等重要化工原料。

4.3.5.2 可燃冰

可燃冰是天然气和水在低温（$0 \sim 10℃$）、高压（3MPa）条件下形成的似冰结晶物质。可燃冰是似冰、非计量比结晶化合物，可用 $mCH_4 \cdot nH_2O$ 表示，其中 m 代表水合物中气体分子数，n 代表水合指数（水分子个数）。可燃冰晶胞内有两个十二面体、六个十四面体，由极性较大的碳原子与水分子经氢键形成笼结构。可燃冰中可燃气体以甲烷分子为主，C_2H_6、C_3H_8、C_4H_{10} 等同系物以及 CO_2、N_2、H_2S 等也可形成各种水合物。由于可燃冰超过 $20℃$ 便会分解，可燃冰主要分布于深海（温度一般在 $2 \sim 4℃$）或永久冻土中、岛屿的斜坡地带、活动和被动大陆边缘的隆起处、极地大陆架以及一些内陆湖的深水环境中。

$1m^3$ 的可燃冰可产生 $164m^3$ 的天然气和 $0.8m^3$ 的水。可燃冰燃烧仅产生少量 CO_2 和水，污染比煤、石油和天然气小得多。可燃冰中甲烷占比 $80\% \sim 99.9\%$，因此，可燃冰有较高的可燃性。与等热值的煤炭相比，$1000m^3$ 的 CO_2、SO_2 排放量分别为 4.33t 和 0.043t，且不含铅尘、硫化物和细颗粒物。

我国可燃冰储量约为 $102 \times 10^{12} m^3$，南海海域、东海海域、青藏高原冻土带以及东北冻土带估计储量分别为 $64.97 \times 10^{12} m^3$、$3.38 \times 10^{12} m^3$、$12.5 \times 10^{12} m^3$ 和 $2.8 \times 10^{12} m^3$。神狐海域和祁连山冻土带也有一定储量。2017 年 3 月 28 日，我国在南海北部神狐海域首次试开采成功，2020 年 2 月 17 日，中国第二轮试开采成功。

4.3.5.3 页岩气

页岩气是指附存于以富有机质页岩为主的储集岩系中的非常规天然气，可以以游离态存在于天然裂缝和孔隙中，或以吸附态存在于干酪根、黏土颗粒表面，或以溶解态储存于干酪根和沥青质中（游离气比例一般在 5%～20%）。页岩气以甲烷为主，是一种清洁、高效的能源和化工原料，主要用于火力发电、供热、汽车燃料或化工原料。页岩气开采过程无须排水、勘探开发成功率高，具有较高的经济价值。煤层气燃烧后很洁净，只产生 CO_2 和 H_2O。

据估计，我国已探明页岩气储量约 5605.59 万亿 m^3，位居全球第一，然而，中国的页岩气产量在 2010 年还是 $0m^3$，这说明中国的页岩气产业发展迅速，中国走出了中国特色页岩气发展之路。我国自 20 世纪 80 年代开始页岩气勘测，自 2005 年开始页岩气开发，并经历了四个发展阶段：①2005～2009 年，主要任务是地质研究、钻井评价、井和油气藏选择、勘探准备；②2009～2014 年，主要任务为开发先导实验阶段；③2014～2016 年，页岩气高产区建设；④2017 年至今，主要任务是页岩气的商业化和产业化。

中国海相页岩气的形成和富集极为复杂，导致中国无法照搬北美页岩气开发的模式。中国面临主要问题在于如何获得富有机质页岩的分布、高丰度气藏类型与特征、含气量评价等。在页岩气高科技被美国垄断的今天，技术突破仍然是关键问题，能为天然气的稳定供应提供希望。

4.3.5.4 "双碳"背景下天然气与新能源的融合发展

"双碳"战略已成为中国能源发展、能源结构调整的核心战略。在"双碳"背景下，中国能源系统正向多元化、洁净化、低碳化方向发展。在实现"双碳"战略"碳达峰""碳中和"目标过程中，减少高碳排放率的石油和煤使用比例、传统化石能源低碳化、增加太阳能等非碳新能源使用比例这一状况将会持续一段时间。2022 年，我国非化石能源发电量为 $31443×10^8 kW·h$，占总发电量的 36.2%。由于天然气碳排放量低于煤和石油，所以"双碳"背景下，"更高效、更低碳、更灵活"的天然气是我国实现"双碳"战略的重要抓手，肩负着"碳减排"和"保供应"的重要任务。

(1) 纵向融合

天然气与新能源融合发展可从纵向（沿天然气产业链）和横向（与不同新能源品种）两个维度出发。天然气和新能源纵向维度的发展，指的是天然气和新能源的协同布局，技术协同创新、体制机制创新、法律标准协同改革，推动天然气在上游生产、中游输配、下游利用等环节与新能源因地制宜的融合，促进能源供给更高质量。

在上游领域，实现天然气与新能源的协同发展，提高资源的利用率，利用新能源发电可有效降低油气田用能，提高低碳化水平。海上风力发电和海上油气开发具有极强的协同作用，海上油气田开采地质资料、环境数据、施工资源可以用于海上风力发电建设。海上开采的天然气发电可为海上风力发电提供调峰服务，提高海上风力发电的消纳。在中游天然气输配领域，天然气可以掺氢输送实现与氢能的融合。天然气输送管道上游压力高于下游压力，可以基于压力差进行发电，降低用能成本。液化天然气气化过程中会吸收大量的热，可以对这一部分能量加以利用，提高经济效益。在下游天然气利用领域，天然气发电可作为新能源发电的调峰电源。在天然气中掺氢可提高发电效率。利用新能源发电制造压缩空气提高燃气发电效率。天然气可以参与制氢。天然气可以与地热联合供暖。

(2) 横向融合

天然气与新能源的横向维度融合指的是天然气与多种新能源产品互补，拓展新能源潜在应用市场。

（3）天然气与风力发电和光伏发电融合

国务院《2030 年前碳达峰行动方案》及国家发展和改革委员会、国家能源局《"十四五"现代能源体系规划》相关文件也提到，要因地制宜建设既满足电力运行调峰需要，又对天然气消费季节差具有调节作用的天然气"双调峰"电站，推动天然气及气电与可再生能源融合发展、联合运行。2022 年非化石能源占一次能源比例为 17.4%。据估计，至 2030 年和 2060 年，新能源占一次能源比例可达到 26% 和 80%。随着新能源的比例快速增加，电力调峰需求也快速增加。天然气发电发展迅速，预计到 2030 年天然气发电用气量可到达 $900 \times 10^8 \mathrm{m}^3$。

（4）天然气与氢能融合

氢能产业可分为上游制氢、中游储运和下游利用环节。上游领域的融合主要是天然气制氢方面。天然气制氢主要包括天然气水蒸气重整反应：（$CH_4 + H_2O \Longrightarrow 3H_2 + CO$；$CO + H_2O \Longrightarrow H_2 + CO_2$）；天然气部分氧化制氢（$2CH_4 + O_2 \Longrightarrow 4H_2 + 2CO$）和天然气自热重整制氢（$CH_4 + O_2 \Longrightarrow CO_2 + 2H_2$；$CH_4 + H_2O \Longrightarrow CO + 3H_2$；$CO + H_2O \Longrightarrow CO_2 + H_2$；$CH_4 + 2H_2O \Longrightarrow CO_2 + 4H_2$；$CH_4 + CO_2 \Longrightarrow 2CO + 2H_2$；$2CO \Longrightarrow C(s) + CO_2$）。

中游储运领域中天然气与氢气的融合主要是掺氢输送。相较于纯氢运输，掺氢运输投资少，经济效益较好，且可以利用天然气已有的客户终端。天然气与氢能的融合主要是氢、氢与甲烷混合器的燃气轮机。在氢气未广泛应用之前，可以采用"以气养氢"方式过渡。

（5）天然气与地热资源融合

天然气与地热能融合主要是联合供暖，地热水通过换热器对地面进行供热。地热能具有不稳定的特点，通过与天然气的联合供暖，实现能源的合理配置和提高能源利用效率。2021 年国家能源局等八部委颁布《关于促进地热能开发利用的若干意见》（以下简称《意见》），《意见》提出，中国地热供暖面积在 2025 年和 2035 年为 $21 \times 10^8 \mathrm{m}^3$ 和 $42 \times 10^8 \mathrm{m}^3$，若采用天然气供暖，$1\mathrm{m}^3$ 的供热面积 3 个月需要天然气约 $10\mathrm{m}^3$。据研究，天然气和地热联合供暖，地热占比 40%，天然气供暖占比 60% 时，供暖效果最佳，这样可以节省大量热天然气资源。

4.3.6　新型低碳能源

考虑到燃料或能源的开采、运输、制造、建设、运行、维护和污染物后处理等环节中碳排放，传统化石能源［煤（$275\mathrm{g/kW \cdot h}$）、石油（$204\mathrm{g/kW \cdot h}$）、天然气（$181\mathrm{g/kW \cdot h}$）］煤炭排放率较高。相比之下，太阳能热发电（$92\mathrm{g/kW \cdot h}$）、光伏发电（$55\mathrm{g/kW \cdot h}$）、波浪发电（$41\mathrm{g/kW \cdot h}$）、海水温差（$36\mathrm{g/kW \cdot h}$）、潮汐发电（$35\mathrm{g/kW \cdot h}$）、风力发电（$20\mathrm{g/kW \cdot h}$）、地热发电（$11\mathrm{g/kW \cdot h}$）、核能发电碳排放率（$6\mathrm{g/kW \cdot h}$）明显低于化石能源的碳排放率。按现有的划分标准，它们属于低碳能源。

4.3.6.1　光伏发电

人类赖以生存能源几乎都来自太阳能（太阳能占比 99.98%），太阳能作为一种可持续使用洁净能源，有着良好的应用前景。据国际能源署 IEA 估计，2040 年和 2050 年光伏发电预计占总发电量的 8% 和 11%。在全球 4% 的沙漠上安装光伏发电装置，就可以满足全球能源需求。

(1) 光伏发电的原理

光伏发电的主要原理是基于半导体的光电效应。光子照射到半导体材料表面时，光子的能量可以被半导体材料中导带电子吸收，当电子吸收光子能量克服半导体材料内部的库仑力做功，离开半导体表面逃逸出来后，成为光电子。以硅基半导体材料为例，硅原子核外电子层排布有4个外层电子，硅材料生产过程中掺入富电子杂原子（如磷原子）得到n型半导体，掺入负电子杂原子（如硼原子）得到p型半导体。当p型和n型半导体接触在一起时，接触面就会形成电势差。当太阳光照射到p-n结后，连接外接导线时电子便从p型半导体流向n型半导体，形成电流。

如图4-4所示，p型半导体中空穴浓度高于n型半导体，而n型半导体电子浓度高于p型半导体。当n型、p型半导体相互接触时，在载流子浓度差驱动下，空穴从p型半导体向n型半导体扩散，扩散到n型半导体后与电子复合；电子由n型半导体向p型半导体扩散，扩散到p型半导体与空穴复合。在n型、p型半导体界面附近，n型半导体电子浓度逐渐降低，在界面附近产生一个净的带正电荷的电离杂质区域。与之类似，p型半导体附近产生净的带负电荷的电离杂质区域。p型、n型半导体接触区附近区域称为空间电荷区或耗尽区。由于净的带正电荷的电离杂质区域和带负电荷的电离杂质区域的存在，在空间电荷区形成一个n型半导体指向p型半导体的电场，称为内建电场。在电场的存在下，电子和空穴将沿着电场方向往相反的方向移动。随着电子和空穴往相反的方向移动，电场会随之增大，直至由浓度差引起的扩散和由电场引起的漂移达到平衡，从而最终在p-n结形成一个高度为$q\Delta V$的势垒。当p型半导体和n型半导体足够厚，会存在两个没有空间电荷的准中性区。p-n结形成是光伏发电的核心。

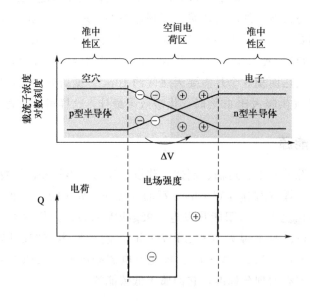

图4-4　P-N结形成原理示意图以及P-N结中电荷分布图

在阳光照射下，半导体价带中的电子接收足够高的能量跃迁到导带，电子跃迁后在价带中留下空穴，跃迁到导带中形成自由电子（自由电子和空穴即光生载流子）。在内建电场的驱动下，n型半导体区光生空穴流经p-n结聚集在p型半导体，增加p型半导体电势；相反地，p型半导体区光生电子流经p-n结并集聚n型半导体，这会降低n型半导体电势。p-n

结在光照下产生的电动势称为光生电动势，这就是光生伏特效应。与外电路相连时，电子会源源不断地从 p 端经导线和负载流回 n 端，从而构成闭合的电流回路。

(2) 光伏发电的组件技术

① 晶硅光伏电池。目前，我国光伏行业从材料到设备已形成成熟完整的产业链，相关技术已达到全球领先水平。2022 年，中华人民共和国国家能源局等部门颁布《"十四五"可再生能源发展规划》，指出我国多晶硅、硅片、电池片和组件产品世界光伏供应链市场占比为 76%、96%、83% 和 76%。目前，已开发 PERC 型、TOPCon 型、HJT 型、IBC 型硅电池等多种产品用于光伏发电。其中，PERC 型晶体硅电池是当前技术最为成熟、应用最广的光伏电池。目前，p 型 PERC 型晶体硅电池的光电效率已达到 22.8%，进一步提高其光电效率、降低能耗和成本、开发双面 PERC 技术是其未来发展方向。TOPCon 型硅电池和 HJT 型硅电池发电效率分别为 23.5% 和 23.8%，且具有更低的衰减率。但 n 型电池技术规模小、市场份额小、成本高，尚处于大规模生产验证阶段。预计随着量产技术的突破，原料和设备的国产化，会进一步提升光电效率、降低成本，使得 n 型半导体将在未来光伏发电领域应用前景广阔。

② 薄膜光伏电池。薄膜光伏电池具有生产耗能低、轻量化、可柔性等优点，在柔性设备、可穿戴设备上应用前景广阔。薄膜光伏电池半导体材料主要有砷化镓（GaAs）、碲化镉（CdTe）、铜铟镓硒（CIGS）。虽然 GaAs 具有较高的光电转化效率，但其受到 Ga 的稀缺性和 As 有毒性、成本高、工艺复杂等因素的制约，尚未实现量产。CIGS 光伏电池性能稳定、弱光性能好、不衰减，光电效率高（23.4%）。CdTe 是薄膜光伏电池中量产最多的材料，量产光电转化效率为 15.1%，但受 Cd 的毒性以及 Te 的稀有性限制。在"双碳"战略和生态环境保护背景下，开发绿色环保材料和回收利用技术是降低成本、减少环境污染、实现量产和规模化应用的根本途径。

③ 钙钛矿光伏电池。钙钛矿是一类复合金属化合物，具有高载流子迁移率、较长的载流子扩散距离、吸收系数大、原料丰富、合成简单等优点，是最具潜力的光伏材料之一。钙钛矿光转化效率高达 25.6%，具有与商业化硅电池匹敌的光转化效率。然而，合成光电转化效率高、稳定性好和电池循环寿命长的大面积电池组件一直是一个挑战。

2022 年，国家发展与改革委员会、国家能源局发布《关于促进新时代新能源高质量发展的实施方案》，预测 2030 年风力发电、太阳能装机总容量达到 $12 \times 10^8 kW$。根据国家能源局统计数据，2021 年的光伏发电装机总容量为 $3.3 \times 10^8 kW$，预计 2030 年光伏发电装机总容量将是 2021 年的 2 倍。在"双碳"战略背景下，我国广泛产业发展将围绕"补短板、锻长板"，全面助力"双碳"战略的实现。对于光伏发电技术，有如下几个发展趋势。①高效率低成本光伏电池：生态红线和耕地红线的限制要求光伏项目的开发不能占用耕地。发展高效、低成本的光伏电池是未来光伏大规模发展的关键。②光伏发电并网关键技术。③光伏建筑一体化应用：重点开展建筑光伏一体化系统开发，实现高转化率和建筑的有效融合。④光伏组件生产制造设备：开展硅片量产生产工艺和设备研制，加快 n 型半导体材料量产。⑤光伏组件回收处理与再利用：在"双碳"战略和生态环境保护背景下，开发回收再利用技术降低产品生命周期中回收环节的污染和能耗，实现绿色处理。

4.3.6.2 生物质能

生物质是指直接或间接通过光合作用形成的各种有机体（所有动植物和微生物）。生物质贮存着直接或间接利用绿色植物光合作用转化而来的化学能。生物质蕴含化学能可转化为固态、液态和气态燃料，取之不尽用之不竭，是一种再生的碳源。中国产业发展促进会生物质能产业分会发布的《3060 零碳生物质能发展潜力蓝皮书》（简称《蓝皮书》）中预计：到2030 年和 2060 年生物质能利用将为全社会减碳超 9 亿吨和 20 亿吨。生物质能是可再生能源，可通过发电、供热、供气等方式用于工农业、交通、生活等多个领域。若结合生物质能源与碳捕集和封存技术（BECCS 技术），生物质能将可实现负碳排放。根据《蓝皮书》统计数据，我国生物质资源年产生量约为 34.94 亿吨，作为能源利用的开发潜力为 4.6 亿吨标准煤。截至 2020 年，我国秸秆年产生量约为 8.29 亿吨，可收集资源量约为 6.94 亿吨（收集率为 83.7%），其中，秸秆燃料化利用量 8821.5 万吨；我国畜禽粪便年产生量为 18.68亿吨，沼气利用粪便总量达到 2.11 亿吨，利用率为 11.3%；我国可利用的林业剩余物总量为 3.5 亿吨，能源化利用量为 960.4 万吨，利用率为 27.4%；生活垃圾年清运量为 3.1 亿吨，其中垃圾焚烧量为 1.43 亿吨；废弃油脂年产生量约为 1055.1 万吨，能源化利用约52.76 万吨，利用率为 5.0%；污水污泥年产生量干重 1447 万吨，能源化利用量约 114.69万吨，利用率为 7.9%。

（1）生物质助力碳减排

生物质发电。生物质是由 C、H、O、N、S 等元素组成的复合物，与过量的空气在锅炉中燃烧放出大量的热，与锅炉部件热交换通过高温高压蒸汽膨胀做功驱动蒸气轮机发电。生物质发电关键技术包括原料的预处理、燃烧锅炉的防腐和高效燃烧等。根据发电特点，生物质发电可分为直接燃烧发电、混合发电技术和气化发电技术。①直接燃烧发电：生物质经简单预处理或直接投入固定床炉排炉内或将生物质预先粉碎后在流化床炉内燃烧。流化床燃烧效率和强度均高于固定床。②混合发电技术：将生物质与煤炭混合燃烧进行发电（直接混合燃烧发电）；将生物质气化，转化成洁净可燃气体后再与煤炭燃烧发电（间接混合燃烧发电）；生物质与煤在独立的燃烧系统燃烧发电。③气化发电技术：将生物质通过化学的方法转化成可燃气体、净化，通入内燃气或小型燃气轮机燃烧发电。生物质气化过程中除产生大量的可燃性气体，还会产生大量灰分、焦油和焦炭，需要净化除杂，保证发电设备正常运行。

据国家能源局数据，2022 年中国生物质发电累计装机容量达到 0.41 亿千瓦，新增装机容量为 334 万千瓦。发电量方面，2022 年中国生物质发电量达到 1824 亿千瓦时。尽管生物质发电成本远高于风电、光伏等其他可再生能源发电成本，但是其发电输出稳定，能够参与电力调峰。据《3060 零碳生物质能发展潜力蓝皮书》预测，到 2030 年和 2060 年我国生物质发电总装机容量达到 5200 万千瓦和 10000 万千瓦，提供 3300 亿千瓦时和 6600 亿千瓦时的清洁电力、碳减排量超过 2.3 亿吨和 4.6 亿吨。

生物质清洁供热。生物质清洁供热可为工业园区、工业企业、商业设施、公共服务设施、农村居民采暖供热。生物质清洁供热有生物质热电联产、生物质锅炉集中供热、户用锅炉炉具等方式。生物质供热技术有生物质成型燃料供热技术和秸秆打捆直燃供热技术。用一定设备将农林废弃物等生物质制成一定形状的燃料以方便运输、储存和使用。同时，我国也开发出成型燃料炊事炉、炊事取暖两用炉、生物质锅炉等配套设备。将秸秆等打包成捆作为燃料是生物质燃烧利用比较好的方式。目前，国内推广的秸秆直燃锅炉可达到燃煤锅炉的热效率（80%）。

生物质制天然气。生物质制备天然气有两个方向：沼气/生物天然气技术和生物质热解气化技术。以秸秆、畜禽粪便、厨余垃圾、农副产品加工废弃物为原料，经微生物发酵、沼气发酵将 C、H、O、N、S 等元素组成的有机物质转化成甲烷（CH_4，50%~70%）、二氧化碳（CO_2，25%~40%）、硫化氢（H_2S）、一氧化碳（CO）、氢（H_2）、氧（O_2）、氮（N_2）等气体。沼气主要成分是甲烷和二氧化碳，其他气体较少（一般加起来仅为总体积的2%左右）。沼气经净化、提纯后得到洁净的燃气。沼气发酵过程产生的沼渣、沼液可以用于生产有机肥。我国沼气工程以畜禽粪便为原料，以湿法发酵为主，并开发、推广了配套的沼气发电机组、发酵罐、自动控制系统、脱水脱硫设备、固液分离装置。沼气发酵后产生大量的沼渣、沼液，其中富含有机质、腐殖质、微量营养元素、多种氨基酸、酶类和有益微生物。经腐熟生产后作为肥料替代化肥施用，能够改善土壤环境、提升农产品品质、抑制病虫害等。作为优质的有机肥资源，可为发展绿色有机农业提供支撑，为农业领域减排作出贡献。在生态环境保护和"双碳"战略背景下，生物质制天然气在生产绿色低碳能源和发展绿色农业方面意义重大。生物质热解制天然气技术是将秸秆、有机垃圾等生物质在无氧或缺氧状态下热解，生成多种气态产物［甲烷（CH_4）、二氧化碳（CO_2）、一氧化碳（CO）、氢（H_2）等］、液态产物（甲醇、丙酮、乙酸、乙醛、焦油、溶剂油等）和固态产物（焦炭和黑炭）。目前，我国固定床生物质热解技术和移动床生物质热解技术，根据热解温度不同可分为高温热解技术、中温热解技术和低温热解技术。与固定床生物质热解技术相比，移动床生物质热解技术具有连续性好、生产率高、产品品质稳定等优点。据统计，我国已建成大型沼气、生物天然气工程 7700 余处，年产天然气 13.7 亿立方米，供气 47.8 余万户。十部委颁布的《关于促进生物天然气产业化发展的指导意见》预计，到 2030 年和 2060 年，天然气年产量可分别达到 200 亿立方米和 1000 亿立方米，碳减排可超过 6000 万吨和 3 亿吨。

生物质制液体燃料。生物质除直接燃烧和制备天然气外，还可以转化为液体燃料。生物质转化为液体燃料可分为 4 种方法：快速热解、直接液化、超临界萃取和生物技术。①快速热解：在常压、中温（500℃）、快速加热（10^3~10^4K/s）和催化剂（陶瓷固体酸催化剂 WO_3-ZrO_2、WO_3-SnO_2、WO_3-Al_2O_3）存在条件下被热解，产物在反应器停留时间超短，生成大量可冷凝的液体燃料、不可冷凝的气体及其一定固体碳产物。液态产物产量达到75%，碳含量为12%，气态产物达13%。快速热解法制备的生物质由于含氧量较高，所得生物质油热值只有传统汽油热值的一半，约 20MJ/kg。生物质的种类不同，快速热解反应特性及生物质油的成分不同。为了获得优质的生物质油，选择合适的生物质及其响应的方法可能是今后的研究方向。②直接液化：生物质直接液化分为两步，首先粉碎的生物质与溶剂、催化剂混合，在 250~400℃温度下液化为初级液体产物；初级液体产物在高压（约15MPa）条件和催化剂作用下还原脱氧得到高品质的液体燃料。所得生物质燃料的含氧量约20%，因此热值高达 40MJ/kg 左右。由于生物质直接液化产品热值高，降低设备及动力费用和提升其质量产率后（目前为 30%~70%），直接液化技术可能会走向产业化。③超临界萃取：物料和超临界流体在萃取器混合，选择性地萃取物料中的成分，通过压力和温度调节，萃取物与超临界流体分离，分离后的流体可循环使用。选择合适的溶剂和催化剂，进行选择性超临界萃取，就能够选择性地萃取生物质中的某一类组分，降低对液体产物进一步精制加工的难度。④生物技术：利用微生物发酵，将生物质转化为生物乙醇。传统的生物法制乙醇采用的生物质原料为甘蔗、玉米等含糖或含淀粉的粮食类生物质。但这些原料的成本较高，因此利用速生林木材、秸秆、食品加工残渣类生物质生产乙醇受到国内外科学工作者的极大关注。2021 年，我国生物柴油产量超过 150 万吨，我国生物柴油以出口为主，其中欧洲是主要出口地。现阶段，我国已跻身全球生物乙醇生产大国行列，2021年，我国生物乙醇产能达到530万吨，产量约294万吨。

(2) 生物质能结合碳捕集与封存技术（BECCS技术）

BECCS技术，是将生物质燃烧或转化过程中产生的CO_2进行捕集、利用或封存的相关技术，秸秆就地焚烧不仅造成大量资源和能源浪费，环境污染也不容忽视。在"双碳"战略和生态环境保护共同背景下，生物质燃烧和转化结合碳捕集、封存技术（CCUS技术），能够减少CO_2排放，是一种绿色减排技术。开发和部署BECCS技术是保障"双碳"战略和生态环境保护一项关键技术。我国目前已在CCUS技术开发与应用方面积累了一定的经验，在全国范围内已建立了数十个示范项目，这为BECCS技术开发与应用奠定了坚实的基础。对于BECCS技术的推广和应用，其中一个障碍是CCUS技术的成本。据《中国二氧化碳捕集利用与封存（CCUS）年度报告（2021）——中国CCUS路径研究》，至2030年，CO_2捕集成本可降为90～390元，到2060年估计成本可降至20～130元。另外报告中指出BECCS碳减排潜力需求到2030年、2050年和2060年可分别达到0.01亿吨、2～5亿吨、3～6亿吨，这说明BECCS技术存在着巨大的发展空间和市场需求。

我国BECCS技术发展潜力分析如下。①基于农林废弃物燃烧发电的BECCS技术：生物质燃烧发电是我国处置农林废弃物的途径之一。目前，我国农林废弃物年处理能力约为6000万吨、年生产环保电力350亿千瓦时，节约标准煤2300万吨/年、碳减排5700万吨/年。我国生物质燃烧发电行业采用的技术为水冷震动炉排生物质燃烧技术和循环流化床生物质燃烧技术。我国研发的流化床燃烧技术日趋成熟并得到广泛的应用。截至2019年，我国在运行的农林废弃物发电项目达321个，年产发电量为394.7亿千瓦时。②基于燃煤耦合生物质发电的BECCS技术：生物质耦合发电可与燃煤发电相结合，形成燃煤耦合生物质发电技术，此技术可减少高碳排放率燃煤使用、促进能源结构调整和节能减排。因此，燃煤耦合生物质发电技术是"十三五"重点规划任务之一。生物质燃烧发电所产电力成本为0.63元/千瓦时，其成本70%来自于生物质的成本，12%～22%来自于生物质的运输费用，且成本还随生物质运输距离的增加而增加。然而，燃煤耦合生物质燃烧发电电力成本会有所降低，这主要是由于发电燃料消耗减少。燃煤耦合生物质燃烧发电BECCS技术减排方式来自于两个方向：烟气道产生的CO_2直接碳捕获、利用与封存引起的直接减排以及生物质的使用降低了高碳排放率燃煤的使用造成的间接减排。③基于生物天然气的BECCS技术：经沼气发酵产生的沼气含25%～40%的二氧化碳（CO_2）和2%的硫化氢（H_2S）、一氧化碳（CO）、氢（H_2）、氧（O_2）、氮（N_2）混合气。沼气发酵也会产生大量沼液，沼液的无害化处理和资源化利用是沼气工程发展的瓶颈。沼气提纯净化过程包含硫化氢（H_2S）脱除、二氧化碳（CO_2）分离、脱水干燥、脱油等步骤，将甲烷（CH_4）的体积分数由70%提升至97%左右。二氧化碳（CO_2）可采用水洗、吸附、膜分离、化学吸收等方法分离。我国畜禽粪年产率为40亿吨，秸秆年产量为9亿吨，假设全部用于沼气生产则可产生沼气5000亿立方米，则CO_2减排可达9.8亿吨/年。

4.3.6.3 氢能

氢作为一种新型二次能源，在能量转化时产物是水，是真正的零污染、零排放，在未来可持续能源系统中，氢有望成为主要能源载体。

(1) 氢能的应用

氢作为一种重要的工业原料，在多个行业中具有广泛的应用。目前，氢用于炼油、合成甲醇和合成氨。氢气作为能源，在交通、建筑、供能、冶金、供热等领域具有良好的发展前景。在"双碳"战略和生态环境保护背景下，氢的使用可帮助很多行业减少碳排放和环境污染。在交通运输领域，氢燃料电池及含氢燃料可用于小型车辆、公交客运，待氢燃料电池技术和发动机技术足够成熟，将来或可用于火车、货轮、航空运输。2022 年，全球氢燃料电池乘用车辆销量为 1.5 万辆。2022 年，国内氢燃料电池商用车销量为 4782 辆，估计到 2030 年，氢燃料电池乘用车和商用车年销量可达到 3 万辆和 28 万辆。

(2) 氢能的技术分类

自然界的氢元素主要是以化合态的形式存在于水和碳氢化合物中。氢的制备方法很多，根据原材料的不同，得到的氢气分为灰氢、蓝氢和绿氢：由化石能源和工业副产品等通过化学的方法制备的氢称为灰氢；由灰氢的制备技术结合 CCS 技术制备的氢称为蓝氢；以可再生能源或核能为能源制备的氢称为绿氢。由煤和天然气制备氢气的技术较为成熟，所得灰氢占全球市场 96％的份额。由煤制氢耦合 CCS 技术和天然气制氢耦合 CCS 技术制备的氢为蓝氢。由于 CCS 技术可以利用最先进技术降低 CO_2 排放，在"双碳"战略和生态环境保护建设背景下，具有重要的意义。传统制氢技术和电解水制氢都需要大量的能量供给，以风电、光伏发电等绿色能源制氢，生产周期内碳排放较低，对温室气体的减排具有非常重要的意义。

(3) 灰氢

灰氢是通过化石燃料制备的氢气，在生产过程中会有二氧化碳等排放。我国能源特征为"富煤贫油少气"，导致煤炭在我国能源消费中占主体，煤焦化产生的副产品可以用于制氢，但我国煤的综合利用——煤气化过程较普遍。如图 4-5 所示，煤制氢工艺过程通过煤气化、CO 耐硫变换、酸性气体脱除、氢气提纯等关键环节制得纯净氢气。煤炭气化是指煤在固定床、流化床、熔浴床等设备内，在一定温度及压力下（常压或加压）使煤中有机质与气化剂（空气、水蒸气、富氧空气、纯氧及其混合物）发生一系列化学反应，将固体煤转化为含有 CO、H_2、CH_4 等可燃气体和 CO_2、N_2 等非可燃气体的气体，发生的总反应为：

$$C_mH_nS_r + kO_2 + sH_2O \Longrightarrow tH_2 + uCO + wCO_2 + xH_2S + yCOS + zCH_4$$

图 4-5　煤制氢流程图

煤气化主要产物是 CO 和 H_2。产生的一氧化碳，在一定的催化剂和反应条件下被氧化成 CO_2，同时产生一定量的 H_2（反应为 $CO + H_2O \Longrightarrow CO_2 + H_2$）。煤气化合成气经 CO 变换后，主要为 CO_2 和 H_2 气体。由于生产 H_2 的过程中会产生大量的 CO_2，在"双碳"战略背景下，需要借助 CCS 技术减少 CO_2 排放。目前，主要采用物理吸收、化学溶液吸收、低温蒸馏和吸附除去酸性气体 CO_2。氢气的提纯主要采用深冷法、膜分离法、吸收-吸附法、钯膜扩散法、金属氢化物和变压吸附法。

如图 4-6 所示，甲烷制取氢主要是甲烷与水在 750～920℃、2～3MPa，在 $Ni-Al_2O_3$ 催化剂存在时，经天然气重整反应（先 800K 预重整和 1100K 水蒸气重整）得到 CO 和 H_2（反应式为 $CH_4 + H_2O \Longrightarrow CO + 3H_2$），CO 经过高低温变换反应（470~820K）转化成 CO_2，同时产生额外的 H_2。天然气水蒸气重整制氢技术成熟，广泛用于合成气、纯氢和合成氨原料气的生产，是工业上最常用的制氢方法。甲烷也可以通过部分氧化法生成合成气（反应式为 $2CH_4 + O_2 \Longrightarrow 2CO + 4H_2$），该过程可自热进行，无须外界供热。该工艺利用反应器内热进行烃类蒸汽转化反应，可广泛地选择烃类原料并可用含有较多杂质的重油、渣油原料进行制氢，但需要配置空分装置或变压吸附制氧装置，投资高于天然气蒸汽转化法。

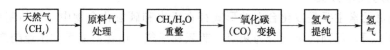

图 4-6 甲烷制氢流程图

(4) 蓝氢

蓝氢是在灰氢的基础上加装二氧化碳（CO_2）捕集和封存的技术（CCS 技术）来制取氢气，避免了 CO_2 直接排放到大气中。因此，蓝氢是灰氢到绿氢转化的过渡阶段，对于"双碳"战略和生态环境保护具有重要意义。由于灰氢的制备主要是煤制氢和天然气制氢，因此，煤制氢耦合 CCS 技术和天然气制氢耦合 CCS 技术是制备蓝氢的重要手段。

目前 CCS 技术是先进、有效的 CO_2 减排技术，存在众多方向。我国富氧燃烧技术还不成熟，因此，我国燃烧前捕集技术正处于研发阶段。燃烧后捕集指燃烧后对产生的二氧化碳进行捕集、分离和再利用。与物理分离法相比，化学分离法效率高、环境易满足、目前在我国应用广泛，但目前捕集规模有限、成本较高，需要技术研发以降低捕集、分离和再利用的成本。

(5) 绿氢

由可再生能源或核能为能源制备的氢称为绿氢。绿氢生产过程中无碳排放，对"双碳"战略实现具有重要的意义。生产绿氢重要途径之一是电解水制氢，以风电、光伏发电等可再生能源作为能源，通过一系列电解步骤制取氢气。根据电解质不同，现阶段，常用的电解水制氢技术包括碱性电解水制氢（ALK）、质子交换膜电解水制氢（PEM）及固体氧化物电解水制氢三大类。这三项技术中，ALK 电解质为碱溶液，分别使用石墨和镍合金作为阳极（产生 O_2）、阴极（产生 H_2），技术较成熟、成本低，流程简单，然而腐蚀严重、响应慢等问题导致其不适合波动性电源。对比碱性电解水制氢，质子交换膜电解水制氢能适应波动性电源，响应快、成本较高，已初步商业化。与 ALK 原理不同，PEM 固态的质子交换膜将产生 O_2、H_2 有效地隔离开，有利于 H_2 纯度的提高。PEM 具有电流密度大、效率高、污染少、体积小等优点，可以耦合风能、太阳能波动大的间歇性能源。PEM 分别使用铱和铂作为阳极（产生 O_2）、阴极（产生 H_2），由于铱和铂昂贵，导致 PEM 成本高于 ALK。固体氧化物电解水制氢具有工作温度高、材料选择受限、效率高、能耗低等特点，不适合波动性电源，尚未实际应用。根据电解水制氢使用的能源分类，电解水制氢又分为煤电制氢、光伏发电制氢、风电制氢、核电制氢、水电制氢等技术。根据能源的分类，光伏发电、风电、生物质能发电、地热能发电、氢能发电和水能发电为可再生低碳新能源，尤其是光伏发电和风能发电，是近些年发展较快的可再生低碳新能源，在"双碳"战略背景下，风力发电制绿氢和光伏发电制绿氢具有重要的意义。

4.3.6.4 燃料电池

燃料电池（fuel cell，FC）是一种燃料（H_2 等）和氧化剂（O_2 等）通过电化学反应直接将化学能转化为电能的装置。在工业化进程逐渐加快、化石能源消耗越来越多和环境污染日益加剧的背景下，无污染、高能量转化率的燃料电池，具有广阔的应用前景。

燃料电池种类较多，分类方法也不尽相同。根据燃料电池电解质的类型差异（表 4-2），燃料电池可分为 5 类：碱性燃料电池（AFC）、磷酸型燃料电池（PAFC）、熔融碳酸盐燃料电池（MCFC）、固体氧化物燃料电池（SOFC）、质子交换膜燃料电池（PEMFC）。PEMFC 分为低温型、高温型和直接甲醇燃料电池（DMFC）三种。低温型 PEMFC 由于能量密度高、启动迅速，是目前商业化推广的主要类型，高温型和 DMFC 由于技术不成熟、目前商业化应用较少。

表 4-2　燃料电池分类

	PEMFC			AFC	SOFC	MCFC	PAFC
	低温型	高温型	DMFC				
电解质	全氟磺酸树脂	聚苯并咪唑	改性 PBI 或 PFSA	KOH	Y_2O_3/ZrO_2	(Li, K) CO_3	磷酸
催化剂	Pt	Pt	Pt-Ru	Ni	无	非贵金属	Pt
工作温度/℃	60～90	120～200	<120	80～230	500～1000	600～700	160～220
发电效率/%	40～60	40～60	35～60	50～60	55～70	50～65	35～45
燃料	氢	氢	甲醇	氢	天然气、合成气、醇类	氢、天然气、合成气	氢
功率/kW	1～100	1～100	<1	0.3～5	100	200～10000	100
优点	功率密度大、启动快、常温工作	功率密度大、氢气纯度要求低	启动快、常温工作	启动快、工作温度宽、技术成熟	效率高、原料适应性强、对 CO 不敏感、蒸汽品位高	效率高、规模大、原料适应性强、对 CO 不敏感、蒸汽品位高	技术成熟、成本低
缺点	氢气要求高、Pt 用量大、寿命一般	启动稍慢、Pt 用量大、寿命一般	Pt-Ru 用量大、功率密度小、寿命短	H_2 和 O_2 要求高，大气环境中毒	启动慢、工作温度高、需要贵金属和稀土元素	启动慢、工作温度高、腐蚀严重	启动慢、效率低、腐蚀严重

在燃料电池中，如图 4-7 所示，质子交换膜燃料电池（PEMFC）基于 H_2-O_2 间的氧化还原反应，将 H_2 和 O_2 储存的化学能转化为电能，在交通运输等领域具有广阔的应用前景，然而，由于 PEMFC 催化剂、气体扩散层、质子交换膜等关键材料和关键结构未能达到使用要求，导致其成本高、功率不足、稳定性欠佳，限制了其商业化应用。在"双碳"战略背景下，需要开发成本低、性能优异的先进材料。①加强优异铂合金催化剂及其金属氮碳化合物

性能优化、规模化制备工艺的探索。Pt 催化剂尺寸调控、结构优化、催化剂构效关系研究，提升稳定性和催化性能。金属氮碳化合物、官能化碳材料、MOF 基材料与 Pt 基合金材料规模化制备，可能有利于 PEMFC 商业化。②针对质子交换膜，提高其质子传导率和交换膜力学性能。聚苯并咪唑（PBI）基高温稳定性欠佳，影响 PEMFC 稳定性。金属氧化物改性 PBI 基聚合物可提高功率密度，但不利于双连续纳米相的保持。因此，需要探索 PBI 基聚合物的修饰方法。③针对不同工况下气体扩散层机构对性能影响关系研究，不断对材料进行改性。④开发双极板关键涂层材料和电极材料，提升其耐腐蚀性和导电性。

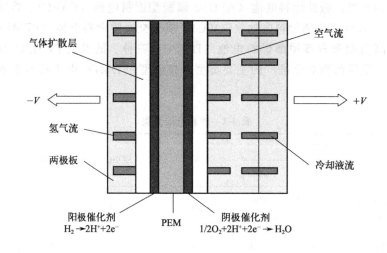

图 4-7　质子交换膜燃料电池组成示意图

熔融碳酸盐燃料电池（MCFC）是一种高温燃料电池，具有发电效率高、碳排放量低、碳酸盐来源广泛、价格低廉、导电率好等优点，广泛应用于分布式发电中，是最有前景的燃料电池技术之一。如图 4-8 所示，MCFC 将 Li、Na、K 碳酸盐混合物作为电解质。熔融碳酸盐燃料电池将燃料储存的化学能转化为电能，H_2 通入阳极时，于 Li、Na、K 熔融碳酸盐中失去 2 个电子后转化成 CO_2 和 H_2O，O_2 与 CO_2 得到 2 个电子后生成 CO_3^{2-}，从而实现了 CO_3^{2-} 的循环利用。H_2 可来自于天然气、煤炭、生物质等气化产生的合成气。化石能源水蒸气重整和气化得到的合成气中含有大量一氧化碳（CO），可以在 MCFC 阳极被氧化成 CO_2，或是通过水蒸气重整反应转化成 CO_2，同时产生 H_2。MCFC 通过碳酸盐电解质 CO_3^{2-} 分离来自阴极原料气 CO_2，同时，MCFC 阴极原料气 CO_2 可来自于化石能源燃烧发电产生的废气，这对二氧化碳捕集技术的发展具有重要的意义。如图 4-8 所示，含 CO_2 燃料废气通过阴极进气口进入阴极并转化成 CO_3^{2-}，CO_3^{2-} 通过熔融盐电解质传输到阳极并在阳极转化成 CO_2，因此 MCFC 不仅是发电装置，也是 CO_2 富集装置。并且可以发现，CO_2 利用率、燃料类型及输入阴极燃料 CO_2 比例会影响碳捕集率。MCFC 阳极出口 CO_2 浓度比阴极入口 CO_2 浓度高一个数量级，因此使 CO_2 捕集更加简单，由于 MCFC 燃料利用率 $40\% \sim 90\%$，导致阳极出气口含 H_2、CO、CO_2 和 H_2O。由于 MCFC 燃料利用率 $40\% \sim 90\%$，导致阳极出气口含 H_2、CH_4、CO、CO_2 和 H_2O。为避免阳极出口燃料过剩和提高碳捕集率，在阳极端捕集 CO_2 会更有效。熔融碳酸盐燃料电池（MCFC）发电/碳捕集已经应用于燃气轮机、天然气发电厂、天然气联合循环、热电联产、燃煤蒸汽循环、水泥厂和发动机等方面。

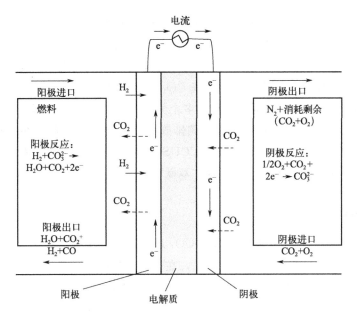

图 4-8 熔融碳酸盐燃料电池组成示意图

固体氧化物燃料电池（SOFC）可以使用天然气、合成气、醇类等作为燃料，见图4-9，具有效率高、原料适应性强、对 CO 不敏感、蒸汽品位高等优点，可用于固定式和便携式发电系统内，应用前景广阔。

自 1998 年西门子西屋电器公司开发首台 SOFC 发电系统以来，经过多年的研究，我国在 SOFC 领域取得了较为显著的发展。中国科学院上海硅酸盐所开发的平板 SOPFC10 个电池组在 1000℃、氢气/空气为

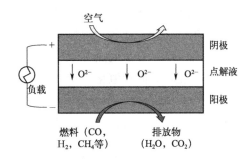

图 4-9 固体氧化物燃料电池组成示意图

燃料下输出功率达到 10W，功率密度达 110mW/cm²。中国科学院将 $La_xSr_{1-x}MnO_{3+\delta}$/$Zr_{1-x}Y_xO_{2-\delta}$（YSZ）电池输出功率提高了 2～3 倍，并在 600～800℃条件下运行 500h 且没有衰减，展现了优异的稳定性。中国科学院宁波材料技术与工程研究所研发的 Ni-YSZ/YSZ/LSM 电池组燃料利用率高、稳定性好。国内其他研究机构还处在研究阶段。

SOFC 是一种高转化效率的发电装置，我国研究起步较晚，与国外尚存在一定差距。中温 SOFC 还存在一定技术瓶颈。对于 SOFC 研究，还需要解决阳极材料积碳问题、硫中毒问题、关键材料匹配问题、提升稳定性问题，钙钛矿结构电导率断崖式下降问题、电解质材料在氧化还原条件下稳定性问题。

4.4 CCUS 技术与化学

4.4.1 CCUS 技术定义

CO_2 捕集、利用与封存（CCUS）是将 CO_2 从工业过程、能源生产烟气和大气中分离

出来，加以利用、运输和封存于地层以实现 CO_2 浓度降低的过程。由于 CCUS 技术可以大幅降低化石能源燃烧供能过程中的 CO_2 排放，因此，被国际能源署（IEA）、联合国政府间气候变化专门委员会（IPCC）、国际可再生能源机构（IRENA）和我国生态环境部环境规划院等权威机构认为是减少碳排放和减少空气 CO_2 浓度的根本途径。截至 2020 年 12 月，全球共有 27 个大型 CCUS 项目在运行，并有多个大型 CCUS 项目在试运行或处于开发阶段。目前，中国碳封存量为 1.0×10^6 t/a，仅为碳排放的万分之一。因此，在"双碳"战略背景下，针对 CCUS 技术进行全面整理，分析 CCUS 技术的现状、进展、挑战及前景，有助于进一步加速中国 CCUS 技术的发展，实现"双碳"目标。

4.4.2 CCUS 内容

CCUS，是指对生产生活过程中排放的 CO_2 进行捕集、输送、利用与封存。随着 CCUS 技术的发展和对 CCUS 技术认识的不断深化，在中美两国的大力倡导下，CCUS 技术已经获得了国际的普遍认同。CCUS 技术分为传统 CCUS 技术、生物质燃烧和转化过程中 CCUS 新技术（BECCS）和直接空气捕集、输送、利用和封存技术（DACCS）。如图 4-10 所示，CO_2 捕集指水泥等工业生产、化石能源燃烧产生的 CO_2 或空气中现存的 CO_2 分离和富集。CO_2 输送指的是将捕集的 CO_2 通过罐车、铁路、管路、轮船等方式运输至利用或封存场地。CO_2 利用指的是采用不同工程技术手段对 CO_2 实现资源化利用。利用方式包括地质利用、化工利用、生物利用。地质利用指的是石油、天然气开采过程中将 CO_2 注入地下来提高石油、天然气开采率，开采地热、深部卤水、铀矿等多类型资源。化工利用是以 CO_2 为原料，通过化学反应生产高附加值化工产品。生物利用是基于植物光合作用将 CO_2 转化为含糖类等农产品。CO_2 封存指的是将 CO_2 注入地质储层，实现 CO_2 长时间存储和隔离。地质封存可分为陆地封存、海洋封存、咸水层分层和枯竭油气藏封存。

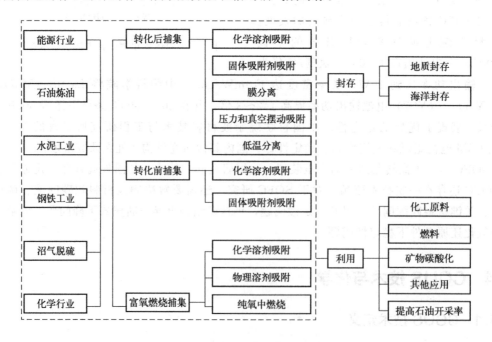

图 4-10　不同碳捕集、储存、运输选项

4.4.3 CCUS 实现途径

目前认为，碳捕集、封存（CCS）与碳捕集、利用（CCU）相结合，但 CCUS 仍面临一定技术瓶颈，此外，如果缺乏政府补贴，CCUS 可能因为企业无利可图而面临一定部署阻碍。相比于 CCS 技术，企业采用 CCUS 技术将 CO_2 废气转化为高附加值化学物质和燃料等产品，在有利可图同时也可以为减缓气候变化作出贡献。CO_2 是一种可再生、成本低、无毒资源，为化学品和燃料的生产提供廉价的原料，有效缓解化石燃料紧缺带来的压力，从而为 CCUS 大规模应用提供强大内动力。

发电厂、炼油厂、沼气脱硫、氨、环氧乙烷、水泥和钢铁行业会产生大量 CO_2。例如，全球超过 $40\%CO_2$ 排放是由化石燃料发电厂发电引起的。这些是应用 CCS 或 CCU 的主要领域。工业过程产生 CO_2 排放具有多样性，目前没有一种放之四海而皆准的 CO_2 捕集技术。因此，目前已开发各种各样的 CO_2 捕集系统，以确保与特定行业的兼容性。但是，CO_2 捕集的成熟度因不同系统行业而异。例如，发电厂和石油精炼厂适合使用大规模 CO_2 捕集，而水泥和钢铁工业需克服 CO_2 小规模捕集。CO_2 捕集方案可分为转化后、转化前和富氧燃烧捕集。

4.4.3.1 CO_2 捕集

（1）转化后捕集

如图 4-11 和表 4-3 所示，转化后捕集是碳源转化为 CO_2 后从废气中分离出，比如分离能源燃烧发电或废水污泥消解后产生的大量 CO_2。它可以用来去除不同行业的 CO_2，包括

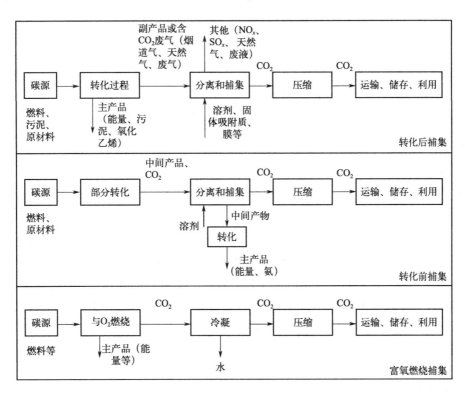

图 4-11　碳捕集选项

发电厂，环氧乙烷、水泥、燃料、钢铁以及沼气脱硫生产行业。当用于发电厂，转化后捕集也被称为燃烧后捕集。转化后捕集方法包括化学溶剂吸附，多孔有机框架膜、低温膜等固体吸附剂吸附以及压力和真空摆动吸附。虽然单乙醇胺吸收（MEA）是最常用的方法，但是由于单乙醇胺再生需要消耗很多能量，这种方法并不适用于所有行业。

表 4-3　碳捕集选项

捕集	分离技术	方法	应用
转化后	化学溶剂吸附[a]	胺溶剂，如单乙醇胺[b]，二乙醇胺和受阻胺 碱溶剂，如 NaOH 和 $Ca(OH)_2$ 离子液体	电厂、钢铁工业、水泥工业、炼油
	固体吸附剂吸附	胺基固体吸附剂 碱土金属基固体吸附剂，如 $CaCO_3$ 碱金属碳酸盐固体吸附剂	无报道
		多孔有机框架-聚合物	电厂
	膜分离	聚合膜，如聚合气体渗透膜[b]	
		无机膜，如沸石 杂化膜	电厂、天然气脱硫
	低温分离	低温分离	电厂
	压力和真空摆动吸附	沸石[b]、活性炭[b]	电厂、钢铁工业
转化前	溶剂物理吸附	聚乙二醇二甲醚法、低温甲醇法	电厂（IGCC）
	溶剂化学吸附	胺基溶剂，如单乙醇胺（MEA）	氨生产
	有机多孔框架材料吸附	多孔有机框架膜	气体分离
富氧燃烧	从空气分离氧	富氧过程	电厂、钢铁、水泥工业[c]
		化学循环燃烧	电厂
		化学循环重整	电厂、合成气合成和升级

[a] 成熟的技术；[b] 市售；[c] 可能在长期内可用（>2030 年）。

（2）转化前捕集

如图 4-11 所示，转化前捕集是指 CO_2 在化石燃料燃烧之前分离出来。比如氨的生产以及发电厂的煤气化过程，在合成氨前，需要用 MEA 除去水蒸气重整过程中与氢同时产生的 CO_2。同样，在一个整体煤气化联合循环（IGCC）发电厂，CO_2 必须从氢气中分离出来。这通常使用如 selexol 和 recitsol 溶剂物理吸附捕集。多孔有机框架膜具有高的 CO_2 选择性和吸收率，也可用于 CO_2 捕集。当应用于电厂，转化前捕集也被称为燃烧前捕集。与转化后捕集一样，转化前捕集也会发生化学溶剂再生的能量损失，减压再生能量损失低于加热再生，所以一般采用减压再生的方法。物理溶剂更适合高操作压力情况，它们能更有效地捕集 CO_2。

（3）富氧燃烧捕集

富氧燃烧捕集只能用于涉及燃烧的过程，如发电厂化石燃料燃烧发电、水泥生产、钢铁工业。燃料与纯氧一起燃烧产生含高浓度 CO_2 且不含氮及其化合物（如 NO 和 NO_2）的烟气。这避免了将化学品从 CO_2 烟气分离过程，且 CO_2 捕集是一个需要大量能量的一个过程，富氧燃烧捕集具有较好的环境效益和经济效益，但氧的价格比较高，这是富氧燃烧捕集的一个缺点。富氧燃烧捕集是化学循环燃烧（CLC）和化学循环重整（CLR）替代方案。两者都使用金属氧化物从空气反应器选择性传递氧气到燃料燃烧器。在 CLR 中，使用低于化学计量数的氧气，从而使它适合产生合成气。CLR 的优点包括更低的蒸汽需求、更高的燃料转换效率和更好的硫宽容；它还可以捕集稀释的 CO_2 烟气。一个挑战是需要在高压下操作系统才能达到与最先进的含氧燃料过程或燃烧后捕集相当的效率。对 CLC，一个挑战是固体燃料的应用和灰烬处理。这两种含氧燃料技术预计 2030 年前无法实现部署。

4.4.3.2　CO_2 封存

CO_2 一旦被捕集，就会被压缩并运输，或通过管道输送、封存在地下、海洋，或作为碳酸盐矿物。第一种选择，被称为地质封存，将 CO_2 注入深度在 800 到 1000 米之间地质构造，如枯竭的石油和气藏、深部咸水层和煤层地层。CO_2 根据场地的特点选择不同的捕集封存机制，比如以流体溶解或有机物吸附形式将 CO_2 捕集在不透水"冠岩"层（如泥岩、黏土和页岩）。受储层压力和温度的影响，CO_2 可以以压缩气体、液体或超临界的形式封存。超临界（温度为 31.1℃、压力为 7.38MPa）使其密度更大，增加了孔隙利用率，更难以开采、泄漏。根据石油和天然气行业积累的经验，如对枯竭油气储层结构特征和行为理解和现有的钻井和注入技术适用于 CO_2 储存应用，地质构造储存 CO_2 可能是最有希望的选择之一。深部盐水层具有很高的 CO_2 储存容量（700～900 亿吨），被认为是储存 CO_2 可能选项之一。然而，人们对煤层的形成和构造知之甚少，对于安全储存 CO_2，还需要进一步探索。海洋储存的原理是海床有巨大 CO_2 储存能力。然而，尽管海洋储存 CO_2 已有 25 年的研究，海洋从未进行过大规模储存测试。对 CO_2 储存的主要担忧是浓缩二氧化碳流可能泄漏并对环境造成危害。由于地质构造及其断层或缺陷渗透性，估计年泄漏率报告从 0.00001％到 1％。世界上几个正在运行的 CCUS 项目，如加拿大 Weyburn-Midale，挪威 Sleipner 和 Snøhvit 项目，阿尔及利亚的 In Salah 项目和美国的 Salt Creek 项目。这些项目咸水层地层（挪威）和枯竭的油气储层（加拿大，阿尔及利亚和美国）运行了 10 年。最后，矿物碳酸化是指金属氧化物如氧化镁和氧化钙与 CO_2 反应形成碳酸盐。矿物碳酸化也称为"矿物封存"，可以作为 CO_2 存储和使用的选项。矿物碳酸化产物可作为建筑业建筑材料使用。提高原油采收率和提高煤层气采收率（ECBM）也是 CO_2 存储和利用的一个重要方面。

4.4.3.3　CO_2 利用

作为 CO_2 利用一个补充，捕集 CO_2 可以作为一种商业化产品直接利用或后转化。直接利用包括用于食品和饮料工业以及提高采收率（EOR），二氧化碳也可以转化变成化学物质或燃料。

(1) CO_2 直接利用

很多工厂直接利用二氧化碳。例如，在食物、饮料工业中，CO_2 通常被用作碳酸化剂、防腐剂、包装气体、香料和脱咖啡因萃取溶剂。在制药行业中 CO_2 用作呼吸刺激剂或用作兴奋剂药物合成的中间体。

(2) 提高了石油和煤层气的采收率

EOR 和 ECBM 是直接利用 CO_2 从无法开采的煤矿中提取原油或天然气，后者还没有实现商业化，但前者在几个石油生产国广泛使用 40 多年，如挪威、加拿大和美国。EOR 用于提取不可开采标准石油，将不同的物质注入储层，包括二氧化碳、氮气、聚合物（如聚丙烯酰胺）和表面活性剂，除去岩石中的油。在不同的试剂中，CO_2 由于成本低、易于获得而应用得最普遍。在超临界条件下注入储层时，它能与油均匀混合，因黏度降低而有助于增加提取率。然而，大部分的 CO_2 随着开采油返回表面，虽然部分 CO_2 可以回收，但少量 CO_2 不可避免会排放到大气中。在特殊条件下，注入的二氧化碳可以储存在地下，类似于地质封存。然而，石油和天然气行业 CO_2 从使用自然资源到使用人为资源的转变主要取决于捕集成本和激励措施。

(3) 将 CO_2 转化为化学物质和燃料

CO_2 可以通过加工转化为化学品和燃料。CO_2 用作前体，通过羧基化来合成有机化合物，如碳酸盐、丙烯酸酯和聚合物，或者通过 $C=O$ 断裂还原反应生产甲烷、甲醇、合成气、尿素和甲酸化学品。虽然 CO_2 可以替代石化原料生产化学品和燃料，但由于 CO_2 热力学高度稳定，它的转换具有能源密集型特点。化学品和燃料储存期限通常小于六个月。因此，今后的研究重点应放在材料的合成以及生产寿命更长的产品上。

(4) 矿物碳酸化

矿物碳酸化是金属氧化物（如镁或钙氧化物）与 CO_2 形成碳酸盐的一种化学过程。镁和钙通常在自然界中以硅酸盐矿物的形式存在，如蛇纹石、橄榄石和硅灰石。这些矿物大量存在于芬兰、澳大利亚、葡萄牙和美国。矿物碳酸化可分为一个或多个步骤，也称为直接碳酸化和间接碳酸化。直接碳酸化是从矿物基质中提取金属和碳酸盐沉淀在同一时间发生的反应。直接碳酸化在高压、干燥或含水介质中进行。

如蛇纹石与 CO_2 的反应：$Mg_3Si_2O_5(OH)_4 + 3CO_2 \rightleftharpoons 3MgCO_3 + 2SiO_2 + 2H_2O$

多步碳酸化或间接碳酸化主要由三种方法组成反应。①在萃取剂存在的情况下从矿物基质中提取金属盐酸盐或熔盐。②通过一系列水合反应得到金属氢氧化物。③捕集的二氧化碳与氢氧根态的金属反应生成碳酸盐。在理论上，碳酸化反应是一个放热反应，释放出足够的热量来完成整个碳酸化过程。以蛇纹石和盐酸为例：

$Mg_3Si_2O_5(OH)_4 + 6HCl \rightleftharpoons 3MgCl_2 + 2SiO_2 + 5H_2O$ $(T=100℃)$

$MgCl_2 \cdot 6H_2O \rightleftharpoons MgCl(OH) + HCl + 5H_2O$ $(T=250℃)$

$MgCl(OH) \rightleftharpoons Mg(OH)_2 + MgCl_2$ $(T=80℃)$

$Mg(OH)_2 + CO_2 \rightleftharpoons MgCO_3 + H_2O$ $(T=375℃, p_{CO_2}=2atm, 1atm=101325Pa)$

纯二氧化碳对于矿物碳酸化是不必要的，烟气中存在的氮氧化物杂质，不会干扰碳酸化反应。因此，产生纯二氧化碳流的分离和捕集步骤可以省略。矿物碳酸化的主要优点是地层能够长时间储存二氧化碳的稳定碳酸盐，在 CCUS 过程中没有 CO_2 泄漏的风险。然而，这项技术的大规模应用由于能源需求和成本仍然太高，还没有完全发展起来。此外，采矿、运输和矿物的制备也有较高的能量需求，从而降低了整体的 CO_2 脱除效率。

4.4.3.4 微藻生物燃料

微藻类具有直接从废气中固定 CO_2 以及利用烟气中的氮作为营养物的能力。微藻可在露天环形池塘和光生物反应器（平板式、环形或管状）中培养。前者需要很大的土地面积且过程控制困难，限制了生产力。光生物反应器没有需要很大土地面积和过程控制困难的缺点，但系统比露天池塘更贵。生物质必须收获和干燥，微藻通过热化学或生化将其转化为燃料。前者首先利用热量生产合成气和燃料，以及热和电。生化转化依赖于生物和化学过程，如厌氧消化、发酵和酯化。微藻栽培不构成对食品市场的威胁。然而，它仍然需要很大的土地面积，最终可能会由于粮食生产而争夺土地。此外，从微藻中大规模生产生物燃料（图4-12）生产成本高，目前无法生产，主要是由于在收获过程中需要较高的能量。

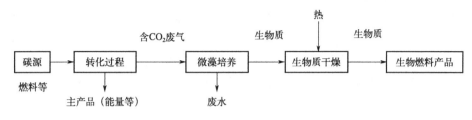

图 4-12　利用 CO_2 通过微藻制备生物燃料

4.4.4　CCUS 与化学

我国"双碳"战略目标的提出，彰显了我国低碳绿色发展的决心，对我国应对全球气候变化和生态环境保护具有重大的影响。为了实现"双碳"战略目标，实现低碳转型和生态环境保护目标，必须从源头上减少 CO_2 排放、调整能源结构、节能提效、循环利用，实现碳捕集、储存和利用等减排路线和技术。其中，CCUS 技术是 CO_2 深度减排、减少空气中 CO_2 含量的重要途径之一。CCUS 技术离不开化学学科的支持。

国际能源署（IEA）在《通过碳捕集、利用与封存（CCUS）实现工业变革》中认为 CCUS 技术是目前唯一在可预见的未来能明显直接减排和避免排放的解决途径。CCUS 技术的主要环节和技术环节都需要化学学科的参与。目前，转化前、转化后捕集技术已接近或达到商业化应用，转化前捕集以物理吸收-低温甲醇洗法为主，转化后捕集以化学吸收-胺法为主，富氧燃烧捕集技术尚未达到运行要求。截至 2020 年，国内共有 21 个捕集项目在运行，CO_2 捕集量约 180 万吨/年。这 21 个项目中，基本都需要化学试剂和化学材料参与，可见化学学科在 CCUS 技术中的重要性。目前 CCUS 技术成本较高，每吨 CO_2 约为 5000～1000元，但随着科技的进步和材料的应用，2060 年前后，CO_2 捕集成本可降为 140～410 元/（吨 CO_2）。在我国，CCUS 试验示范还处于起步阶段，缺乏大规模、全流程示范经验，特别是在现有 CCUS 技术条件下，企业实施 CCUS 将使一次能耗增加 10%～20%，效率损失大。因此整体的 CCUS 应用成本还处于较高水平。

2016 年国务院印发了《"十三五"控制温室气体排放工作方案》。科学技术部社会发展科技司、中国 21 世纪议程管理中心发布了《中国碳捕集、利用与封存技术发展路线图（2019）》。2021 年《中国石油和化学工业碳达峰与碳中和宣言》发布。这些重要文件都强调了发展 CO_2 捕集、封存、利用的重要性，强调 CCUS 技术在碳汇、生态保护，践行"绿水青山就是金山银山"发展理念的重要性。紧扣 CCUS 科技研发、清洁高效可循环生产工艺、节能减碳及 CO_2 循环利用技术、化石能源清洁开发转化与利用技术等，增加科技创新投入，着力突破一批核心和关键技术，提高绿色低碳标准。

在"双碳"战略和生态环境保护背景下，未来中国 CCUS 发展重点有以下几点：①利用化学、机械、电子等学科最新研究成果，加强 CO_2 捕集的基础研究，开发新型捕集技术和材料，研发绿色高效新型捕集材料（新型胺衍生物、离子液体、膜材料、固体吸附剂材料），开发捕集和分离设备，优化工艺条件，尽快实现 CCUS 技术和材料突破；CCUS 技术基础研究离不开化学学科的技术和成果支持。②进行能源结构调整，减少高碳排放率能源使用、增加低碳排放率能源使用比例、对高碳排放率能源低碳化是未来一段时间的能源发展方式现状。在发展符合中国国情的富氧燃烧技术的同时，对绿色低碳氢能制备、材料研发、应用设备寻求技术突破，这一切都离不开化学的技术支持；③发展与光伏、风能、燃料电池新能源耦合的负排放技术，驱动能源成本下降和碳排放下降，这一切离不开关键材料技术的突破；④提前储备和部署生物质耦合 CCUS 技术（BECCS）和直接空气捕集（DAC）等负排放技术。可以看出，在 CCUS 技术支持"双碳"战略实现的过程中，化学检测技术、材料化学对关键材料的突破，能源化学对低碳高输出功率和高能量密度关键设备的突破对"双碳"战略的实现至关重要。

习题

1. 木材的化学组成成分有哪些？指出各成分占比。
2. 利用木质纤维素制造酒精的途径有哪些？
3. 请简述煤的组成成分。
4. 煤中无机成分的主要来源是什么？
5. 写出煤气化过程中发生的五类反应。
6. 写出费-托合成过程中所发生的化学反应式。
7. 催化重整过程中焦化的目的是什么？
8. 对能源进行分类并说明其来源。
9. 利用生物发电的技术有哪些？
10. 为实现节能减排，我国传统化石能源行业发展趋势如何？

第五章

碳中和与化学

5.1 碳中和的内涵

5.1.1 传统文化中的"中和"

《礼记·中庸》有云："喜怒哀乐之未发，谓之中，发而皆中节，谓之和；中也者，天下之大本也，和也者，天下之达道也"。其释义为，喜怒哀乐没有表现出来，叫做中；喜怒哀乐情绪发自本，叫做和。"中"——天下最大的根本（务本）；"和"——天下能达到道的（乐本）。"中和"思想包含着自然之中和，《周易》认为"阴阳相结，乃能成和"。阴阳的中和使万物变化发展。宇宙万物相互联系，不仅使自身内在的各要素和各环节相中和，而且实现了与外物的中和。《中庸》中记载："致中和，天地位焉，万物育焉"。到了中和的境界，天地就会各居其位，万物因此生长繁育。《易经·卦序》中说："有天地然后有万物，有万物然后有男女"。"中和"思想蕴含着"人与自然和谐"的生态观。儒家主张的"和之贵"，既是人与人之和，又是人与自然之和，告诫人类要与自然和谐相处。"万物各得其和以生，各得其养以成"。儒家天人合一的中和观告诉人们，大自然中一切有机、无机，有无生命的事物都与人有某种直接或间接的联系，人与自然环境的和谐是人类生存发展的前提。因此，人类要遵循自然规律，爱护世间万物，才能获得自然界的馈赠，实现人与自然的和谐共存。可以说，儒家从共同体的角度去认识人与自然的关系，体现了儒家思想家的生态关怀。

5.1.2 生活中常见的"中和"

日常生活中有许多"中和"现象，如雷电现象等。雷电是雷云之间或云地之间产生的放电现象，雷暴云是闪电主要来源，当云中局部电场超过约 400kV/m 时，就会发生闪电放电现象。雷云带电的过程为：首先由水和热形成云，继而形成冰粒，在强烈的空气对流作用下，冰晶下降碰撞水滴使之破碎，从而产生电荷。这些电荷在雷云与雷云之间、雷云和大地之间形成了很强的电场，其电位差可达数十至数百兆伏。一旦空间电场强度超过大气电离的临界电场强度，就会发生雷云之间或雷云对大地的火花放电，也就是云际闪和云地闪。在放电过程中，由于闪电通道中温度骤增，空气体积急剧膨胀，从而产生冲击波导致强烈的雷鸣。云际闪发生的概率比云地闪大得多，但因它发生在数千乃至数万米的高空，因此对地面设备造成灾害性影响相对要小。

5.1.3 科学中的"中和"

自然科学中同样存在很多"中和"的现象，如正负电荷中和、正负电子湮灭、酸碱中和等。

具有现代科学意义上关于物质结构的解释是从道尔顿的原子论开始的。1803 年道尔顿提出物质世界的最小单位是原子，原子是单一、独立且不可被分割的，1905 年，卢瑟福发现原子由原子核和核外电子组成。其中原子核带正电，核外电子带负电，正电是由正电荷产生的，在原子中组成原子核的质子带正电荷，原子中核外的电子带负电荷。电荷是物体或构成物体的质点所带的具有正电或负电的粒子，带正电的粒子叫正电荷（用"＋"表示），带负电的粒子叫负电荷（用"－"表示），同种电荷相互排斥，异种电荷相互吸引。

(1) 正负电荷中和

正负电荷中和是指两个带异种电荷的物体，负离子失去电子，正离子得到电子，当发生电中和时，带负电的那个物体会将多余的电子传给因缺少电子而带正电的物体，使得两个物体的原子都恢复电中性的过程。所以到最后两个物体就都不带电了，中和时负电荷会移动，所以会产生瞬时电流。

(2) 正负电子湮灭

1932 年安德森（Anderson）在宇宙照片的云雾室照片中发现了静止质量为 m_0，电荷为 e^+ 的离子，证实了正电子的存在。根据狄拉克理论，满足狄拉克方程的电子的能量可以有正值，也可以有负值。在正常情况下，所有负能级都被占据，不能再容纳电子。所观察到的电子代表超过负能级的电子数目，当正能态的负电子填充到负能态的空穴时，即电子从正能级向负能级跃迁时，而负能级又全被占满，此时多余的能量就全部转变为伽马辐射释放出来，这就是实验上所观察到的正负电子湮灭现象。

(3) 中和反应

中和反应实质是 H^+（氢离子）和 OH^-（氢氧根离子）结合生成水。经过酸碱中和后，酸和碱都失去了它们原有的性质。

① 酸性氧化物与碱的反应也属于酸碱的中和反应，即酸性氧化物＋碱 $\longrightarrow$ 盐＋水。如澄清石灰水与二氧化碳（CO_2）发生中和反应生成碳酸钙和水，石灰水会变浑浊。生活中，新建的住房里通常需要点一把木火进行墙面的固化便是基于这个原理，木材燃烧过程中会产生 CO_2，与墙面里的石灰成分发生中和反应生成碳酸钙和水，起到固化墙面的作用。

② 碱性氧化物与酸的反应也属于酸碱中和反应，即碱性氧化物＋酸 $\longrightarrow$ 盐＋水，如生石灰与盐酸反应生成氯化钙和水，$CaO+2HCl = CaCl_2+H_2O$。

③ 酸性氧化物与碱性氧化物反应生成盐，即酸性氧化物＋碱性氧化物 $\longrightarrow$ 盐，如氧化钠（Na_2O）和二氧化碳（CO_2）发生中和反应，生成碳酸钠（Na_2CO_3），$Na_2O+CO_2 = Na_2CO_3$。

(4) 中和反应的应用

在实际生产生活中，人们常用中和反应进行土壤酸碱性改良、医学治疗（如治疗胃酸过多）、废水处理等。

土壤改良方面：农作物中的有机物在分解的过程中会生成有机酸，使空气污染造成酸雨，这些因素会导致一些地方的土壤呈酸性，这非常不利于作物的生长。通过施用适量的碱性氧化物，比如氧化钙，能中和土壤里的酸性物质，使土壤适合作物生长，并促进微生物的繁殖，同时增加了土壤中的钙离子浓度，促使土壤胶体凝结，有利于形成团粒，同时又可供给植物生长所需的钙元素。

水处理方面：工厂里的废水常呈现酸性或碱性，若直接排放将会造成水污染，所以需进行一系列的处理。碱性污水需用酸来中和，酸性污水需用碱来中和，如硫酸厂的污水中含有硫酸等杂质，可以用熟石灰来进行中和处理，生成硫酸钙沉淀和水。

医疗卫生方面：酸碱中和也有很多的应用，比如人的胃液呈酸性（主要是盐酸），当胃液的 pH 为 0.8～1.5 时，有助于食物的消化，如果胃酸过多就会使人感到不适，造成胃部返酸，这时需口服一些碱性药物，中和过多的胃酸，生成无毒的中性物质。通常用含氢氧化铝的药片治疗胃酸过多，生成氯化铝和水，即 $Al(OH)_3 + 3HCl \rightleftharpoons AlCl_3 + 3H_2O$，因此，胃药中常含有 $Al(OH)_3$ 以中和胃酸。每逢夏季，蚊虫众多，由于蚊虫能分泌出蚁酸，被蚊虫叮咬后人感觉痒痛，此时，可在患处涂含有碱性物质（如 $NH_3 \cdot H_2O$ 氨水）的药水进行止痒，便是利用了酸碱中和。

日常生活方面一些食品佳肴的制作也利用了酸碱中和的原理，松花蛋中含有碱性物质，人们在食用它时常加一些醋，以中和其碱性，使松花蛋美味可口；在蒸馒头时，人们在经过发酵的面粉里加一些纯碱，以中和发酵产生的酸，这样蒸出的馒头松软可口。

5.1.4　了解碳中和

碳中和是指国家、企业、产品、活动或个人在一定时间内直接或间接产生的二氧化碳排放总量，通过植树造林、节能减排等形式，抵消自身产生的二氧化碳或温室气体排放量，实现正负抵消，达到相对"零排放"。自然界中的光合作用本身就是一个碳中和的过程，通常是指绿色植物吸收光能，把二氧化碳和水通过酶的作用转变成有机物，同时释放氧气的过程。植物通过光合作用制造有机物的规模是非常巨大的，据估计，植物每年可吸收 CO_2 约 7×10^{11} 吨，合成约 5000 亿吨的有机物。人类所需的粮食、油料、纤维、木材、糖、水果等，无不来自光合作用，没有光合作用，人类就没有食物和各种生活用品。换句话说，没有光合作用就没有人类的生存和发展。另外，大气之所以能经常保持 21% 的氧含量，主要依赖于光合作用。光合作用一方面为有氧呼吸提供了条件，另一方面，氧气的积累，逐渐形成了大气表层的臭氧（O_3）层。臭氧层能吸收太阳光中对生物体有害的强烈的紫外辐射。植物的光合作用虽然能清除大气中大量的 CO_2，但大气中 CO_2 的浓度仍然在增加，这主要是由城市化及工业化所致。我国将每年的 3 月 12 日定为植树节（图 5-1），旨在让大家树立起植树造林的意识，自觉保护森林。

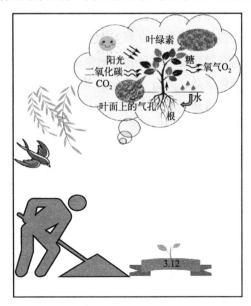

图 5-1　3 月 12 日植树节

为了提高大家低碳、环保的生活意识，支付宝 App 通过设立"蚂蚁森林"的方式，倡导大家选择公共交通或步行等绿色交通方式，以此达到节能、减碳的目的。相应地，当个人累积的能量达到一定数量时，蚂蚁森林会相应地种植一棵树（图5-2），这种互相促进的方式得到了大家的认可和欢迎。

图 5-2　支付宝 App 的蚂蚁森林场景

植树造林不仅能够美化人们的生活环境，还能扩大森林资源、防止水土流失、防风固沙、保护农田、调节气候、保持生态平衡和促进经济发展，在一定程度上起到吸收、转化二氧化碳的目的。然而，植物的光合作用是一个缓慢的酶催化转化过程，这导致其吸收、转化二氧化碳的效率较低。面对快速增长的二氧化碳的释放量，单纯依靠植物光合作用很难达到碳中和的目的，因此需要开发其他的中和手段。化学中和成为必然的选择，因为化学中和的方法多、效率高，有利于大幅提高碳中和的效率。化学中和是通过直接或者间接的方法，将二氧化碳转变为其他高附加值的产品，如化学燃料、精细化学品、大分子化学品等，一方面实现了二氧化碳的消耗，另一方面又能提供新的产品，是实现"碳中和"的必然选择。

5.1.5　碳中和的核心——催化化学

（1）催化起源

100多年前的一天，贝采利乌斯在化学实验室忙碌地进行着实验，傍晚，他的妻子玛利亚准备了酒菜宴请亲友，祝贺她的生日。贝采利乌斯沉浸在实验中，把这件事全忘了，直到玛利亚把他从实验室拉出来，他才恍然大悟，匆忙地赶回家。一进屋，客人们纷纷举杯向他祝贺，他顾不上洗手就接过一

化学家——贝采利乌斯

杯蜜桃酒一饮而尽。当他自己斟满第二杯酒干杯时，却皱起眉头喊道："玛利亚，你怎么把醋拿给我喝！"玛利亚和客人都愣住了。玛利亚仔细瞧着那瓶子，还倒出一杯来品尝，一点儿都没错，确实是香醇的蜜桃酒啊！贝采利乌斯随手把自己倒的那杯酒递过去，玛利亚喝了一口，几乎全吐了出来，也说："甜酒怎么一下子变成醋酸啦？"客人们纷纷凑近，观察着，猜测着这"神杯"发生的怪事。贝采利乌斯发现，原来酒杯里有少量黑色粉末，他瞧瞧自己的手，发现手上沾满了在实验室研磨白金时沾上的铂黑。他兴奋地把那杯酸酒一饮而尽。原来，把酒变成醋酸的魔力是来源于白金粉末，是它加快了乙醇（酒精）和空气中的氧气发生化学反应，生成了醋酸。后来，人们把这一作用叫做触媒作用或催化作用。1836 年，他还在《物理学与化学年鉴》杂志上发表了一篇论文，首次提出化学反应中使用的"催化"与"催化剂"概念。

（2）催化的发展史

萌芽时期：我国在几千年前就利用发酵法，即现今的酶催化法酿酒和制醋，但直到 1746 年 Roebuck 在依靠铅室法制造硫酸时，用 NO 作气相催化剂促使 SO_2 氧化成 SO_3，才实现了第一个现代工业催化过程。在 20 世纪到来之前，工业催化剂还处在萌芽阶段，在化学工业生产中尚未显露出重要作用。

奠基时期：进入 20 世纪后，工业催化剂才有了真正的发展。1902 年 Normann 实现了用镍催化剂使脂肪加氢制硬化油的工业化生产。1905 年 Haber 发现金属锇、铀及碳化铀对氨合成具较高催化活性，但锇易挥发而失活，铀则易被含氧化合物污染造成催化剂中毒。1909 年 C. Bosch 选用铁为催化剂，经 A. Mittasch 改进后，终于在 1913 年在德国 Oppau 的 BASF 公司建厂，由氮与氢合成氨。与制氨相关的水煤气变换催化剂是 C. Bosch 与 W. Wild 于 1912 年开发出的铁-铬催化剂，一直沿用至今。

大发展时期：20 世纪 30~60 年代工业催化进入大发展时期，1933 年德国鲁尔化学公司利用费歇尔（Fisher）的研究成果建立以煤为原料，从合成气制备烃类化合物的工厂，并生成所需的钴负载型催化剂，以硅藻土为载体。该制烃工业生产过程称为费歇尔-托罗普施过程，简称"费-托合成"，第二次世界大战期间在德国大规模采用，40 年代又在南非建厂。在这一时期，工业催化剂的品质大幅增加，选择性氧化混合催化剂发展，沸石分子筛催化剂崛起，这些新型催化剂的发现与发展带来了催化剂的大发展。

随着科技的发展，新测试手段和新数据处理方法不断涌现，催化科学正朝着多学科交叉融合的阶段发展，人们对于催化过程的认识也得到了进一步的深入，具体表现为以下几个方面。①从宏观到微观，再到介观，通过深入到微观，研究分子、原子层次的运动规律，更能掌握化学变化的本质和结构与物性的关系。②从体相到表相，在多相系统中，化学反应总是在表相上进行。随着测试手段的进步，了解表相反应的实际过程，推动表面化学和多相催化的发展。③从静态到动态，静态的研究是利用热力学函数判断变化的方向和限度，但无法给出变化的细节，动态的研究则可以给出反应的过程，激光（laser）技术和分子束（molecular beam）技术的出现，使人们真正地研究化学反应的动态问题。④从定性到定量，随着计算机技术的飞速发展，大大缩短了数据处理的时间，并可进行自动记录和人工拟合，利用计算机还可以模拟放大和分子设计，许多以前只能做定性研究，现在可进行定量监测，做原位反应。⑤从单一学科到边缘交叉学科，催化科学内部及与其他学科（如表面科学、晶体科学、材料科学等）相互渗透、相互结合，形成了许多极具生命力的边缘学科。⑥从平衡态的研究到非平衡态的研究，对处于非平衡态的敞开系统的研究更具有实际意义。

（3）催化剂的定义

催化剂是一种在化学反应里能改变（提高或降低）反应物化学反应速率而不改变化学平衡，且本身的质量和化学性质在化学反应前后都没有发生改变的物质（固体催化剂也叫触媒）。可提高反应的速率的催化剂称为正催化剂，可降低反应速率的，称为阻化剂或负催化剂，工业上大部分用的是正催化剂，而塑料和橡胶中的防老剂，金属防腐用的缓蚀剂和汽油燃烧中的防爆震剂等都是阻化剂，催化剂是参与反应的，其物理性质有可能改变。催化剂的作用原理本质上讲是改变了反应的过程，使反应的活化能大幅降低，从而使得反应更容易进行（图 5-3）。

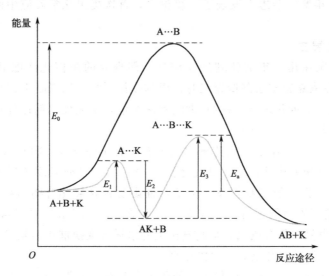

图 5-3　催化剂的作用原理

（4）催化反应的特点

①催化剂提高反应速率的本质是改变了反应的历程，降低了整个反应的表观活化能。②催化剂在反应前后，化学性质没有改变，但物理性质可能会发生改变。③催化剂不影响化学平衡，不能改变反应的方向和限度，正催化剂同时提高正向和逆向反应的速率，使平衡提前到达。④催化剂有特殊的选择性，在不同的反应条件下，用同一催化剂有可能得到不同产品。⑤有些反应的速率和催化剂的浓度成正比，这可能是催化剂参与了反应成为中间化合物。对于气-固相催化反应，增加催化剂的用量或增加催化剂的比表面，都将提高反应速率。⑥少量的杂质常可以强烈地影响催化剂的作用，这些杂质既可成为助催化剂，也可成为反应的毒物。

（5）催化剂的分类

催化剂种类繁多，按状态可分为液态催化剂和固态催化剂。按反应体系的相态分为均相催化剂和多相催化剂，均相催化剂有液体酸催化剂、碱催化剂、可溶性过渡金属化合物催化剂和过氧化物催化剂。多相催化剂有固体酸催化剂、有机碱催化剂、金属催化剂、金属氧化物催化剂、络合物催化剂、稀土催化剂、分子筛催化剂、生物催化剂、纳米催化剂等。按照反应类型又分为聚合催化剂、缩聚催化剂、酯化催化剂、缩醛化催化剂、加氢催化剂、脱氢催化剂、氧化催化剂、还原催化剂、烷基化催化剂、异构化催化剂等。按照作用大小还分为主催化剂和助催化剂。

5.2 二氧化碳的催化转化

利用催化剂将二氧化碳转变为各类燃料、精细化学品、大分子等高附加值产物是实现碳中和的有效手段。

二氧化碳（carbon dioxide），一种碳氧化合物，化学式为 CO_2，分子量为 44.0095，常温常压下是一种无色无味或无色无臭而其水溶液略有酸味的气体，还是一种常见的温室气体，还是空气的组分之一（占大气总体积的 0.03%～0.04%）。在物理性质方面，二氧化碳的熔点为 −56.6℃（527kPa），沸点为 −78.5℃，密度比空气密度大（标准条件下），溶于水，热容大。二氧化碳的化学性质不活泼，热稳定性很高（2000℃时仅有 1.8% 分解），不能燃烧，通常也不支持燃烧，属于酸性氧化物，具有酸性氧化物的通性，因与水反应生成的是碳酸，所以是碳酸的酸酐。二氧化碳一般可由高温煅烧石灰石或由石灰石和稀盐酸反应制得，主要应用于冷藏易腐败的食品（固态）、作制冷剂（液态）、制造碳化软饮料（气态）和作均相反应的溶剂（超临界状态）等。关于其毒性，研究表明，低浓度的二氧化碳没有毒性，高浓度的二氧化碳则会使人和其他动物中毒。

5.2.1 二氧化碳催化转化为燃料

二氧化碳热容大，容热能力强。二氧化碳的化学稳定性好，将其进行中和需要催化剂的参与，通过对其进行加氢还原可以得到可燃性的产物，如一氧化碳（CO）、甲烷（CH_4）、甲醇（CH_3OH）等。

5.2.1.1 二氧化碳转化为一氧化碳

一氧化碳化学式为 CO，分子量为 28.01，通常状况下是无色、无臭、无味的气体；一氧化碳的熔点为 −205℃，沸点为 −191.5℃，难溶于水（20℃时在 100g 水中可溶解 0.00284g），不易液化和固化。

一氧化碳的化学性质：既有还原性，又有氧化性，能发生氧化反应（燃烧反应）、歧化反应等；同时具有毒性，较高浓度时能使人出现不同程度中毒症状，危害人体的脑、心、肝、肾、肺及其他组织，甚至电击样死亡，人吸入最低致死浓度为 5000ppm（5min）。生活中遇见的煤气中毒，本质上就是一氧化碳中毒（图 5-4）。煤气中的主要物质是一氧化碳，在通过呼吸道进入人体以后，就通过肺换气功能进入血液，一氧化碳在血液中与血红蛋白结合，形成碳氧血红蛋白，就会抑制正常的氧合血红蛋白解离、传递，从而导致患者出现严重缺氧的状态。

一氧化碳的用途：一氧化碳在化学工业、冶金工业等领域都有广泛的应用。在化学工业中，一氧化碳是一碳化学的基础，作为合成气和各类煤气的主要组分，一氧化碳是合成一系列基本有机化工产品和中间体的重要原料，由一氧化碳出发，可以制取几乎所有的基础化学品，如氨、光气以及醇、酸、酐、酯、醛、醚、胺、烷烃和烯烃等。同时，利用一氧化碳与过渡金属反应生成羰络金属或羰络金属衍生物的性质，可以制备有机化工生产所需的各类均相反应催化剂。在冶金工业中，利用羰络金属的热分解反应，一氧化碳可用于从原矿中提取高纯镍，也可以用来获取高纯粉末金属（如锌白颜料）、生产某些高纯金属膜（如钨膜和钼膜等）。同时，一氧化碳可用作精炼金属的还原剂，如在炼钢高炉中用于还原铁的氧化物；

图 5-4　CO 中毒场景

而在多晶态钻石膜的生产中，则可用一氧化碳（≥99.99%）为化学气相沉积工艺过程提供碳源。此外，一氧化碳和氢气组成的混合物（合成气）可用于生产某些特殊的钢，如直接还原铁矿石生产海绵铁。除了化学工业和冶金工业两方面的应用外，一氧化碳还可用作燃料，高纯一氧化碳则主要用作标准气体，用于一氧化碳激光器、环境监测及科学研究中。其中，一氧化碳标准气体可应用于石油化工工艺控制仪器的校准和检测、石油化工产品质量的控制、环境污染物检测、汽车尾气排放检测、矿井用报警器的校准、各种工厂尾气的检测、医疗仪器校验、电力系统变压器油质量检测、空分产品质量控制、交通安全检测仪器的校正、地质勘探与地震监测、冶金分析、燃气具实验与热值分析、化肥工业仪器仪表校准等。此外，一氧化碳常用于鱼、肉、果蔬及袋装大米的保鲜，特别是生鱼片的保鲜，又因其可以使肉制品色泽红润而被作为颜色固定剂。

原则上，二氧化碳可用于一碳化学，但其高热力学和动力学稳定性限制了其适用性，仅有少数工业应用。另一方面，在许多工业合成中，一氧化碳用途更广泛，是大型化学工业项目的关键原料，如烃类的费-托合成。迄今为止，科学家们已经开发出了很多将 CO_2 转化为 CO 的方法。

① 逆水煤气变换反应法。

$$CO + H_2O \xrightleftharpoons[\text{逆水煤气变换/金属催化剂}]{\text{水煤气变换/金属催化剂}} CO_2 + H_2$$

化学工业中，利用一氧化碳与水的反应可以得到二氧化碳和氢气，这是著名的水煤气变换反应（water-gas shift reaction，WGSR），该反应主要应用在以煤、石油和天然气为原料的制氢工业和合成氨工业中，另外在合成气制醇、制烃催化过程中，低温水煤气变换反应通常用于甲醇重整制氢反应中大量 CO 的去除。一氧化碳和氢气都是会燃烧的气体，工业上把这样的混合气叫"水煤气"。WGSR 是放热反应，较低的反应温度有利于化学平衡，但反应温度过低则会影响反应速率，从纯化学的角度来看，水煤气变换反应的正向反应是水合反应，逆向反应是一个加氢及脱水反应。水煤气变换反应的逆反应是一个将二氧化碳转变为一氧化碳和氢气的反应，又称为逆水煤气变换反应（RWGSR）。陈经广教授课题组总结了 100 多种金属催化剂，如铜（Cu）、钯（Pd）、金（Au）、铂（Pt）、镍（Ni）、铼（Re）、铑（Rh）、钌（Ru）、钴（Co）、铁（Fe）、钼（Mo）等，都可催化逆水煤气变换反应，常用的载体有氧化锌（ZnO）、氧化钛（TiO_2）、氧化硅（SiO_2）、氧化铝（Al_2O_3）等。这些催化剂催化二氧化碳转化通常需要高压（1～8MPa）和递升的温度（200～600℃），高温的反应条件可以抑制水煤气变换反应的发生（因为该反应为放热反应），但是二氧化碳高转化为一氧化碳仍然是一个挑战。

② 电化学还原法。电化学还原二氧化碳（CO_2RR），将可再生的电力资源转变为燃料和其他化学品。在众多二氧化碳电还原过程中，将其还原为一氧化碳被认为是最有经济性和技术上最可行的路线之一，通过设计催化剂、电解质和深入研究催化反应机制，大幅提高电催化还原技术的工业化应用。

二氧化碳电催化还原为一氧化碳的研究可追溯至 20 世纪 60 年代，二氧化碳还原制备一氧化碳的催化剂发展时间如图 5-5 所示，到目前为止，电催化剂的发展取得了长足的进步。然而，由于二氧化碳是一种线性分子，结构中包含两个相同的三中心和四电子的离域 π 键。这种结构具有三键的特点，导致分子具有高的热力学稳定性，其中 C=O 的解离能高达 750kJ/mol，因此活化二氧化碳分子需要高的过电势，导致能源利用效率低。二氧化碳的电催化还原过程是一个复杂的多质子和电子转移过程，不同过程可以得到不同的产物，如蚁酸（HCOOH）、一氧化碳、甲醇、甲烷、乙烯、乙醇等。这些产物的过电势相近，导致每个产品的选择性较低，因此，降低过电势，提高能源效率，提高特定产品的选择性是二氧化碳电催化还原领域的挑战，也是面向工业化应用必须解决的问题。

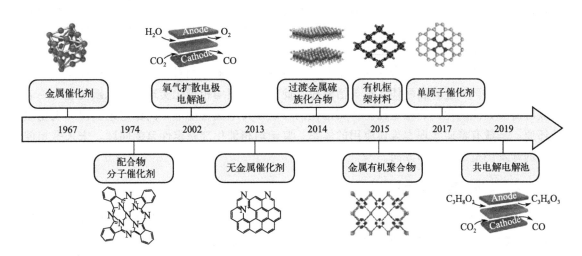

图 5-5 二氧化碳电还原制备一氧化碳催化剂的发展时间

单原子催化由我国科学家张涛、李隽及刘景月教授于 2011 年共同提出，活性金属以单个原子的形式负载于载体表面，并主要是通过与异原子键合方式连接在载体表面，金属原子的配位环境可能不完全一致。当每一个单分散的活性金属原子配位环境完全一致时，单原子催化也是单位点催化。单原子催化剂并不是指单个零价的金属原子是活性中心，单原子也与载体的其他原子发生电子转移等配位作用，往往呈现一定的电荷性，金属原子与周边配位原子协同作用是催化剂高活性的主要原因。金属单原子与载体一起构成了新的催化剂家族，具有最大的原子利用率和确定的活性中心。这些单原子催化位点以配位键合的方式被锚定在固态载体上，孤立金属位点的原子利用率接近 100%，这是个很大的优势，尤其是对于贵金属基催化剂。除了可以大大提高原子利用率，单原子催化剂的另一个重要特点是金属中心在载体是空间上隔离的，并且载体对整体的催化性能具有巨大影响。湖南大学王双印教授课题组开发了一种氟配位的单原子金属锡催化剂用于二氧化碳电催化还原制备一氧化碳，该催化剂的法拉第效率高达 90.0%，还原电势宽（$-0.2\sim0.6V$ vs 可逆氢电极）。陈军院士课题组报道了一种石墨烯量子点负载单原子催化剂的设计策略，可以用于多种金属如 Cr、Mn、Fe、Co、Ni、Cu、Zn 的单原子催化剂，金属的负载量高达 3.0%～4.5%（质量分数），其中将石墨烯量子点组装管状碳负载的 Ni 单原子催化剂用于二氧化碳电催化还原表现出高催化活性，一氧化碳的法拉第效率为 99%（$-0.75V$ vs. RHE），选择性接近 100%。中国科学院理化技术研究所张铁锐研究员课题组开发了一种润湿性可控的 Au/C 催化剂，通过调控二氧化碳的表面扩散实现了高电流密度下的高还原催化性能。随着科学家们对单原子催化剂的研究深入，未来将会有更多的相关成果出现。

总之，电化学还原二氧化碳制备高附加值化学品和燃料为人们实现"碳中和"提供了一条新的策略，其中通过该方法制备一氧化碳是最具商业化价值的路线。尽管在工业中和在二氧化碳制备化学品的道路上依然存在很多具有挑战性的问题，但是仍然要坚信在不久的将来，随着对反应机制、催化剂和电解池性质的深入研究和技术整合与改进，电化学还原二氧化碳制备一氧化碳的工业化终会实现。

③ 均相催化转化法。均相催化剂具有明确的配位结构，过渡金属的核和有机配体具有明确的配位方式和几何结构，通过动力学和合成步骤的调节，可以合成具有不同活性位的催化剂。均相催化二氧化碳还原为一氧化碳的研究最早可追溯至 20 世纪 80 年代，基于第Ⅷ族金属，法拉第效率约为 80%。均相催化里，金属配合物催化剂起到电极与二氧化碳之间电子传递媒介作用，接受来自电极的电子，产生还原态金属配合物，在还原的过程中，将电子传递给二氧化碳，催化剂本身回到初始价态。可见，均相催化相对于多相催化的优势在于可以通过合成和调节金属和配体实现灵活调控。此外，利用均相催化实现二氧化碳转变为一氧化碳时需要关注催化剂的稳定性。多相催化剂可以在高电流密度下，高稳定地实现二氧化碳的还原，是最有希望实现大规模应用的体系。鉴于均相催化剂稳定性差的问题，未来多相催化剂的开发仍是该领域的方向。

5.2.1.2 二氧化碳转化为甲烷

甲烷分子式是 CH_4，分子量为 16.04。甲烷是最简单的有机物，也是含碳量最小（含氢量最大）的烃；甲烷在自然界的分布很广，是天然气、沼气、坑气等的主要成分，俗称瓦斯。

甲烷的应用：甲烷高温分解可得炭黑，用作颜料、油墨、油漆以及橡胶的添加剂等。它可用作燃料，还可用作太阳能电池、非晶硅膜气相化学沉积的碳源。除作燃料外，甲烷还可用作医药化工合成的生产原料，大量用于合成氨、尿素和炭黑，生产甲醇、氢气、乙炔、乙烯、甲醛、二硫化碳、硝基甲烷、氢氰酸和 1,4-丁二醇等。甲烷氯化可得一氯甲烷、二氯甲烷、三氯甲烷及四氯化碳等有机溶剂。通过化学的方法，实现二氧化碳向甲烷转化，即二氧化碳的甲烷化也是一种碳中和的方法。

二氧化碳甲烷化是指 CO_2 与氢气（H_2）生成甲烷的反应，最早发现于 1902 年，该反应提供了从能源到气体转化的平台，为碳循环经济提供了可能。当需要的时候，甲烷化生成的甲烷可以储存和再应用于发电。此外，二氧化碳甲烷化也是未来人类载人星际旅行的关键，因为二氧化碳和氢气可以通过呼吸和电解水得到。二氧化碳的甲烷化目前主要有四类方法，即热催化法、电催化法、光还原和光热还原催化法及生物转化法。

① 热催化法。

$$CO_2 + 4H_2 \rightleftharpoons CH_4 + 2H_2O \qquad \Delta_r H_m(298K) = -164kJ/mol$$

甲烷化的催化剂需要满足两个条件：低温下表现出高效和高催化活性；在高温下催化活性保持稳定。目前，由于价格低和储量丰富的特点，镍基催化剂成为应用最多的催化剂，但是镍基催化剂存在的问题是易烧结，形成可移动的羰基镍物质，产生积碳，导致其稳定性较差。相比而言，钌（Ru）基催化剂在宽温度范围内都表现出高的活性和稳定性，其他的贵金属如铑（Rh）和钯（Pd）都表现出甲烷化活性，但是由于它们的价格高，因此，开发非贵金属催化剂一直是目前的研究热点。

镍基催化剂中镍金属的颗粒越小，分散度越高，其活性越好，因此开发小粒径、热稳定性好、高甲烷转化活性和高选择性的催化剂是镍基催化剂的研究热点。除了活性组分，催化剂的载体对甲烷化的性能影响也较大，昆明理工大学张秋林教授课题组系统总结了铈（Ce）基催化剂用于二氧化碳甲烷化的相关研究。铈作为地壳中含量比较丰富的稀土元素，氧化铈（CeO_2）具有作为甲烷化催化剂载体的先天优势，它的金属载体相互作用具有很好的可调节性且富含大量氧空位。以氧化铈为载体的甲烷化催化剂中，$Ru\text{-}CeO_2$ 和 $Ni\text{-}CeO_2$ 催化剂表现出优异的低温甲烷化性能，成为铈基催化剂的热点研究对象，目前铈基催化剂的催化反应机制和催化剂的结构-性能的关系需要进一步研究阐明。上海应用技术大学赵喆教授课题组制备了一种三维有序的大孔铁酸镍（$NiFe_2O_4$）催化剂，实现了常压低温 350℃ 下二氧化碳甲烷化，该催化剂的甲烷收率高达 $10408\mu mol/g$。针对镍剂催化剂高温下稳定性差、易流动的问题，南京大学郭学锋教授课题组创新地利用一种离子交换反向负载的方法制备了一种 CO 甲烷化"豆荚状"包覆型 $Ni\text{-}Al_2O_3$ 催化剂，见图 5-6，该催化剂的镍负载量高达 44%，该催化剂实现了低温 280℃ 下 100% 的二氧化碳转化，其中甲烷的收率大于 90%，表现出优异的甲烷化性能。二氧化碳甲烷化的研究正在向着低温、高收率的方向发展，未来将会有更多优秀成果诞生。

② 电催化法。电催化法也是实现二氧化碳甲烷化的一种方式，然而电催化转化目前存在的问题是缺乏一种可以将二氧化碳转化为特定产物的催化剂，诸如金（Au）、银（Ag）、锡（Sn）和铋（Bi）等催化剂仅能通过两电子还原路径实现二氧化碳到一氧化碳或者甲酸的转化。迄今为止，经过科学家的筛选发现，在大量的金属催化剂中，铜（Cu）基催化剂能够实现由二氧化碳向 $C_1 \sim C_2$ 产物转化，包括甲烷、乙烯及其氧化物（如乙醇和乙酸）。南京师范大学的兰亚乾教授课题组开发了两种一价铜基配位聚合物（NNU-32 和 NNU-33），实现了在高电流密度（$391mA/cm^2$）下高达 82% 的甲烷选择性。该研究为电催化还原二氧化碳提供了一个典型的思路，未来还需要开发高甲烷选择性和高产率的铜基催化剂。

近年来，碳基无金属催化剂成为科学家们重点研究对象。因为碳材料价格低廉、比表面积大和电子结构可调，作为一种无金属催化剂成为目前电催化剂的一个新星。与金属催化剂不同的是，纯碳材料是化学惰性的，不具备吸附催化的能力，需要在其基体上引入活性基

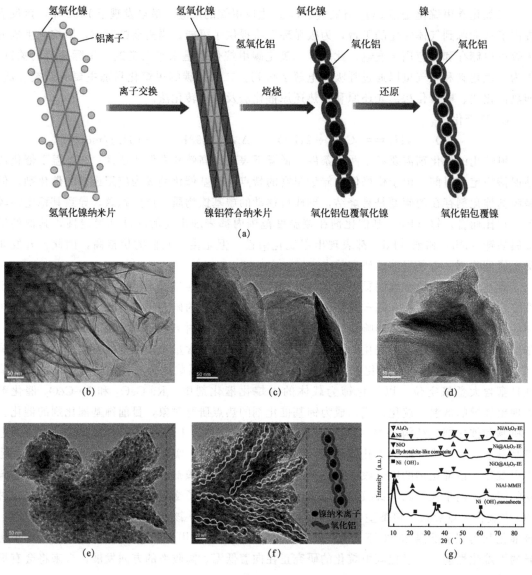

图 5-6 "豆荚状"包覆型催化剂

团，杂原子（硫、氮、硼、磷等）掺杂是通常的活性基团，这些基团的引入可以改变电子结构。经过掺杂的碳纳米管、碳纳米纤维、石墨烯等材料表现出优于金属银、金、铋、锡等金属催化剂的二氧化碳转化性能，然而碳催化剂很难实现高阶产品的转化。大量的计算化学研究表明，掺杂碳催化剂表面更容易形成羧基中间体，不利于形成羰基中间体，因此无法继续加氢还原到烃类产物。上海大学王亮研究员课题组发现羟基（—OH）和氨基（—NH$_2$）功能化的石墨烯量子点作为催化剂成功实现了二氧化碳的甲烷化，在高电流密度（200mA/cm^2）下法拉第效率高达 70％。优异的催化效率一方面源于官能团对碳基体电子结构的调节，另一方面归功于官能团对中间产物的稳定作用。

③ 光还原和光热还原催化法。光还原法是利用光激发催化剂产生电子，进而还原基体分子的方法。相比于电催化法、热催化法，光还原法更具优势，因为所用到的太阳能是一种

清洁、可再生能源。光催化还原二氧化碳制备甲烷和一氧化碳在过去的几十年取得了很大的进展，但是过去所用的光源通常为紫外线，这极大地限制了太阳光能的使用效率。另外，二氧化碳光还原的过程中通常伴随着水还原过程，导致二氧化碳还原为甲烷的选择性通常较低，因此目前的研究集中在开发可见光诱导二氧化碳还原的催化剂。2019年，北京化工大学的宋宇飞教授课题组报道了一种具有单层结构的 Ni-Al 层状双羟基化合物（Ni-Al LDH），实现了在波长大于 600nm 的可见光诱导下催化二氧化碳甲烷化，甲烷的选择性高达 70.3%，该研究工作为合理设计可见光催化剂用于二氧化碳甲烷化提供了一个很好的例子。在光催化领域，具有半导体性的碳材料作为催化剂同样发挥了重要的作用。其中石墨相的氮化碳材料（g-C_3N_4）由于具有优异的氧化还原能力和可见光相应性能，吸引了光催化科学家的注意，上海电力大学郭瑞堂教授课题组系统总结了氮化碳催化剂的研究进展，提出未来氮化碳催化剂需要继续在提高其催化甲烷选择性上进行努力。

二氧化碳的还原还可以通过将光还原和热还原结合起来进行，即光热还原。光热还原通过光催化和热催化的协同作用来驱动催化转化。辽宁工业大学刘会敏教授系统总结了光热催化法（图 5-7），由于其同时具备光催化和热催化的优点，因此，成为另一个科学家们关注的对象。光热催化体系里，光一方面诱导催化剂产生光电子，另一方面诱导催化剂产生热量，促进热催化过程。催化剂是决定光热催化过程关键因素之一，不同类型的催化剂催化转化的产物亦不相同。研发发现，第Ⅷ族的元素，如 Ru（钌）、Pt（铂）和 Ni（镍）全波段光谱内都展现出优异的光转热性能，与此同时，大部分的Ⅷ族元素都具有活化

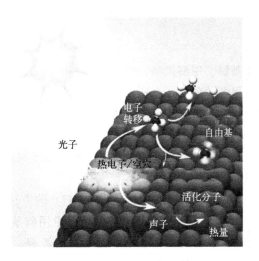

图 5-7 光热催化的原理

氢的能力，基于以上原因，光热还原的催化剂主要从该族元素里选择和组合，目前该族元素组合的催化剂甲烷化的选择性超过 99%。

④ 生物转化法。生物转化法也是一种二氧化碳甲烷化的转化办法，该方法的反应条件温和，不需要高温等苛刻条件。生物转化法利用的是藻类生物的光化学合成功能，相比于催化法，该方法是一种绿色节能的方法。生物转化法通常在 30℃ 和大气压力下发生，但是需要额外提供连续的光源。此外，藻类生物转化体系还需要提供土壤、水和气候条件，这导致该方法的实用价值不高。

5.2.1.3 二氧化碳转化为甲醇

甲醇（methanol）又称羟基甲烷，是结构最简单的饱和一元醇，其化学式为 CH_3OH，分子量为 32.04，沸点为 64.7℃。因在干馏木材中首次被发现，故又称"木醇"或"木精"。人口服中毒最低剂量约为 100mg/(kg 体重)，经口摄入 0.3～1g/kg 可致死。

甲醇的应用如下。①基本有机原料之一，用于制造氯甲烷、甲胺和硫酸二甲酯等多种有机产品，是农药（杀虫剂、杀螨剂）、医药（磺胺类、合霉素等）的原料，也是合成对苯二

甲酸二甲酯、甲基丙烯酸甲酯和丙烯酸甲酯的原料之一。②甲醇是生产甲醛和醋酸的主要原料，甲醛可用来生产胶黏剂，主要用于木材加工业，其次是用作模塑料、涂料、纺织物及纸张等的处理剂。③甲醇可用于制造生长促进剂，可以促进农作物增产，保持枝叶鲜嫩、苗壮茂盛，在夏天也不会枯萎，可大量减少灌溉用水，有利于旱地作物的生长。④可合成甲醇蛋白，以甲醇为原料经微生物发酵生产的甲醇蛋白被称为第二代单细胞蛋白，与天然蛋白质相比，营养价值更高，粗蛋白含量比鱼粉和大豆高得多，而且含有丰富的氨基酸、矿物质和维生素，可以代替鱼粉、大豆、骨粉、肉类和脱脂奶粉。⑤通常甲醇是一种比乙醇更好的溶剂，可以溶解许多无机盐，亦可掺入汽油作替代燃料使用。20世纪80年代以来，甲醇用于生产汽油辛烷值添加剂甲基叔丁基醚、甲醇汽油、甲醇燃料等产品（图5-8）。

图 5-8　甲醇燃料

甲醇的危害：众所周知，甲醇具有低毒性，对人体的神经系统和血液系统影响最大，它经消化道、呼吸道或皮肤摄入都会产生毒性反应，甲醇蒸气能损害人的呼吸道黏膜和视力。甲醇的中毒机制是，甲醇经人体代谢产生甲醛和甲酸（俗称蚁酸），然后对人体产生损害。常见的症状：先是产生喝醉的感觉，数小时后头痛、恶心、呕吐，以及视线模糊。严重者会失明，乃至丧命。

二氧化碳中和为甲醇（CH_3OH）的方法：基于甲醇的碳循环如图5-9所示，二氧化碳转变为甲醇是众多还原体系中最有应用前景的。甲醇可以作为原料合成二甲醚、羰基二甲醚、甲醛、芳香族化合物、乙烯、丙烯等。甲醇也可以用于合成脂肪酸、生物柴油。在常温、常压下，甲醇呈现液体状，可以直接用于燃料电池。

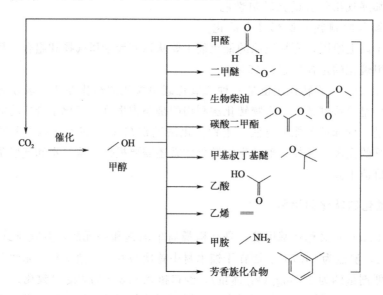

图 5-9　基于甲醇的碳循环

① 多相催化法。工业生产甲醇主要是通过合成气（一氧化碳和氢气），合成气主要是通过化石能源（如煤炭、天然气、生物质等）在高温下与水反应制得。未来，利用绿色可再生的二氧化碳和氢气制备甲醇，即 $CO_2 + 3H_2 \rightleftharpoons CH_3OH + H_2O$，将是一条理想、绿色的制备路线。然而，二氧化碳比一氧化碳的热力学稳定性更高，因此，利用二氧化碳加氢制备甲醇相对于一氧化碳制备甲醇更具有挑战性。从热力学的角度来看，二氧化碳还原制甲醇需要的反应条件是低温、高压。高温会导致逆水煤气变换反应的发生，因此，催化剂的设计方面，既要满足活化二氧化碳的目的，又要确保甲醇的完全转化。大量用于二氧化碳转化制备甲醇的催化剂体系被开发出来，其中铜基催化剂是研究最多的体系，铜本身的催化性能较差，需要添加助催化剂（图 5-10）。传统的铜-锌-铝催化剂含有 $50\% \sim 70\%$ 的氧化铜（CuO），$20\% \sim 50\%$ 的氧化锌（ZnO）和 $5\% \sim 20\%$ 的氧化铝，其催化二氧化碳到甲醇的转化率为 30%，甲醇的选择性为 $30\% \sim 70\%$，反应温度为 $220 \sim 300℃$，压力为 50 个大气压。该催化剂的低价，高活性，反应所需的温度、压力温和是该催化体系的突出优势。贵金属催化剂也是用于二氧化碳制备甲醇的热门催化剂之一，其中金属钯（Pd）具有较好的加氢性能，也被用于二氧化碳的加氢过程。其中 Pd-ZnO（钯-氧化锌）催化剂在 $250℃$、20 个大气压力下，可以实现二氧化碳的转化率为 11%，甲醇的选择性为 60%，其高活性是因为形成了 PdZn 合金，其中氧化锌组分吸附二氧化碳，钯组分吸附解离氢，因此该催化剂又被称为双功能催化剂。近年来，其他的氧化物催化剂也被开发出来，比如 $ZnO\text{-}ZrO_2$（氧化锌-氧化锆）催化剂、锆酸固溶体催化剂、氧化铟催化剂等，其中氧化铟催化剂的甲醇选择性高达 100%，但是其转化率低，通过贵金属组分的修饰可以有效提高氧化铟的转化率。天津大学刘昌俊教授课题组制备了一种铑（Rh）修饰的氧化铟催化剂（$Rh\text{-}In_2O_3$），实现了 17% 的二氧化碳转化率和高达 100% 的甲醇选择性。

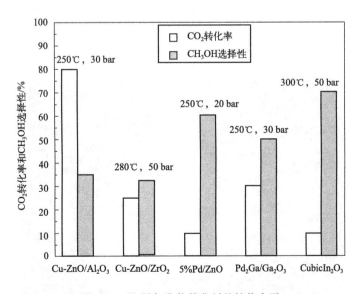

图 5-10 金属氧化物催化剂的性能水平

（$1bar = 10^5 Pa$）

② 均相催化法。均相催化法使用金属配合物为催化剂，但是该方法很难实现将二氧化碳直接转化为甲醇，直接转化的相关报道比较少。均相催化通常包含三个过程：①二氧化碳

加氢制备甲酸（HCOOH）；②甲酸进一步被活化生成活化酯，如甲酯、碳酸酯或氨基甲酸酯等；③酯类中间产物进一步加氢得到甲醇。均相催化剂对于每一步的催化过程不同，导致每一步的反应速率不匹配，因此很难实现一锅加氢到甲醇。到目前为止，一些过渡金属配合物（Co、Mn、Fe）和贵金属（Ru）配合物被开发出来用于均相催化二氧化碳加氢制备甲醇，然而，由于均相催化过程的复杂性，该方法的研究相对少于多相催化法。

③ 酶催化法。酶催化具有反应条件温和、高效、能耗低和转化率高的优点，在过去的几年里，酶催化还原二氧化碳崭露头角，成为二氧化碳还原的一个新领域。和均相催化类似的是酶催化的过程也是一个多级反应，因此通过酶催化直接实现二氧化碳到甲醇的转化仍然具有挑战性。目前，酶催化体系的甲醇产率比较低，即使延长反应时间，产率依然不高。提高产率需要引入高浓度的辅酶，这无疑增加了反应体系的成本。此外，酶催化过程对反应体系的 pH 很敏感，通常需要偏低的 pH 和略高于常温的反应条件。

④ 光催化法。光催化法（图 5-11）利用光作为能量驱动，具有光吸收性能的材料作为催化剂，水或氢气作为还原剂。在常温、常压下，利用水为还原剂可以实现二氧化碳的光催化还原，如果利用氢气作为还原剂则需要的反应条件更苛刻，通常需要结合热催化过程。常用的催化剂有氧化钛（TiO_2）、钒酸铋（$BiVO_4$）、氧化亚铜（Cu_2O）、氧化锌（ZnO）、硫化锌（ZnS）、α-氧化铁（α-Fe_2O_3）、氧化钨（WO_3）、钛酸锶（$SrTiO_3$）、硒化镉（$CdSe$）、氧化镓（Ga_2O_3）、氧化锆（ZrO_2）和氮化碳（C_3N_4）。带宽窄的半导体材料可以吸收可见光，然而，要想同时实现水的氧化和二氧化碳的还原过程，需要对催化剂的成键结构进行修饰，可以通过负载、掺杂、敏化、改变晶体大小、改变形貌和形成异质结等方式进行。通过负载金属活性组分，形成复合催化剂，可以实现光催化性能的提升。如西南石油大学的周莹教授课题组报道了一种氮化碳负载硫化钴光催化剂，使得甲醇选择性高达 87.2%，远高于纯氮化碳催化剂的催化选择性（38.6%）。西安科技大学张亚婷教授课题组报道了一种氮化碳负载锌掺杂的钒酸铋催化剂，用于光催化还原二氧化碳，该催化剂实现了高达 90.5% 的甲醇选择性和 609.1 μmol/(g·h) 的甲醇生成速率。

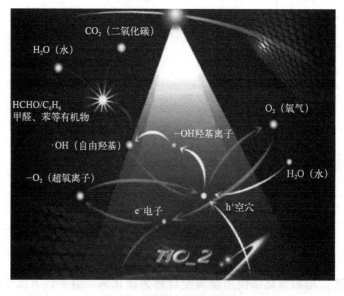

图 5-11 光催化的作用原理

⑤ 电催化法。电催化还原法也是一种实现将二氧化碳还原为甲醇的方法，其可在室温、常压下发生，不需要额外提供还原剂（H₂）。电催化还原二氧化碳通常是在水系电解质里进行的，通常将近中性或者碱性的碳酸氢盐作为电解质。据报道，离子液体既可以作为电解质溶剂，也可以用作电催化还原二氧化碳的催化剂，据报道，该类电解质也表现出较高的法拉第效率。大量的金属电催化剂被用于二氧化碳电催化还原，其中铜基催化剂的活性和效率都比较低，经过贵金属掺杂的钯-铜合金催化剂的光催化还原性能则进一步的提高。随着研究的深入，科学家们发现，具有高比表面积和导电性的碳材料可以稳定大负载量的金属。相关的研究发现，单原子铜负载于碳材料可以实现高达 59% 的法拉第效率。

虽然二氧化碳中和为甲醇的方法众多，但是多相催化转化法和电催化法最有优势，其中多相催化还原的方法无论是从科学的角度还是从技术的角度都相对成熟，但是电催化还原的方法在二氧化碳转化甲醇的研究中表现出较大的潜力，对于这两种方法，可持续的电力供应是先决条件，因为多相催化还原需要还原剂（氢气）的参与，氢气来源于电解水，电催化需要电源的参与，这两者都离不开电力资源这个前提。

5.2.2 二氧化碳催化转化为精细化学品

5.2.2.1 二氧化碳转化为烯烃

烯烃是指含有 C═C（碳-碳双键）的碳氢化合物，属于不饱和烃，分为链烯烃与环烯烃。按含双键的多少分别称单烯烃、二烯烃等。双键中有一个能量较高的 π 键，不稳定，易断裂，所以会发生加成反应。链状单烯烃分子通式为 C_nH_{2n}，常温下 $C_2 \sim C_4$ 为气体，是非极性分子，不溶或微溶于水。双键基团是烯烃分子中的官能团，具有反应活性，可发生氢化、卤化、水合、卤氢化、次卤酸化、硫酸酯化、环氧化、聚合等加成反应，还可氧化发生双键的断裂，生成醛、羧酸等。烯烃可由卤代烷与氢氧化钠醇溶液反应制得，也可由醇失水或由邻二卤代烷与锌反应制得。小分子烯烃主要来自石油裂解气。环烯烃在植物精油中存在较多，许多可用作香料。

烯烃是有机合成中的重要基础原料，用于制聚烯烃和合成橡胶。烯烃中的乙烯工业是石油化工产业的核心，乙烯产品占石化产品的 75% 以上，将乙烯产量作为衡量一个国家石油化工发展水平的重要标志之一。

中国古代就发现将果实放在燃烧香烛的房子里可以促进采摘果实的成熟。19 世纪德国人发现在泄漏的煤气管道旁的树叶容易脱落。第一个发现植物材料能产生一种气体，并能对邻近植物产生影响的是卡曾斯，他发现橘子产生的气体能催熟与其混装在一起的香蕉。直到 1934 年甘恩（Gane）才首先证明植物组织确实能产生乙烯。气相色谱技术的应用，使乙烯的生物化学和生理学研究方面取得了许多成果，并证明在高等植物的各个部位都能产生乙烯，1966 年乙烯被正式确定为植物激素。

在工业领域，乙烯是石油化工最基本原料之一，在合成材料方面，大量用于生产聚乙烯、氯乙烯及聚氯乙烯，乙苯、苯乙烯、聚苯乙烯以及乙丙橡胶等；在有机合成方面，广泛用于合成乙醇、环氧乙烷及乙二醇、乙醛、乙酸、丙醛、丙酸及其衍生物等多种基本有机合成原料；经卤化，可制氯代乙烯、氯代乙烷、溴代乙烷；经齐聚反应可制 α-烯烃，进而生产高级醇、烷基苯等；在农业方面，乙烯用作脐橙、蜜橘、香蕉等水果的环保催熟气体；乙烯还可用于医药合成、高新材料合成。

在过去的 20 年里，寻求将二氧化碳转化为高附加值的化学品或油料的方法得到了广泛的关注。由于二氧化碳是热力学稳定的分子，它独特的分子结构决定了它的转化不是一件容易的事情，需要设计高活性的催化剂。相比而言，将二氧化碳转化为只含一个碳的分子（如甲烷、一氧化碳）相对容易，转变为两个碳及以上的分子难度较大。除了提到的含有一个碳的分子，利用二氧化碳作为原料的工业过程仅限于尿素及其衍生物的生产。尽管一些以二氧化碳为原料的转化过程被开发出来，但是它们距离工业化生产还比较遥远。目前，将二氧化碳转变为多碳产品（如烯烃）成为全球科学家们的研究目标之一。纵观乙烯的消费数据，仅 2019 年，全球对乙烯的消费量高达 3.66 亿吨，照这个趋势，预计到 2025 年全球消耗乙烯达 4.0 亿吨。通常，烃类化学品约 60% 是从原油获得，其中若干种烯烃在日常生活中发挥着重要的作用，比如乙烯，是包装工业的基础，经常出现在日常的生活应用中，因此，利用二氧化碳为碳源合成烯烃好处多多。烯烃通常可以利用一氧化碳为原料，通过费-托合成，但是这类方法的烯烃选择性太低。近来的研究显示，从二氧化碳出发，烯烃的选择性得到了提高。尽管有报道称，通过电化学的方法也可以实现将二氧化碳转变为烯烃，但是电化学的方法离工业化应用太遥远，它们普遍存在过电势高和法拉第效率低的问题。

目前，二氧化碳催化转化为烯烃普遍存在的瓶颈问题是转化率低、烯烃选择性低、催化剂稳定性差，解决这些问题需要在催化剂设计上下功夫。通常，将二氧化碳转化为烯烃有三种路线：直接转化路线、与逆水煤气变换反应结合转化路线和甲醇路线。直接转化路线需要利用杂相催化剂，如氢化镁与氧化铜复合催化剂，甲醇路线需要首先将二氧化碳转变为甲醇，然后通过酸性催化剂将其脱水转变为烯烃。

我国科学家在二氧化碳催化中和为烯烃领域作出了巨大贡献，研究水平处于国际领先地位，有多家研究机构在该领域贡献了很多优秀的成果，如厦门大学王野教授课题组、大连化物所李灿院士课题组、石油化工科学研究院宗保宁研究员课题组等。2023 年 5 月王野教授课题组在线发表了直接将二氧化碳加氢制备烯烃的研究工作，该研究工作利用一种 FeMnK/H-ZSM5 催化剂实现了在 320℃ 下高达 17% 的 $C_2 \sim C_4$ 低碳烯烃的选择性和 70% 的 $C_5 \sim C_{11}$ 烯烃的选择性，总烯烃选择性高达 87%。2022 年 2 月王野教授课题组在线发表了利用 Na-Zn-Fe 催化剂，结合逆水煤气变换反应实现了由二氧化碳加氢制备 $C_2 \sim C_{12}$ 烯烃，烯烃选择性高达 80%，二氧化碳的转化率高达 39%，其中具有高附加值的 C_{4+} 烯烃的选择性为 46%。在二氧化碳制备低碳烯烃的方面，王野教授课题组早在 2013 年就开发出一系列负载型铁系催化剂，包括铁-氧化锆、铁-氧化硅、铁-氧化铝、铁-氧化钛、铁-多孔碳和铁-碳纳米管，其中低碳烯烃的收率和选择性最好的体系是铁-氧化锆催化剂体系。近年来，王野教授课题组在二氧化碳转化为长链烯烃方面取得了一系列的进展，他们开发出了 SAPO 分子筛和碳化铁分子筛用于催化制备 $C_5 \sim C_{11}$ 的长链烯烃，其中锌-铝修饰的 SAPO 分子筛对长链烯烃的选择性高达 76%。中国科学技术大学合肥微尺度物质科学国家研究中心曾杰教授课题组于 2022 年 5 月在线报道了一种铁酸铜（$CuFeO_2$）催化剂用于常压二氧化碳加氢制备长链烯烃的研究工作，该催化剂实现了长链烯烃的选择性高达 66.9%。随着科学的进步，未来将会诞生更多优秀的相关成果，二氧化碳转变为烯烃的转化率和选择性都将获得更大的提高。

5.2.2.2 二氧化碳转化为甲醛

甲醛，又称蚁醛，化学式是 HCHO 或 CH_2O，分子量 30.03，是无色有刺激性气体，对人眼、鼻等有刺激作用。气体相对密度 1.067（空气＝1），液体密度 0.815g/cm³（－20℃）。

熔点－92℃，沸点－19.5℃。易溶于水和乙醇。水溶液的浓度最高可达55%，一般是35%～40%，通常为37%，称作甲醛水，俗称福尔马林（formalin）。甲醛具有还原性，尤其在碱性溶液中，还原能力更强，能燃烧，蒸气与空气形成爆炸性混合物，爆炸极限7%～73%（体积），燃点约430℃。

甲醛在石油化工、轻纺、生物化工以及能源、交通运输等行业均有广泛用途。甲醛广泛用于合成许多药物及中间体，也可用于制备酚醛树脂、脲醛树脂、三聚氰胺树脂、乌洛托品、季戊四醇等多种产品。甲醛对黏膜有强烈的刺激性并有催泪作用，能使蛋白质凝固，触及皮肤易使皮肤发硬甚至局部组织坏死，世界卫生组织国际癌症研究机构公布的致癌物清单中，甲醛在Ⅰ类致癌物列表中。

工业上，甲醛的生产通常是利用甲醇的氧化，但是，开发利用二氧化碳制备甲醛的方法仍然具有一定的意义。由于二氧化碳的结构稳定性，其在热力学和动力学上都不支持结构转变为甲醛，在催化转变的过程中，首先生成的物质的化学活性通常远大于二氧化碳，导致产物的选择性控制比较难。事实上，直接将二氧化碳加氢制备甲醛的路线是不可行的，因为生成的甲醛会被马上加氢还原为甲醇，因此二氧化碳还原为甲醛通常需要分步进行。二氧化碳还原为甲醛通常利用金属配合物作为催化剂，进行多步反应获得，也可以通过电化学还原的方式实现，通过多相催化的方式报道较少，2022年10月华中科技大学刘小伟教授课题组开展一种水相二氧化碳催化转化为甲醛的研究，利用一种合成的钙-铝双羟基氢氧化物负载钌为催化剂，在室温下，实现了二氧化碳高达89.7%的转化率和58.7%的甲醛选择性。

5.2.2.3 二氧化碳转化为甲酸

甲酸化学式为HCOOH，分子量46.03，俗名蚁酸，是最简单的羧酸。其为无色而有刺激性气味的液体。甲酸属于弱电解质，其水溶液显弱酸性且腐蚀性强，能刺激皮肤起泡。通常存在于蜂类、某些蚁类和毛虫的分泌物中（图5-12），是有机化工原料，也用作消毒剂和防腐剂。

图 5-12　体内含有甲酸的蜂类和蚁类

甲酸是基本有机化工原料之一，广泛用于农药、皮革、染料、医药和橡胶等工业。甲酸可直接用于织物加工、鞣革、纺织品印染和青饲料的贮存，也可用作金属表面处理剂、橡胶助剂和工业溶剂。在有机合成中用于合成各种甲酸酯、吩啶类染料和甲酰胺系列医药中间体。医药工业中可用于咖啡因、安乃近、氨基比林、氨茶碱、可可碱冰片、维生素B1、甲硝唑、甲苯咪唑的加工。在农药工业领域可用于粉锈宁、三唑酮、三环唑、三氮唑、三唑磷、多效唑、烯效唑、杀虫醚、三氯杀螨醇的加工。在化学工业可以用于制造各种甲酸盐、甲酰胺、季戊四醇、新戊二醇、环氧大豆油、环氧大豆油酸辛酯、特戊酰氯、脱漆剂、酚醛树脂的原料。在皮革工业用作皮革的鞣制剂、脱灰剂和中和剂。在橡胶工业领域用于天然橡胶凝聚剂的加工、橡胶防老剂的制造。甲酸及其水溶液能溶解许多金属、金属氧化物、氢氧化物及盐，所生成的甲酸盐都能溶解于水，因而可作为化学清洗剂，甲酸不含氯离子，可用于含不锈钢材料的设备的清洗。在食品工业领域用于调配苹果、番木瓜、菠萝蜜、面包、干酪、乳酪、奶油等食用香精及威士忌酒、朗姆酒用香精。

二氧化碳加氢制备甲酸是由气体物质到液体物质的过程，通常是通过多相催化转化的方法实现，利用金属催化剂通过热催化、电催化和光催化的方式实现。二氧化碳加氢制备甲酸的研究最早始于 1935 年，利用雷尼镍催化剂（Ra-Ni），在 80～150℃ 和 20～40MPa 下的甲酸收率为 57%。近年来电催化还原和光催化还原的技术成为一个新兴的领域。厦门大学王野教授课题组于 2022 年 10 月在线发表了一种碳酸氧铋（$Bi_2O_2CO_3$）纳米团簇用作催化剂用于电催化还原二氧化碳制备甲酸，该催化剂实现了在高电流密度 $2.0A/cm^2$ 下甲酸的生成效率高达 93%，催化剂可以连续使用 100h，达到了工业级催化剂的使用寿命。王野教授课题组也开发了一种具有核壳结构的镍-铟（Ni-In）双金属负载于硅纳米线的材料作为催化剂用于二氧化碳光电还原制备甲酸，该催化剂生成甲酸的效率为 $58\mu mol/(h \cdot cm^2)$，法拉第效率高达 87%。尽管二氧化碳还原制备甲酸已经进入了一个快速发展的阶段，催化剂的稳定性、循环使用率和低成本高效率催化剂的开发仍然是未来要面临的挑战。

5.2.2.4　二氧化碳转化为尿素

尿素也称为脲，化学式为 $CO(NH_2)_2$。尿素易溶于水，在水溶液中呈中性。结晶尿素呈白色针状或棱柱状晶形，吸湿性强，吸湿后结块，在尿素生产中加入石蜡等疏水物质，其吸湿性大大下降。

尿素作为氮源广泛用于化肥中，其也是化学工业中的一种重要原料。尿素是制造船用胶合板用的脲醛树脂和脲三聚氰胺甲醛的主要原料。尿素可以用来制造硝酸尿素，一种工业上使用的烈性炸药，也是一些简易爆炸装置的一部分。尿素应用于环保领域，可以用于 SNCR（选择性非催化还原反应）和 SCR（选择性催化还原反应）中以减少柴油机、双燃料和稀燃天然气发动机燃烧废气中的 NO_x 污染物。医疗用途方面，含尿素的面霜被用作局部皮肤的护理产品来促进皮肤的水合作用，含量为 40% 的尿素溶液适用于牛皮癣、干燥病、甲真菌病、鱼鳞癣、湿疹、角化病、角皮病和老茧等皮肤疾病。

人工合成尿素为人类发展作出了重要贡献，很多的合成方法被开发出来。现如今，工业上生成尿素是利用合成氨与二氧化碳，该方法是基于 1922 年开发的 Bosch-Meiser 尿素合成法演变而来。二氧化碳与氨反应转变为尿素是一个放热的过程，需要在温度为 150～250℃，压力为 5～25MPa 条件下进行，然而该方法的缺点是反应条件苛刻、设备的要求较高、能耗大。在过去的数十年里，许多利用胺类化合物和二氧化碳制备尿素的方法被开发出来，其中催化剂包括路易斯碱、过渡金属、离子液体等。

在目前"双碳"的背景下，人工合成尿素需要开发具有可持续性和环境友好的合成路线，利用新的催化转化的方法取代传统的制备方法。为此，电化学还原法成为目前的热点，电化学方法是将二氧化碳与各类氮物质，如 NO_3^-（硝酸盐）、NO_2^-（亚硝酸盐）、N_2（氮气）和 NO（一氧化氮）通过电还原的方法实现尿素的制备。电化学还原的方法不仅具备电化学还原二氧化碳的各种优点，而且为合成其他具有高附加值产品提供了可能。2020 年 6 月湖南大学王双印教授课题组在线报道了一种二氧化钛纳米片负载的钯-铜合金（PdCu-TiO$_2$）催化剂催化二氧化碳和氮气合成尿素的过程，该催化剂的尿素产率为 3.36mmol/(g•h)，法拉第效率高达 8.92%（−0.4V vs 可逆氢电极）。中国科学院院士、中国科学院过程工程研究所研究员张锁江团队报道了一种米粒状羟基氧化铟（InOOH）催化剂用于二氧化碳与氮气电还原合成尿素，所得催化剂的尿素产率为 6.85mmol/(g•h)，法拉第效率高达 20.97%（−0.4V vs 可逆氢电极）。该课题组也开发了另外一种高效制备尿素的电催化剂——具有花状形貌的硼酸镍纳米颗粒，所得催化剂的尿素产率为 9.70mmol/(g•h)，法拉第效率高达 20.36%（−0.5V vs 可逆氢电极）。尽管电催化还原法制备尿素的方法已经取得了一些进展，但是它们普遍存在产率低、法拉第效率差的问题，未来针对性地提高产率和法拉第效率达到工业级水平仍是存在挑战性的课题。

5.2.2.5　二氧化碳催化转化为芳香族分子

芳香族分子（aromatics）一般是指分子中至少含有一个离域键的环状化合物。芳香族化合物均具有"芳香性"，它们结构稳定，不易分解。19 世纪中叶，化学工作者发现有相当多的有机化合物具有一些特别的性质，它们的分子式中氢原子与碳原子之比往往小于 1，但是它们的化学性质不像一般的不饱和化合物，这些化合物中许多有芳香气味，有些是从香料中提取出来的，因此当时称它们为芳香族化合物。后来发现芳香族化合物是苯分子中一个或多个氢原子被其他原子或原子团取代而生成的衍生物。

芳香族分子的应用：芳香族化合物是一类具有特殊气味和环状结构的有机化合物，结构稳定、不易分解，它们在许多领域都有广泛的应用，具体如下。①香料和香精行业：芳香族化合物被广泛用于制备香料和香精，是因为其具有独特的芳香性质，且有各种不同的香味特征，如花香、果香、草木香等，这些香气可以为产品赋予特定的气味。②化妆品和美容行业：芳香族化合物在化妆品和美容产品中起到重要作用。它们作为添加剂，可以给护肤品、彩妆和香水带来愉悦的香气，使使用者感到舒适和自信，还能够在化妆品中作为防腐剂使用。③药物和医疗行业：芳香族化合物可以用于制造抗生素、止痛药和抗癌药物等治疗疾病的药物。此外，一些芳香族化合物还具有镇静和安抚作用，被用于制造草药和芳香疗法产品。例如，含氟芳香族化合物主要是作为医药、农药等的生理活性物质，氟哌酸、环丙沙星、氧氟沙星、氟啶酸、二氟哌酸等含氟喹诺酮类广谱型抗菌药因其卓越的疗效而被广泛熟知；在神经系统药物中，氟斯必灵、匹莫奇特都是极好的含氟镇静药和抗抑郁药；氟代他汀钠是种新型的血脂调节药，可用于脑血栓、高血压和心脏病的治疗；5-氟尿嘧啶、卡莫氟、去氧氟尿苷等均是高效的含氟抗肿瘤药物。④塑料和橡胶工业：芳香族化合物是合成塑料和橡胶的重要成分，可以增强材料的强度、耐热性和耐腐蚀性能。⑤颜料和染料工业：芳香族化合物可以被制成颜料。⑥农业和食品工业：芳香族化合物可以用于制造农药和杀虫剂，帮助农民保护作物免受害虫侵害，如克阔乐、果尔、虎威、氟乐灵、除虫脲、氟啶胺等。⑦其他行业：芳香族化合物还能用作液晶显示器、均相双官能剂、聚氨酯官能剂、显影剂、光稳定剂和防老剂的生产原料等。总之，芳香族化合物在许多领域都有重要的应用。它们在香料、化妆品、药物、塑料、橡胶、颜料和染料、农业和食品工业等行业中发挥着关键的作用，并为人们的生活提供了丰富多样的体验。

　　二氧化碳可以通过存储和转化的方式转化为各类具有高附加值的化学品，见图 5-13。其中结构中带有苯环的芳香族化合物由于在高分子聚合物和医药领域具有广泛的应用价值，成为备受关注的对象之一。苯、甲苯、二甲苯异构体是芳香族化合物家族里最重要的单体化合物，具有巨大的市场需求。苯作为原料可以用于合成一系列的含苯衍生物，甲苯常常作为溶剂或者有机聚合物的添加剂，然而超过 75% 的甲苯被用于歧化反应生成苯和二甲苯，对二甲苯（PX）是所有二甲苯异构体中最重要的单体，因为它是生产对苯二甲酸的关键原料，对苯二甲酸是生产多种聚酯高分子的前体材料。在国家实施"双碳"战略的背景下，开发二氧化碳加氢制备芳香族化合物的技术具有重要的意义。目前，催化转化二氧化碳到芳香化合物面临的主要挑战是克服催化过程中碳-碳键（C—C）的成键能垒直接得到芳香族分子，研究表明，单功能催化剂无法实现一步转化，因此，多功能催化剂开始进入科学家的视野。目前，报道的多功能催化剂主要是由活性金属和沸石分子筛构成，通过催化剂的催化作用，二氧化碳首先在活性金属表面被加氢形成中间产物，然后中间产物扩散至分子筛内发生芳环化反应，最终形成芳香分子。

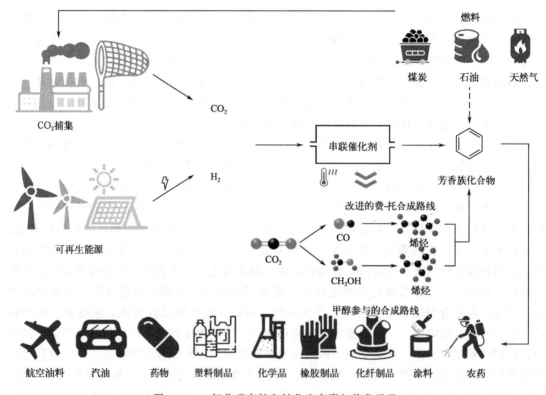

图 5-13　二氧化碳存储和转化为高附加值化学品

　　催化产物中，芳香族化合物的选择性受反应机制的影响较大，基于中间产物的不同，二氧化碳芳环化反应可以大致分为两类：①改进的费-托合成路线（MFTS），其中间产物为烯烃，②甲醇中间产物合成路线，其中间产物为甲醇。催化剂是实现该转化过程的关键，近来的相关研究更多的是关注开发新的复合催化剂，具有较好的芳环选择性和二氧化碳转化率的催化剂被开发出来，其中铁（Fe）、锌（Zn）和铬（Cr）基催化剂是目前研究最多的催化剂体系。中国科学院大连化学物理研究所刘中民院士课题组开发了一种复合催化剂——锌铝氧负载沸石分子筛（$ZnAlO_x$/H-ZSM5）用于二氧化碳加氢制备芳香族分子，其选择性高达73.9%，对二甲苯的收率为58.1%。复旦大学乔明华教授课题组开发了一种石墨烯和分子筛负载的铁钾（FeK）催化剂，实现了由二氧化碳直接制备芳环化合物，选择性为41%。厦门大学王野教授课题组报道了一种氧化锌-氧化锆负载于分子筛形成的复合催化剂，实现了芳环分子高达76%的选择性和16%的二氧化碳转化率。华东理工大学的刘殿华教授课题组合成了一种钠锌铁（NaZnFe）负载于分子筛形成的复合催化剂，实现了芳环分子高达63.68%的选择性，其中苯-甲苯-二甲苯的选择性为56.35%，二氧化碳的转化率为42.08%。中国科学院大连化学物理研究所刘中民院士、孙剑研究员课题组报道了一种铁修饰的分子筛催化剂，通过调节分子筛的酸性位，实现了芳环分子75%的选择性，其中对二甲苯的选择性高达72%，该所的李灿院士课题组报道了一种锌锆氧（ZnZrO）修饰的ZSM5分子筛用于二氧化碳加氢制备芳环化合物，实现了78%的芳环分子选择性，该催化剂连续催化反应100h，不发生性能衰减，表现出优异的稳定性。在过去的若干年里，二氧化碳加氢制备芳香族化合物取得了较大的进展，未来，挑战依然存在，需要在催化反应机制的了解、微观动力学模型的构建、高效催化剂设计、反应器设计和技术整合方面进行突破。

5.2.2.6 二氧化碳催化转化为二甲基醚

二甲基醚又称甲醚，简称DME，结构简式为CH_3OCH_3，分子量为46.07；甲醚在常压下是种无色气体或压缩液体，具有轻微醚香味；熔点−141℃，沸点−29.5℃；溶于水及醇、乙醚、丙酮、氯仿等多种有机溶剂；易燃，在燃烧时火焰略带光亮；常温下DME具有惰性，不易自动氧化，无腐蚀、无致癌性，但在辐射或加热条件下可分解成甲烷、乙烷、甲醛等。

二甲基醚作为一种新兴的基本有机化工原料，具有良好的易压缩、冷凝、气化特性，使得其在制药、燃料、农药等化学工业中有许多独特的用途。如高纯度的二甲基醚可代替氟利昂用作气溶胶喷射剂和制冷剂，减少对大气环境的污染和对臭氧层的破坏。良好的水溶性、油溶性，使得其应用范围大大优于丙烷、丁烷等石油化学品。二甲基醚替代甲醇用作甲醛生产的新原料，可以明显降低甲醛生产成本，在大型甲醛装置中更显示出优越性。作为民用燃料气，其储运、燃烧安全性、预混气热值和理论燃烧温度等性能指标均优于石油液化气，可作为城市管道煤气的调峰气、液化气掺混气。二甲基醚也是柴油发动机的理想燃料，与甲醇燃料汽车相比，不存在汽车冷启动问题。

由二氧化碳出发制备甲醇，进而制备DME成为未来能源领域的一个有潜质和前景的方向。具体来讲，其过程的反应如下：

$$CO_2 + 3H_2 \Longrightarrow CH_3OH + H_2O$$
$$2CH_3OH \Longrightarrow CH_3OCH_3 + H_2O$$

DME的合成方法有很多，其中利用甲醇脱水制备是最常用的方法，首先将二氧化碳加氢制备甲醇，然后通过甲醇在催化剂表面脱水制备DME。将加氢催化剂与脱水催化剂复合形成串联催化剂可以实现直接由二氧化碳加氢制备DME的过程。中国科学院山西煤化所的邓天昇研究员课题组开发了一种铜-锌-氧化铝（$Cu-Zn-Al_2O_3$）催化剂，实现了DME和甲醇的总选择性至63.3%。华侨大学詹国武教授课题组报道了一种钯-氧化锌-ZSM5分子筛催化剂用于二氧化碳加氢制备二甲基醚，在300℃、30个大气压力下，二氧化碳的转化率为10.8%，DME的选择性为31%，催化剂使用60h后活性几乎无衰退，几乎无积碳产生。华东师范大学李艳红教授课题组开发了铜-铂-氧化锌负载于 HZSM5 分子筛上形成的复合催化剂，该催化剂被制成了膜状反应器，实现了二氧化碳转化率为 41.1％，选择性高达 100％，该研究工作为提高选择性提供了一个很好的催化剂设计依据。陕西师范大学刘忠文教授和厦门大学王野教授联合报道了一种氮化镓（GaN）作为催化剂用于二氧化碳加氢制备 DME，该催化剂实现了选择性高达 80％，该研究工作提供了一种新型的催化剂，不同于报道的复合催化剂，它仅有一种组分，为开发高效、组成简单的催化剂奠定了基础。

5.2.3　二氧化碳催化转化为淀粉

淀粉是高分子碳水化合物，是由单一类型的糖单元组成的多糖。淀粉的基本构成单位为 α-D-吡喃葡萄糖，葡萄糖脱去水分子后经由糖苷键连接在一起所形成的共价聚合物就是淀粉分子。淀粉属于多聚葡萄糖，分子可写成 $(C_6H_{10}O_5)_n$。淀粉可以吸附许多有机化合物和无机化合物，直链淀粉和支链淀粉因分子形态不同具有不同的吸附性质。直链淀粉分子在溶液中分子伸展性好，很容易与一些极性有机化合物，如正丁醇、脂肪酸等，通过氢键相互缔合，形成结晶性复合体而沉淀。淀粉的许多化学性质与葡萄糖相似，但由于它是葡萄糖的聚合体，又有自身独特的性质，生产中应用淀粉化学性质改变淀粉分子可以获得两大类重要的淀粉深加工产品。第一大类是淀粉的水解产品，它是利用淀粉的水解性质将淀粉分子进行降解得到的。例如，淀粉在酸或酶等催化剂的作用下，α-1,4-糖苷键和 α-1,6-糖苷键被水解，可生成糊精、低聚糖、麦芽糖、葡萄糖等多种产品。第二大类产品是变性淀粉，它是利用淀粉与某些化学试剂发生化学反应而生成的。淀粉分子中葡萄糖残基中的 C_2、C_3 和 C_6 位醇羟基在一定条件下能发生氧化、酯化、醚化、烷基化、交联等化学反应，生成各种淀粉衍生物。

淀粉的用途：淀粉的应用广泛，其中变性淀粉是重点。变性淀粉是指利用物理、化学或酶的手段改变原淀粉的分子结构和理化性质，从而产生具有新的性能与用途的淀粉或淀粉衍生物。其种类多样，根据处理方式分为以下七类。①预糊化淀粉：一种加工简单，用途广泛的变性淀粉，应用时只要用冷水调成糊，免除了加热糊化的麻烦，广泛应用于医药、食品、化妆品、饲料、石油钻井、金属铸造、纺织、造纸等很多行业。②酸变性淀粉：在糊化温度以下将天然淀粉用无机酸进行处理，改变其性质而得到的一类变性淀粉，在食品工业（糖果厂）、造纸工业（施胶料）、纺织工业应用较多。③氧化淀粉：淀粉经氧化剂处理后形成的变性淀粉为氧化淀粉，其在建筑工业（用作绝缘板、墙壁纸和隔音板原材料的黏合剂）、食品工业、造纸工业、纺织工业应用较多。④交联淀粉：使淀粉分子间发生交联反应的试剂叫交联剂，其种类很多，分子结构中含双官能团和多官能团。工业生产中常用的交联剂有：环氧氯丙烷、三氯氧化磷和三偏磷酸钠等。前者具有两个官能团，后两者具有三个官能团。淀粉经交联剂处理后发生交联反应，促使一个淀粉分子与另一个分子间搭成键桥，产生交联结构。由于淀粉分子具有众多的醇羟基，除分子与分子之间的交联反应外，起反应的两个不同羟基也有的是来自同一个淀粉分子，没有发生不同淀粉分子间的交联反应。反应试剂也可能只与一个羟基起反应，没有在不同淀粉分子之间形成交联键。这两种情况都有发生，但整个反应过程趋向分子间交联，在食品工业（常使用交联的磷酸酯、醋酸酯和羟烷基淀粉）、医疗业（外科手术橡胶手套的润滑剂）应用较多。⑤酯化淀粉：在糊化温度以下，淀粉乳与有机酸酐（醋酸酐、丁二酸酐等）在一定条件下进行酯化反应而得到的一类变性淀粉，在食品工业（作为增稠剂）、造纸工业（施胶料）、纺织工业（经纱上浆）应用较多。⑥醚化淀粉：

淀粉分子的羟基与烃化合物中的羟基通过氧原子连接起来的淀粉衍生物。它有许多品种，其中工业化生产的主要有三种类型，即羧甲基淀粉、羟烷基淀粉和阳离子淀粉。对淀粉进行醚化变性，可提高黏度的稳定性，特别是在高 pH 条件下，醚化淀粉较前面提到的氧化淀粉和酯化淀粉性能更加稳定，广泛应用于食品工业（增稠剂）、医药工业（药片的黏合剂和崩解剂）、石油钻井（降滤失剂）、纺织工业、造纸工业、日化工业（可做肥皂、家用洗涤剂的抗污垢再沉淀剂）。⑦功能性淀粉：主要指对人体有一定保健作用和生理作用的变性淀粉，如抗性淀粉、多孔淀粉等，主要用于食品、医疗、制药、日用化工等行业，可显著提高相关产品的品质。

从二氧化碳出发，人工合成淀粉一直是人类梦寐以求的目标，2021 年 9 月，国际顶级期刊《科学》在线发表了中国科学院天津工业生物技术研究所马彦和团队的研究工作，报道称该团队从二氧化碳出发实现了淀粉的人工合成，这一科研成果在科学上公布之后，迅速引起了世界关注，团队的研究项目"二氧化碳到淀粉的人工合成"还荣获了 2022 年度天津市自然科学特等奖。该研究工作的大概步骤是：首先把二氧化碳还原为甲醇（CH_3OH），这个步骤在前面已提及，然后进入了生物酶促反应。团队研究人员从 62 种来自动植物和其他微生物的酶中，优选出了 10 种加以改造。这些优选改造出来的生物酶，将甲醇转换成三碳糖，继而又合成六碳糖（葡萄糖），最后聚合成淀粉。该研究中涉及的 10 种酶促过程是本次突破的关键，最后合成的淀粉与植物生成的淀粉一样，且其结构和链长都可控，为工业化生产淀粉提供了一条路线。天津工生所的合成方法极具创新，只需要 11 个生化步骤即可合成淀粉，简化了植物合成淀粉的步骤，而且不需要阳光的参与。这一技术如果成熟并投用的话，无疑将大大节省农业土地，粮食安全问题大大缓解，二氧化碳这种废气的排放问题同样能得以缓解，而且本来属于温室气体的二氧化碳还会用作生产淀粉的原料，从而成为一种有用的资源。

虽然我国科学家在 CO_2 合成淀粉技术方面取得了重大突破，令人欣喜，然而未来，该技术在工业化生产方面还有很长的路要走。该技术的开发和推广成本较高，限制了它的大规模应用，研究人员还需要进一步探索和改进相关技术，降低制备成本，提高 CO_2 转化为淀粉的效率和产量。

5.3 二氧化碳参与的催化转化

5.3.1 二氧化碳转化为聚碳酸酯

聚碳酸酯又称 PC 塑料，根据酯基的结构可分为脂肪族、芳香族、脂肪族-芳香族等多种类型，其中芳香族聚碳酸酯实现了工业化生产。由于聚碳酸酯结构上的特殊性，已成为五大工程塑料中增长速度最快的通用工程塑料。聚碳酸酯是一种强韧的热塑性树脂。

聚碳酸酯用途：PC 工程塑料的应用领域是玻璃装配业、汽车工业和电子、电器工业，其次还可用于工业机械零件、光盘、包装、计算机等办公室设备，医疗及保健设备，薄膜、休闲和防护器材等。PC 可用作门窗玻璃，PC 层压板广泛用于银行、使馆、拘留所和公共场所的防护窗，用于飞机舱罩，照明设备、工业安全挡板和防弹玻璃。PC 板可做各种标牌，如汽油泵表盘、汽车仪表板、货栈及露天商业标牌、点式滑动指示器，PC 树脂用于汽车照明系统、仪表盘系统和内装饰系统，用作前灯罩、带加强筋汽车前后挡板、反光镜框、门框套、操作杆护套、阻流板，PC 被用作接线盒、插座、插头及套管、垫片、电视转换装置、电话线路支架下通信电缆的连接件，电闸盒、电话总机、配电盘元件，继电器外壳。PC 可做低载荷零件，用于家用电器马达、真空吸尘器、洗头器、咖啡机、烤面包机、动力工具的手柄，各种齿轮、蜗轮、轴套、导规、冰箱内搁架。PC 是光盘储存介质的理想材料。PC 瓶（容器）透明、质量轻、抗冲性好，耐一定的高温和腐蚀溶液洗涤，作为可回收利用瓶（容器）。PC 及 PC 合金可做计算机架、外壳及辅机、打印机零件。改性 PC 耐高能辐射杀菌、耐蒸煮和烘烤消毒，可用于采血标本器具、血液充氧器、外科手术器械、肾透析器等，PC 可做头盔和安全帽、防护面罩、墨镜和运动护眼罩，PC 薄膜广泛用于印刷图表、医药包装、膜式换向器。聚碳酸酯的应用开发是向高复合、高功能、专用化、系列化方向发展，已推出了光盘、汽车、办公设备、箱体、包装、医药、照明、薄膜等多种产品。

截至目前，研究相对较多的是将二氧化碳与具有环状结构的醚在催化剂的作用下直接聚合。许多催化剂体系，尤其是络合物催化剂被开发出来。但是，这种直接聚合的方法存在一些缺陷，如环状醚不稳定增加了处理的难度，产物范围窄，仅有为数不多的醚可以实现聚合，比如结构中含有 2 个碳原子或者 3 个碳原子的醚。另一种合成聚碳酸酯的方法是在催化剂的作用下，将二氧化碳和二元醇直接聚合，该方法的产物范围宽，可以通过选择不同的二元醇实现不同聚碳酸酯的合成，安全且易于操作。实现二氧化碳与二元醇聚合的方法有很多种，本章仅重点介绍催化转化法。已有报道，各类金属（如镁、铬、钴、镍、锌、锡）乙酸盐可以作为均相引发剂用于二氧化碳制备聚碳酸酯。吉林大学的张越涛教授课题组报道了双核甲基锌为催化剂，聚合环氧环己烯与二氧化碳反应，实现了聚碳酸环己烯酯的制备，该聚碳酸酯具有可降解性，利用含有痕量水的双核甲基锌为催化剂可实现近 99% 的聚碳酸酯逆向分解，该研究工作不仅提供了一种制备聚碳酸酯的方法，而且聚合物可逆向分解为单体，实现二氧化碳的循环利用。近年来，生物基聚碳酸酯成为一个研究热点，烟台大学的秦玉升教授课题组报道了 4-戊烯酸缩水甘油酯、木质纤维素基 4-戊烯酸和二氧化碳在催化剂 Salen-$CoCl_2$ 的催化作用下实现了聚合，得到了一种生物基聚碳酸酯，该聚酯的分子量高达 17.1kg/mol。大连理工大学刘野教授课题组报道了利用生物基环氧化物与二氧化碳在氯化镁或乙酸锌催化剂的催化作用下实现聚合，得到了一系列具有可循环性的聚碳酸酯。

聚碳酸酯在生活中通常是以各种塑料制品的形式出现，随着社会的发展，塑料制品的大量使用带来生态环境的问题，在面对资源约束趋紧的形势下，必须树立尊重自然、顺应自然、保护自然的生态文明理念，走可持续发展道路。在这种大背景下，发展具有生物可降解性的聚碳酸酯正成为研究的热点，未来生物来源的原料与二氧化碳聚合制备的聚碳酸酯将走进人们的日常生活中。

5.3.2　二氧化碳制备碳酸二甲酯

碳酸二甲酯（DMC）化学式为 $C_3H_6O_3$，是一种低毒、环保性能优异、用途广泛的化工原料，也是一种重要的有机合成中间体，分子结构中含有羰基、甲基和甲氧基等官能团，具有多种反应性能，具有使用安全、方便、污染少、容易运输等特点。

碳酸二甲酯的用途体现在以下几个方面。

代替光气作羰基化剂：光气虽然反应活性较高，但是它的剧毒性和高腐蚀性副产物使其面临巨大的环保压力，因此将会逐渐被淘汰。DMC 具有类似的亲核反应中心，当 DMC 的羰基受到亲核攻击时，酰基-氧键断裂，形成羧基化合物，副产物为甲醇，因此 DMC 可以代替光气成为一种安全的反应试剂合成碳酸衍生物，如氨基甲酸酯类农药、聚碳酸酯、异氰酸酯等，其中聚碳酸酯将是 DMC 需求量最大的领域。

代替硫酸二甲酯作甲基化剂：与光气类似的原因，硫酸二甲酯也面临被淘汰的处境，而 DMC 的甲基碳受到亲核攻击时，其烷基-氧键断裂，同样生成甲基化产品，而且使用 DMC 比硫酸二甲酯反应收率更高、工艺更简单。主要用途包括合成有机中间体、医药产品、农药产品等。低毒溶剂 DMC 具有优良的溶解性能，其熔点、沸点范围窄，表面张力大，黏度低，介质介电常数小，同时具有较高的蒸发温度和较快的蒸发速度，因此可以作为低毒溶剂用于涂料工业和医药行业。可以看出，DMC 不仅毒性小，还具有闪点高、蒸气压低和空气中爆炸下限高等特点，因此是集清洁性和安全性于一身的绿色溶剂。

汽油添加剂：DMC 具有高氧含量（分子中氧含量高达 53%）、提高辛烷值的优良作用、无相分离、低毒和快速生物降解性等性质，使汽油达到同等氧含量下使用的 DMC 的量是甲基叔丁基醚（MTBE）的 $\frac{2}{11}$，从而降低了汽车尾气中碳氢化合物、一氧化碳和甲醛的排放总量，此外还克服了常用汽油添加剂易溶于水、污染地下水源的缺点，因此 DMC 将成为替代 MTBE 的最有潜力的汽油添加剂之一。

碳酸二甲酯（DMC）还可用于锂电池领域，主要作为电解液溶剂，能够溶解锂盐，形成离子导体。

二氧化碳制备碳酸二甲酯的方法：碳酸二甲酯（DMC）是一种非常具有应用价值的燃料添加剂和有机合成中间体，目前合成 DMC 的方法有很多种，包括光气法、甲醇氧化羰基化法、酯交换法和直接合成法。

光气法：利用光气和甲醇反应首先得到氯甲酸甲酯（CH_3OCOCl）和氯化氢（HCl），产生的氯甲酸甲酯继续和甲醇反应得到 DMC 和氯化氢。该方法以具有剧毒的光气作为原料，会带来环境污染问题，生成物里有氯化氢会导致反应器的腐蚀，且该方法的反应周期长，导致生产成本高。

甲醇氧化羰基化法：直接将甲醇、氧气和一氧化碳进行反应得到 DMC 和水，水作为副产物是本方法的最大进步，然而反应需要将一氧化碳与氧气混合，存在爆炸风险。

酯交换法：利用硫酸二甲酯与碳酸钠反应得到 DMC 和硫酸钠，该方法利用氯苯作为催化剂，然而所用的催化剂和硫酸二甲酯都是剧毒的化学品，因此，此方法存在安全风险。

直接合成法：二氧化碳和甲醇在催化剂的作用下反应。

$$CO_2 + 2CH_3OH \Longrightarrow C_3H_6O_3 + H_2O$$

该方法的副产物是水，真正意义上实现了将温室气体变为燃料，且过程中不会用到剧毒性原料。目前，常用的催化剂有离子液体催化剂、碱金属碳酸盐催化剂、过渡金属氧化物催化剂、杂多酸和负载型催化剂。沈阳化工大学许光文和石磊课题组合成了一种 1-乙基-3-甲基咪唑镓的离子液体用于催化二氧化碳和甲醇制备 DMC，DMC 的收率高达 83.63%，选择性为 99%。金属氧化物催化剂体系里，多为二氧化铈基催化剂。中国科学技术大学谢毅院士课题组报道了一种具有丰富路易斯对的二氧化铈催化剂，用于催化二氧化碳与甲醇制备 DMC，该催化剂的催化性能优异。该课题组还开发了一种共面的铜和氧化亚铜（Cu-CuO）的异质结构，实现了催化二氧化碳和甲醇制备 DMC 的过程，转化率为 28%，选择性接近 100%。

尽管二氧化碳中和为碳酸二甲酯的研究已经取得了系列的进展，但是目前尚未发现其适用于工业化的催化剂体系，目前的催化体系尚不具备高催化效率、结构和性能稳定、低成本等特点。

5.3.3 二氧化碳参与氮杂芳烃羰基化

含氮芳香族杂环化合物（nitrogen heterocyclic compounds），广泛存在于植物、真菌、细菌和动物体内，其具有一系列的生物活性，如抑菌、抗菌等。含氮芳香族杂环物质具有使用方便、分子结构简单、生物活性强等优点，可作为药物及农药的首选物质。含有吡啶环的氮杂稠环芳烃具有良好的药理学活性，如抗癌、抗病毒、抗菌等作用。含有咪唑环的氮杂稠环芳烃则具有良好的光电性能，可用于有机发光二极管、太阳能电池等领域。

N-杂芳烃是药物分子、农用化学品和其他生物活性分子中最常见的结构单元之一，该类分子的直接官能团化为药物的合成和修饰提供了一种有效策略，引起了学术界和制药行业的广泛兴趣。作为药物中第二常见的杂环骨架，吡啶及其相关 N-杂芳烃（如吡唑、喹啉、嘧啶）与 CO_2 的区域选择性 C—H 键羰基化是一种极具吸引力的催化转化，这是因为该策略可获得许多药物相关分子的核心骨架，并且可将温室气体 CO_2 转化为高附加值产物，在原子经济性和可持续发展方面极具吸引力。

四川大学余达刚教授课题组在该领域作出了突出的贡献，具体贡献如下。①针对碳-氢键氧化羰基化反应中存在的问题（需要使用剧毒的 CO 和当量的氧化剂），首次提出"CO_2 === $CO+$ ［O］"理念，以 CO_2 代替 CO 和氧化剂参与碳-氢键羰基化反应，发展了近十类重要含羰基杂环类化合物的高效合成方法，提出了新反应机制，不仅变废为宝，还降低成本，提高安全性，具有较强的实用性。②基于过渡金属催化和可见光催化策略，该课题组发展了"自由基型 CO_2 转化"模式，通过调控自由基参与不饱和烃转化反应的选择性，在室温、常压下实现了噁唑啉酮和多种类型羧酸的高效制备。③基于"可见光促进单电子活化"策略和电还原策略，通过单电子还原 CO_2 或底物形成自由基负离子，实现了具有独特区域选择性的烯烃羧基化反应以及氮杂芳烃区域选择性可调控的羧基化反应。④基于极性翻转策略，通过惰性化学键（如碳-氟键、碳-氮键和碳-氧键）的选择性断裂实现了 CO_2 参与的羧基化反应。⑤实现了铜催化 CO_2 参与的芳基烯烃和 1,3-二烯的不对称还原羟甲基化反应，取得了优异的对映选择性、化学选择性、区域选择性和 Z/E 选择性，高效构建了具有手性（季碳）中心的高苄醇和高烯丙醇。

余达刚教授课题组的研究工作实现了 CO_2 的变废为宝和高附加值产品的精准合成，为研究 CO_2 活化的本质和规律提供了新的实验基础和理论模型，为促进我国 CO_2 催化转化研究起了积极的作用。

5.3.4 二氧化碳参与制备氨基甲酸酯

氨基甲酸酯的性质和用途：氨基甲酸酯是一类氨基或胺基直接与甲酸酯的羰基相连的化合物，通式为 RNHCOOR′，也可看成是碳酸的单酯单酰胺。氨基甲酸酯是一类重要的有机合成试剂及制造医药的原料，具有广泛的用途，可用作农药、医药、合成树脂改性和有机合成的中间体等，具体应用列举如下。①氨基甲酸酯医药。氨基甲酸酯类化合物作为镇静药物在医药上很早就得到了应用，这类化合物具有缓和的催眠作用，适合于小儿和心脏病人使用，阿普拿（alprna，氨基甲酸乙酯）是最早用作镇静剂的品种之一。近年来，用苯基取代乙或丙二醇二氨基甲酸酯作为消炎剂、肌肉松弛剂、镇痛剂、抗癫痫药，取得了很好的疗效。氨基甲酸-2-氨基-3-苯基丙酯具有调节中枢神经作用。一些较复杂的氨基甲酸酯类化合物具有一定的抗癌作用。②氨基甲酸酯农药。氨基甲酸酯类化合物在农药上用作杀虫剂、杀螨剂、除草剂［灭草灵，N-(3,4-二氯苯基) 氨基甲酸甲酯］和杀菌剂，已形成农药的一大类别，品种多、药效好、低毒。氨基甲酸酯杀虫剂的作用机制是抑制昆虫乙酰胆碱酶（ache）和羧酸酯酶的活性，造成乙酰胆碱（ach）和羧酸酯的积累，影响昆虫正常的神经传导而致死。③日常用衣物防蛀。用氨基甲酸酯类化合物作为衣物防蛀虫剂，具有无味、挥发性适中、毒性低、防蛀效果好的特点，应用前景很好。④氨基甲酸酯低收缩水泥。普通水泥的主要缺点是在固化时容易收缩，造成裂缝，冬季水进入裂缝，冻结膨胀后对结构体施加压力，使其逐渐遭到更严重的破坏。然而，可以通过加入一些化学制剂，减少水泥凝固时的收缩性，避免裂缝。用氨基甲酸正丁酯使水泥在干燥固化和潮湿固化时均取得了很好的抗收缩性能，该物质稳定，不易挥发，用量少，成本低。⑤氨基甲酸酯纺织整理剂。氨基甲酸酯代替尿素和甲醛缩合，再经乙二醇醚化等工序，得到用于纤维处理的织物整理剂。和以往产品相比，具有较好的耐酸碱水解性能，织物经处理、热定型后平整，具有很好的抗皱性能。⑥氨基甲酸酯表面活性剂。可用作表面活性剂，进而用于化妆品，特别是用于头发处理剂，可赋予头发很好的外观和光泽，能增加水在头发角质层的亲和力，具有很好的保水作用，和其他表面活性剂相比对皮肤刺激性小。⑦氨基甲酸酯树脂改性。氨基甲酸正己酯用于酚醛树脂的改性，可使酚醛树脂具有弹性，其弹性大小依赖于氨基甲酸酯的用量和树脂的交联度，这种改性酚醛树脂吸水率低，具有很好的防潮性能，对金属、玻璃、瓷等无机材料具有优良的粘接性能，是生产弹性密封剂的理想材料。用氨基甲酸正丁酯或氨基甲酸羟基乙酯，可使聚丙烯酸酯改性，得到一种透明的氨基甲酸酯改性的丙烯酸酯涂料，可用作汽车涂料，具有很好的透明性和耐酸雨侵蚀性能。

以二氧化碳作为碳源合成氨基甲酸酯是最具有竞争力的方法，因为二氧化碳具有存量丰富、无毒、不支持燃烧和可再生的特点。但是，由于二氧化碳分子结构稳定，反应需要高活化能，需要在催化剂的参与下才能实现向氨基甲酸酯的转化。

基于过渡金属［如钌（Ru）、锡（Sn）］的均相和多相催化剂是将二氧化碳和胺类转化为氨基甲酸酯的常用催化剂，此外，大环聚醚和苛性钾通常用来改善反应条件。近年来，其他金属催化剂和无金属催化体系被开发出来用于氨基甲酸酯的制备，如同济大学赵晓明教授报道了一种铱的络合物作为催化剂，磷酸钾作为助剂，实现了由二氧化碳和胺类制备氨基甲酸烯丙酯，具有了高立体选择性（98∶2）。南京大学张志炳教授课题组报道了一种1,8-二氮杂双环［5.4.0］十一碳-7-烯（DBU）的离子液体作为催化剂用于制备氨基甲酸酯类化学品，该离子液体实现了胺类前体高达 96.9% 的转化率。华东师范大学陆嘉星教授课题组报道了一种原子级分散的铜负载于氮掺杂碳纳米片上的催化剂，该催化剂用于二氧化碳电催化制备氨基甲酸酯，实现了室温、常压下氨基甲酸酯高达 71% 的收率。该校的侯震山教授课题组开发了一种锰掺杂的氧化铈复合催化剂（MnO_x-CeO_2）用于催化二氧化碳、甲醇和脂肪胺一步合成氨基甲酸酯，实现了高达 82% 的产物收率，提供了一种用于由二氧化碳催化合成氨基甲酸酯的有效催化剂的设计方法。未来，开发无金属催化剂用于氨基甲酸酯的合成将是一个重点发展的方向，在无金属参与的条件下可以实现催化添加剂的重复使用，有利于降低反应体系的成本，为工业化规模生产奠定基础。

　　如前所述的各类催化中和体系，化学在实现"双碳"战略的过程中不可或缺，一方面要担负化学中和二氧化碳实现生产高附加值产品任务，另一方面，还肩负着开发非碳新能源用于替代传统化石能源的任务。可以预见的是，通过创新驱动和绿色驱动，一定会实现"双碳"目标，成为绿色低碳转型和高质量发展的成功实践者，为人类应对气候变化、构建人与自然生命共同体作出贡献，给子孙后代留一个清洁美丽的世界。

✎ 习题

　　1. CO 具有哪些性质？

　　2. 列举出将 CO_2 转化为 CO 的方法。

　　3. 简要概括出 CO_2 转化为 CH_4 的四类方法。

　　4. 甲醇有哪些应用？

　　5. 甲酸有哪些应用？

　　6. 芳香族化合物有哪些应用？

　　7. 变性淀粉有哪些种类？

　　8. 列举出将 CO_2 转化为碳酸二甲酯的方法。

扫码获取课件

第六章

"双碳"改变生活

根据《公约》的相关内容和中国的实际情况，2014 年我国认定温室气体包括能源活动、工业生产、农业活动过程、土地利用、土地利用变化和林业、废弃物处理等五个领域中二氧化碳、甲烷、氧化亚氮、氢氟碳化物、全氟化碳和六氟化硫。2014 年中国温室气体排放详情见表 6-1。

表 6-1　2014 年中国温室气体总量（亿吨二氧化碳当量）

名称 / 来源	二氧化碳	甲烷	氧化亚氮	氢氟碳化物	全氟化碳	六氟化硫	合计
能源活动	89.25	5.20	1.14				95.59
工业生产	13.30	0.00*	0.96	2.14	0.16	0.61	17.17
农业活动过程		4.67	3.63				8.30
废弃物处理	0.20	1.38	0.37				1.95
土地利用、土地利用变化和林业（LULUCF）	−11.51	0.36					−11.15
总量（不包括 LULUCF）	102.75	11.25	6.10	2.14	0.16	0.61	123.01
总量（包括 LULUCF）	91.24	11.61	6.10	2.14	0.16	0.61	111.86

注：1. *0.00 表示计算结果小于 0.005 亿吨二氧化碳当量。

　　2. 来源：中华人民共和国生态环境部。

2014 年中国能源活动排放量占温室气体总排放量（不包括 LULUCF）的 77.7%，工业生产、农业活动过程和废弃物处理的温室气体排放量所占比重分别为 14.0%、6.7%、1.6%；中国温室气体排放总量（包括 LULUCF）为 111.86 亿吨二氧化碳当量，其中二氧化碳、甲烷、氧化亚氮、氢氟碳化物、全氟化碳和六氟化硫所占比重分别为 81.6%、

10.4%、5.5%、1.9%、0.1%、0.5%。由此可见，能源活动是中国温室气体的主要排放源，发展新能源，走绿色发展道路，实现"双碳"战略是我国未来发展的必经之路。

6.1 低碳生产

6.1.1 绿色制造

6.1.1.1 制造业的碳排放

制造业在现代产业体系中占有十分重要的地位，它一方面为社会提供产品、创造财富，满足民众的物质生活需求，另一方面消耗资源，排放废弃物，给环境造成压力。中国是一个制造大国，在过去高速发展过程中长时间采取高耗能和高污染的粗放型发展模式，给我国的社会、资源、环境带来了巨大压力，绿色制造虽然体系完备，但生产方式仍然未完全摆脱传统的生产模式，生产投入大、资源消耗多、废弃物排放多，给环境带来的压力至今也没有得到彻底缓解。而且绿色技术在推广的过程中，由于其经济成本高于普通生产模式，政策制度和法律约束力不够，短时间内造成的问题明显，制约了绿色制造的发展。

我国制造业中的钢铁、化工、有色金属、水泥等高耗能产业大都集中分布在北方和西部地区，其能源消耗占总体能源消耗的70%以上，而且风能、水能、核能、太阳能等清洁能源数量有限，因此在我国制造业中煤炭、石油、天然气等化石能源的使用占据了70%以上，绿色制造的全面改革将会动摇北方工业经济的根基，不利于我国经济稳定发展，实现难度较大。同时由2017年的数据测算，在长期的出口贸易中，我国制造业中出口产品的碳排放量为18.1亿吨，占制造业碳排放总量的52.3%，出口产品中的化工、机械、钢铁、电气等行业只占出口总额的34.3%，其碳排放量却占总出口量的52.5%，对制造业的绿色转型发展造成了一定的阻碍。为了解决能源问题，我国大肆发展光伏产业，在制度上没有统一规划，项目出现无序发展，遍地开花，光伏企业内部泡沫化严重，没有掌握核心技术，而且我国市场严重不足，光伏发电只能在白天进行，占地面积较大，长期的风吹日晒，受腐蚀严重，后续的回收处理工作需要消耗更多的资源，产生大量碳排放，在减少碳排放的工作上效果不明显。因此，在制造业发展方面，我国还有着巨大的前进空间，只有实行低碳发展才能保证人与自然的和谐共处、共同发展。

6.1.1.2 低碳产业的概念与内容

低碳产业是在低碳和环保产品与服务产业分析报告中被首次提出的，但到现在对低碳产业仍然没有明确的定义，大致是指在生产、消费的过程中，以低能耗、低污染、低排放为特征的产业。低碳产业是以节能减排为基础，对产品的研发、开发、生产过程进行节能减排的研究，是低碳经济发展的基础，是国民经济的基本组成部分，关于低碳产业相关概念见表6-2。

表6-2 低碳产业的代表性概念

学者	界定角度	观点总结
刘文玲	行业密集程度	能够以相对较少的温室气体排放实现经济较大产出的行业；低碳工业主要包括知识密集型和技术密集型产业

续表

学者	界定角度	观点总结
崔奕	行业的碳标准	高碳产业低碳化后形成的新产业、含碳量低的生产行业、生产低碳技术的行业及从事碳排放权交易的行业，其每个构成部分都具有各自的低碳标准，同时每个部分又由能达到低碳标准的若干企业构成
李金辉	低碳技术和产品	以碳的减排量或者碳的排放权为资源，以节能减排的技术为基础的从事节能减排产品的研究、生产和开发的产业集合体，具有产业领域多元化的特征
王海霞	行业功能和意义	具备低碳特征和节能减排的潜力；在国民经济中具有战略性地位；能体现技术的先导和创新性；具有环境友好和绿色驱动功能

低碳产业是一种新型节能减排产业，走低碳产业道路是世界各国想要长远发展的必然选择，我国选择低碳产业经济发展，不仅与当前社会可持续发展的目标有着协同作用，还与全球气候合作治理的要求相一致，而且低碳产业发展的最终目的是减少碳排放和污染。

6.1.1.3 低碳产业的实现路径

低碳产业源于传统工业、能源、交通和建筑等部门，但随着工业时代的到来，各种问题突显，低碳产业逐渐退出传统产业，以节能减排为基础衍生出碳储存、碳汇、碳循环等领域。低碳产业既包括了可再生能源、新能源为主的新兴制造产业，又涵盖了为实现节能和降低碳排放而转型的现代化农业和现代服务业。我国想要实现产业升级就必须选择走低碳产业发展道路，同时低碳产业也涉及生活的方方面面，这就要求人们从农业、工业、服务业等主要产业来进行改革。

（1）低碳农业

现代农业的发展是以化石能源为基础的，化肥和农药是现代农业发展的支柱，曾经为解决人类粮食问题作出巨大贡献，但其负面作用不容忽视，不仅可能带来农产品的残毒、农业面源污染和土壤退化，而且其本身在使用过程中还会排放大量的二氧化碳，化肥、农业的生产过程也是如此。因此，从农业长远发展的角度来看，发展低碳农业是人们的必然选择，这就要求在农业生产中，通过秸秆还田，增加土壤养分；推广立体农业种植模式和节能节水农业模式，减少水资源消耗；用农家肥替代化肥、用生物农药替代化学农药等方式，降低对化石能源的依赖，加强农业废弃物的利用，如秸秆气化等。在森林、畜牧、渔业发展上合理地规划比例结构，促进植树造林进度，提高退耕还林、还草等森林草地的碳汇功能；在养殖上，加大循环水养殖、生态养殖和贝藻类养殖力度，实现绿水养殖转型。研究表明，每增加1%的森林覆盖率，便可以从大气中吸收固定 0.60 亿～7.10 亿吨碳。

（2）低碳工业

中国现阶段总体上仍旧处于工业化中期，工业化对于化石燃料如煤炭、石油、天然气的需求尚未发生根本改变。中国又是世界上人口数量最多的国家，这使得中国在进行工业发展的过程中，所需要的材料产量和消费量都大于世界上任何一个国家。促进中国国民经济增长的主要动力是电力、钢铁、汽车、化工、建筑等行业，这些高碳产业依旧大量地消耗能源和资源，是阻挠我国低碳产业转型的重要因素。如果不改变传统的产业结构，环境污染、能源危机等社会问题就在所难免。所以，必须通过运用低碳产业改造传统工业，推行清洁生产技术和工艺，降低传统工业的物质消耗和污染排放。

首先要调整工业结构，推动高碳产业逐步向低碳产业转型，同等的经济规模，同样的技术水平，如果产业结构不一样，碳排放可能会相差很大。工业产业的能源总量占全部消费量的78％，其中电力、交通、建筑、冶金、化工等行业超过50％。因此要积极发展清洁能源和可再生能源，以核能、风能、水能、太阳能等为主攻方向，加大低碳产业转型力度。在制造过程中，要提升制造装备的研发设计、工艺设备和系统集成水平，提高能源资源的利用率，降低工业生产的能耗，从而达到减排的目的，比如环保处理设备、风力发电、大型变压器、内燃机、交通工具材质等设备改良，积极发展小排量、混合动力等节能环保型汽车，加快低碳产业发展步伐。

（3）低碳服务业

低碳服务业是指以低碳技术为基础，合理地开发、利用生态环境资源，实现最小碳排放的现代服务业。其服务内容包括低碳技术、低碳金融服务、低碳综合管理三大块，涉及农业、工业、金融、保险、物流、商业、旅游、新闻、医疗、市政、教育、公共机构和居民生活等领域。调查显示，发达国家现代服务业占 GDP 的比重高达 60％～70％，比如英国在2003 年的能源白皮书《我们未来的能源——创建低碳经济》中就揭示出，过去 30 年英国经济规模增长了 1 倍，但能源消耗总量仅仅增加了 10％。能源利用效率的提高是一个原因，但更大的原因是产业结构的调整、现代服务业的发展，所以要优先发展电子信息、金融、保险、旅游、房地产等低碳产业和服务业，同时保持一二三产业协调发展，着力抓好电子商务、教育培训等产业的提升工作，充分使用各种方法进行低碳服务的宣传，树立低碳消费服务的榜样，引导市场低碳消费，使人民养成低碳消费的生活习惯，加快交通、环境、贸易、文化等服务业高新技术应用推广，提升服务业竞争力。

6.1.1.4　绿色制造与化学

绿色制造是现代制造业的可持续发展模式，最早在 1996 年由美国制造工程师学会（Society of Manufacturing Engineers）提出，其目标是使产品在整个生命周期中，资源消耗最少，对环境的负面影响极小，人体健康与安全危害极小，并最终实现企业经济效益和社会效益的持续协调优化。绿色制造包括材料选择、加工工艺、产品包装、产品运输、使用和回收等方面，涉及了制造问题、环境保护问题、资源优化利用问题。在生态文明背景下的绿色制造，要求减少资源消耗，减少环境污染，提高制造效率，即改变现有生产方式，以生态环境为第一出发点，使生产过程中对环境和人体的危害几乎为零，这些发展要求都与化学技术的应用不可分割，目前关于绿色制造的研究现状见表 6-3。

表 6-3　绿色制造有关研究现状

学者	文献名称	观点总结
席俊杰	《从传统生产到绿色制造及循环经济》	在循环经济的产业链中，绿色回收与绿色材料、绿色设计、绿色制造、绿色包装、绿色使用共同组成一个闭环绿色供应链系统，达到自给自足、与环境和谐发展的状态
徐滨士	《发展再制造工程促进循环经济建设》	再制造工程是落实循环经济的重要举措，通过对废旧产品的再制造、再利用和再循环，以达到经济效益最高、对环境影响最小的双赢局面
姚锡凡、田春光等	《一种新型的制造模式——生态制造》	生态制造在对一个企业进行研究的同时，还考虑环境（包括企业）的相互作用，其特征是运用生态系统高效、和谐优化原理，建立低耗、高产、优质、无污染、高效益的生态与经济相协调的发展模式

学者	文献名称	观点总结
李克兢、田合伟等	《试论生态设计》	在生态设计过程中，要树立生态系统观念，致力于保护生态环境，把为人类的设计限定在各个生态功能所能承载的能力范围之内
刘献礼	《机械制造中的低碳制造理论与技术》	低碳制造是一种综合考虑生产过程中碳排放和资源消耗的现代生产模式，其目标是使得产品从设计、制造、运输、使用到报废处理的整个生命周期中，以碳排放量、资源、能效为目标达到综合效益优化
诸大建	《生态文明：需要深入勘探的学术疆域》	在生态文明成为中国现代化重要指导原则的情况下，指出只有绿色的思考才是生态文明的真谛。生态文明就是用较少的自然消耗获得较大的社会福利
诸大建	《生态效率是循环经济的合适测度》	生态效率是通过提供能满足人类需要和提高生活质量的竞争性定价商品和服务，同时使整个寿命周期的生态影响与资源强度逐渐降低到一个至少与地球的估计承载能力一致的水平来实现的
钱易	《发展循环经济是全面实现小康社会的必由之路》	循环经济就是将传统的经济发展模式改变为"资源-生产-消费"二次资源的闭环过程，通过合理利用资源，使经济活动对环境的危害尽可能小
钱易	《国际推行清洁生产的发展趋势》	产品生态设计，也叫绿色设计、环境友好型设计、生命周期设计等，是在产品整个生命周期中考虑其对人类与环境的危害，在产品设计阶段就遵循污染防治的原则，实现真正意义上的污染防治

在实现绿色制造的过程中，首先是对生存材料的选择，既要充分考虑材料的实用性、经济性以及环境性原则，还要追求整个生产系统中材料与外部环境的和谐。例如，以氟利昂作为制冷剂和发泡剂的含氟冰箱在使用的过程中，氟利昂泄漏到空气中会导致臭氧层的破坏，使大量紫外线进入地球，严重地危害人类及其他生物的生存，对生态系统造成极大破坏，因此研发和使用彻底替代氟利烃（CFC）的环保制冷剂和发泡剂的绿色无氟冰箱是未来冰箱技术的发展方向。其次在产品的包装材料选择上也要实现对环境无污染，而且可以在包装寿命结束后完全回收循环再利用，对于不能回收的包装材料可以在自然条件下自行降解。绿色材料分类如表 6-4 所示。

表 6-4　绿色材料分类

种类	定义
有机材料	包括苇叶、竹子、草纤维等，在利用这些有机材料形成的自然包装的基础上，加强创新，创造出对环境更加和谐的包装艺术
木质材料和纸质材料等	已达到100％的再回收，且其具有较强的可塑性，可实现加工过程中的不浪费和加工成本的降低，木质材料和纸质材料必将是未来绿色包装的发展趋势
可降解材料和可回收材料	可降解材料在自然条件下可自行降解，实现对环境的绝对零污染，而可回收材料在回收后可以重新利用，这样就延长了包装材料的使用期限，材料的价值得到了充分的利用，在一定程度上缓解了环境污染问题和资源紧张问题

在制造过程中，为了达到绿色的标准，除了产品的绿色，对其生产过程中产生的废水等废弃物也要进行治理，实现资源的优化利用和循环利用。对于废水中的重金属处理，其化学方法有以下几种。

吸附法。采用沸石、活性炭等将重金属吸附出来，实现循环利用，例如使用沸石将重金属废水中的 Pb^{2+}、Cr^{2+}、Cd^{2+} 等离子吸附除去，而且其吸附率高达 97％以上。

氧化还原法。将空气、液氯、臭氧等氧化剂加入废水中，使重金属离子氧化转换为沉淀物，也可以将铜屑、铁屑、亚硫酸钠等还原剂加入废水中，将重金属还原为低毒性的价态后再予以去除。例如，在含铬的废水中加入绿矾和电石渣等（主要成分是氢氧化钙），使高价铬离子降为低价铬离子，然后与之反应变成沉淀，相关反应式为 $6H_2SO_4 + H_2Cr_2O_7 + 6FeSO_4 \Longrightarrow 3Fe_2(SO_4)_3 + Cr_2(SO_4)_3 + 7H_2O$，$Cr^{3+} + 3OH^- \Longrightarrow Cr(OH)_3 \downarrow$。也可以通过电解还原重金属离子，使其絮凝沉淀而回收，实践表明电解含镍废水可使其去除率达到 97％。

溶剂萃取法。溶剂萃取法是利用难溶于水的萃取剂与废水接触，使废水中酚类物质与萃取剂结合，实现酚类物质相的转移。其优点是设备投资少、操作方便、能耗低，而且能有效回收废水中的酚类物质，适用于高浓度含酚废水；缺点是萃取过程中"返混"严重，易造成溶剂损失和二次污染。使用较多的传统型溶剂萃取剂有苯、N-503 煤油、异丙醚、磷酸三丁酯（TBP）、803# 树脂等。而新开发的溶剂萃取剂，如 N-辛酰吡咯烷（OPOD），对酚类物质的萃取效果更好，分配比高达 400。

化学沉淀法。该方法应用最为广泛，其主要原理是使重金属发生化学反应生成不溶于水的沉淀后，再进行过滤、分离操作，主要包括中和凝聚、钡盐沉淀、中和沉淀、硫化物沉淀等多种方法。

6.1.2 绿色建筑

6.1.2.1 绿色建筑的碳排放

我国是世界上第一人口大国，在建材行业上是耗能大户，据测算，我国目前建材工业每年耗用原料约 50×10^8 t 以上，消耗能源达 2.3 亿多吨标准煤，约占全国能源总耗量的 15.8％，排出废气 1.096×10^8 m³，废水 355×10^8 t，水泥与石灰等传统墙体材料每年排放二氧化碳约为 6.6×10^8 t，占全国工业排放二氧化碳的 40％左右。在 2018 年时，全国建材生产阶段能耗为 11 亿吨标准煤，产生二氧化碳排放 27.2 亿吨。其中钢材能耗 6.3 亿吨标准煤，占比 57.3％，产生二氧化碳排放 13.1 亿吨，占比 48.2％；水泥能耗 1.3 亿吨标准煤，占比 11.8％，产生二氧化碳排放 11.1 亿吨，占比 40.8％；铝材能耗 2.9 亿吨标准煤，占比 26.4％，产生二氧化碳排放 2.7 亿吨，占比 9.9％；其他建材能耗 0.5 亿吨标准煤，占比 4.5％，产生二氧化碳排放 0.3 亿吨，占比 1.1％。节约能源，保护环境是人们的当务之急，也是当前全民提高环境意识、质量意识、科学意识，推动绿色建筑发展的重要任务。

6.1.2.2 绿色建筑概念

绿色建筑是在建筑的全生命周期内，最大限度地节约资源、保护环境、减少污染，为人们提供健康、适用、高效的使用空间，最大限度地实现人与自然和谐共生的高质量建筑。绿色建筑其本质都是在保证使用者健康舒适的前提下，力求通过设计和技术手段实现资源节约、保护环境和减少污染，从而更好地满足人性化需求，创造更好的生活环境。绿色建筑的概念虽然在不断地变化，但是环境友好的宗旨始终处于核心位置，在土地、能源、水资源和材料等方面的应用，坚持走绿色可持续发展模式。根据不同国家和地区的发展情况，有关绿色建筑的相关概念如表 6-5 所示。

表 6-5 不同国家的绿色建筑定义

国家	提出方	定义
	世界绿色建筑委员会	绿色建筑指在设计、施工或运营过程中减少或消除环境负面影响，并能对气候和自然环境产生积极影响的建筑
美国	美国国家环境保护局	绿色建筑是指在建筑的整个生命周期（从选址到设计、施工、运营、维护、翻新和拆除）中，创造环境负责、资源高效的结构和流程的实践
	美国绿色建筑委员会	绿色建筑的规划、设计、施工和运营要考虑几个主要因素：能源使用、用水、室内环境质量、材料使用以及建筑对场地的影响
英国	建筑研究机构	绿色建筑是更可持续的建筑类型，可以增进居住和工作在其中的人们的效用，有助于保护自然资源，是一种更具吸引力的房地产投资
德国	德国可持续建筑委员会	可持续建筑意味着有意识地利用和引入现有资源，最大限度地减少能源消耗、保护环境
澳大利亚	澳大利亚绿色建筑委员会	绿色建筑融合了可持续发展的原则，既满足了现在的需要，又不损害未来
日本	日本建筑学会	绿色建筑即在其整个生命周期中节约能源和资源，回收材料，并尽量减少有毒物质的排放；与当地气候、传统、文化和周围环境相协调；能够维持和提高人类生活质量，同时在局部和全球范围内维持生态系统的容量
新加坡	可持续发展部际委员会	绿色建筑能够节能节水，室内环境优质健康，采用环保材料建造

6.1.2.3 建筑碳排放以及绿色发展

从建筑物的全生命周期来看，建筑碳排放应包含建筑材料的生产和运输、建筑设施的建造和拆除、建筑设施的运行阶段碳排放，而且在过去的一段时间内，我国建筑的设计思想主要是关于外形美观和实用性，因此建造了许多形状怪异的超高、超大建筑，在源头上造成了建筑能耗和碳排放的居高不下。

目前，我国大部分建筑的管理者、使用者对绿色建筑的认识程度不够彻底，普通消费者对绿色建筑的使用、维修等还不到位，市场主体发展绿色建筑的意识还有待加强，需要进一步完善企业和普通居民参与绿色建筑建设、维护、管理的制度，加强绿色建筑理念的宣传。新型绿色建筑工业是通过融合现代信息技术，科学化生产和施工，全面提升工程品质和性能，实现工程建设高质量、高效率、低能耗、低排放的建设模式，要求全面推进绿色建造，实现建筑全产业链协同发展，多专业协同发展，加强设计方案技术论证，大力推进构件、部件标准化，推广绿色建材的应用，发展钢架结构建筑、装配式混凝土建筑、精益化施工建设等，实现绿色建筑的发展。

6.1.2.4 建筑设计的绿色要素

绿色建筑是在满足城市环保需求和居民居住需求的前提下，在建筑设计中引入绿色内容，科学选用节能环保的建筑材料，实现建筑的人性化、宜居化和健康化的一种新型的建筑与建造理念。在设计绿色建筑时，要注意建筑与附近环境的有机结合，包含所在区域的气候和人文要素等，使建筑与自然生态环境的发展相适应，在物质上尽最大可能节约，在减少建筑对生态环境和人类健康干扰的同时，保证各种资源的利用最小化。建筑在设计的过程中所需要考虑的绿色要素包括空间结构布局、资源节约、绿色建材、可再生能源等方面。

在建筑空间结构设计上，设计师需要根据周围环境的布局，寻求一个既不影响原有建筑光线又能满足新建筑照明需求的最佳位置，要在让人获得空间使用舒适性的同时，引导人们采用更为绿色节能的生活方式。在建筑设计中，充分考虑到采光、通风等问题，因为不同地区的日照时间、光照强度也会有所不同。对于大型建筑来说，可以采用天井等自然通风的设计类型，减少建筑对于机械通风和机械采暖上的依赖。在屋顶可以根据结构特点、荷载和屋顶上的生态环境条件，选择生长习性与之相适宜的植物材料，通过一定技艺构建一种空间绿化形式。在建筑的立面设计上，利用墙面作为绿化的载体，形成建筑外立面大面积表皮绿化，隔绝外部因素对建筑立面的侵蚀，同时对建筑室内空间环境也具有一定的改善作用，除此之外，还可以起到很好的遮阳效果，丰富建筑立面，使建筑更加美观。当没有明显遮阳构件的时候，可以通过建筑自身的凹凸形体来形成大面积的阴影，减少建筑过多的日照而产生制冷系统的更多能源消耗。

在资源的使用中，在建筑设计符合绿色发展理念的基础上，通过现代比较先进的科学技术，科学地调整设计方案，使建筑的设计更加适合人们的特定需要，提高资源的利用率，节约资源。在建筑建造以及使用过程中，土地资源和水资源是人类赖以生存的根本，因此在绿色建筑设计过程中严禁对土地资源和水资源的浪费和侵占。对于水资源制定出节约用水的详细方案，在建筑中应用雨水回收再利用系统、地下水自然循环利用系统和中水人工循环利用系统，并通过采用先进的水处理设备，使污水在经过处理后达到中水的使用标准，再循环回送并用作绿化用水以及冲厕用水，以上方法使建筑达到在水资源上的低能耗，使水资源得到真正意义的循环利用。对于节约土地资源，可通过合理的规划和技术手段来减少浪费，例如，将住宅小区建造于山坡上，同时利用山坡的地形特点建造半地下车库，在不改变原有占地面积的情况下，增加了大量的车位，在提高住户舒适体验感的同时还能节省大量的资金和能源消耗。

绿色建筑材料是指在原料采取、产品制造和使用过程中采用清洁生产技术，减少自然资源和能源的消耗，大量使用工业或城市固态废弃物生产的无毒害、无污染、无放射性、有利于环境保护和人体健康的建筑材料。在选取建筑材料时，最好是使用区域已有的物质，对于那些改造拆除的废弃建筑，切实使用好，不仅能够节省能源的使用，还能降低住宅建设成本。在装修设计上，可以采用集约化和产业化的装修方式，各种材料由工厂生产再运至现场装配，从而有效地避免了二次装修所带来的浪费；对于种植花草以美观的住户，可以选择在房顶增加一层防水的隔离材料，再在屋顶上栽种一些花草，这样既能降低室内的温度，还能为减少大气中二氧化碳，实现低碳目标作出贡献。

可再生能源是指非化石能源，如风能、太阳能、水能、生物质能、地热能、海洋能等，是取之不尽、用之不竭的能源，是一种对环境无害或危害极小的能源，相对于化石能源等不再生能源而言，具有资源分布广泛和适宜就地开发利用的优点。在绿色建筑中，在条件允许的情况下，在施工过程中做好材料的循环再利用工作，减少建筑体对于燃料的过分依赖，尽量使用可再生资源如水能、风能、地热能、太阳能等，以替代不可再生能源，使建筑工程和生态环境相得益彰。在建筑中，大面积的窗户往往是用来照明的，同时太阳能也可以得到适当的利用，如光伏建筑群体中的大型并网电站、小型太阳能电站（用于家庭使用等），都在绿色建筑中得到了陆续的应用。

6.1.2.5 绿色建筑的关键技术和材料应用

绿色建筑材料是在传统建筑材料基础上，利用科学生产技术，提升资源利用率，减少能源消耗，通过科技更替逐步产生的新型建筑材料，在修复、净化等功能方面具有明显优势，是降低环境污染的重要内容。绿色建筑材料的特点如表 6-6 所示。

表 6-6　绿色建筑材料的特点分析

特点	内容解释
环保型	绿色材料的生产加工环节全程无甲醛，生产过程中不使用芳香族碳氧化合物，实现真正的绿色环保建设
舒适型	当前装饰材料生产技术不断革新，绿色装饰材料在使用性能及材质质感方面日益贴合人们的日常居住习惯和居住需求，实现与环境的高度协调，打造前所未有的舒适性体验
耐用型	相较传统材料，绿色材料耐用性实现质的突破，且使用过程中不易发生变形、腐蚀等现象
可循环利用	与传统装饰材料相比，绿色材料具备较高的可循环利用性，不存在材料长期使用后破损报废的情况，有效解决材料浪费和利用率低的问题

近年来，人们环保意识增强，也推动建筑行业向着绿色、节能环保的方向转型。将绿色建筑材料运用到工程项目中，能够节约能源，减少建筑资源消耗，同时还能够控制建筑项目建设中带来的环境污染。绿色建材类型不同，功能多样，适用场景也有差异。因此，在住宅工程施工期间，应结合住宅的实际情况，对绿色建材进行合理的选择，只有选择合适的绿色建材，才能有效促进住宅工程项目的生态环保效益。结合以往的建筑经验来看，遮阳、门窗、保温等在整个建设项目中占有较大比重，因此当代建筑技术主要从屋顶施工、外部结构、内部装修这三个方面全面应用绿色建筑材料。

绿色材料在屋顶建筑工程中应用最典型的案例之一就是膨胀珍珠岩砂浆，其主要组成成分是水泥、石膏和膨胀珍珠岩。其中珍珠岩为主要材料，水泥和石膏起着凝结作用，通常在膨胀珍珠岩砂浆混合配比过程中，还会加入一定比例的固化剂，以达到更好的凝结效果，而且对于需要浇筑的建筑，还可以选择泡沫混凝土、硬质氯酯泡沫塑料等绿色建筑材料。

新时期，在住宅建筑工程外墙施工期间，人们对于居住环境的舒适性和功能性要求作出改变，为了减小建筑室内温度的上下波动，开始在住宅建筑工程项目中引入加气混凝土、聚苯乙烯泡沫板、聚氨酯泡沫塑料、膨胀珍珠岩等绿色保温材料进行外墙施工，从而保障良好的保温隔热效果。同时，门窗作为接通住宅内外空间的主要通道，在调节室内温度和光照方面有着关键性的作用，所以在建筑门窗施工期间，常通过控制玻璃的材料来改变其光学性能，以达到控制室内外热量交换，使室内环境的舒适度达到最佳的目的，比如在玻璃表面涂刷金属薄膜。目前应用最广泛的玻璃是低辐射镀膜玻璃，其阳光穿透率达到了 80%，同时对室内外热量的交换速度有着一定的抑制作用。

在建筑内部装饰上，传统内部装修材料会产生有毒、有害的污染性物质，而且容易破损、老化，与当前的可持续发展观念相反。为了打造无污染、无毒害、无噪声的健康生活环境，需要选择隔绝紫外线效果优良的建筑材料，减少紫外线对人体的伤害；并且在墙面铺装隔音效果好的绿色建筑材料，减少噪声的传播，从而为自己和他人建造一个舒适的居住环境；此外，在装饰墙面时，为防止甲醛等有害物质危害住户身体健康，常常选择不含放射性污染的微晶玻璃花岗岩板材来替代原有的石灰粉刷和颜料喷漆，微晶玻璃花岗岩板材相比于传统的花岗岩和大理石，在质量上更加轻盈，具有耐腐蚀、耐高温等优点，而且其色泽和观赏效果更佳，有助于缓解身心疲劳。

6.1.2.6　绿色建筑节能材料与化学

建筑材料作为构筑建筑物的物质基础，它的每一次发展都促使建筑物具备更鲜明的时代特征和风格，而建筑材料的开发利用又离不开化学的发展。化学在充分合理利用常用建筑材料、改进传统建筑材料以及开发绿色建筑材料方面都起到举足轻重的作用。

化学建筑材料主要包括塑料管道、塑料门窗、建筑防水材料、建筑涂料、建筑壁纸、塑料地板、塑料装饰板、泡沫保温材料、建筑胶黏剂等各类产品。例如为了能够切实解决房屋保温问题，在房屋的防水层和屋面板之间利用保温性强、质量轻、热导率低、吸水率低的绿色材料，主要包括轻骨料混凝土板、聚苯乙烯板、沥青珍珠岩板、水泥聚苯板等。

建筑材料是一个统称，不同的建筑材料具有不同的化学特性，在选择建筑材料时应该关注它们的化学稳定性，实际上，许多的建筑材料在当地的环境中会或多或少地产生一些化学方面的变化，甚至其中一部分的建筑材料所产生的变化会带来负面的影响，其影响十分重大。因此应该对建筑材料的化学特性进行充分的掌握，了解其化学变化的特点，将其运用在合适的位置。以气硬性胶凝材料石灰为例，生石灰（CaO）加入适量水后，伴随着的化学反应是 $CaO+H_2O \rule[0.5ex]{1em}{0.4pt} Ca(OH)_2$，此过程又被称为水化过程，并放出大量的热，生成 $Ca(OH)_2$ 不断增多，在潮湿的条件下其会与空气中的二氧化碳（CO_2）反应生成碳酸钙（$CaCO_3$），反应式为 $Ca(OH)_2+CO_2 \rule[0.5ex]{1em}{0.4pt} CaCO_3+H_2O$，这个过程也被称为碳化，随着水分的减少，浆体黏稠度增加，逐渐硬化，变成人造石材。但这种材料只能在空气中凝结硬化，而不能在水中凝结硬化，主要是因为其硬化后的产物为 $Ca(OH)_2$ 和 $CaCO_3$，在大量水存在的条件下，人造石材中的 $Ca(OH)_2$ 会被水溶解，无法形成足够坚硬的结构，存在极大的安全隐患。因此，对于水下工程，气硬性胶凝材料是无法使用的，只能使用水硬性胶凝材料，例如水泥、混凝土等。

新型节能建筑材料具有低能耗、多功能、少污染、可以循环利用等特点，受到了消费者和开发商的欢迎，市场的开拓和发展使节能环保建材的价格也开始降低，经济效益、环境效益和社会效益都十分显著。因此，我国建筑业要大力推广新型节能环保建筑材料，并将其广泛应用，才能推动我国建筑业持续健康发展。

6.1.3　绿色交通

6.1.3.1　交通碳排放

交通领域的涵盖范围极广，包括航空、铁路、水运、公路等。作为全球三大温室气体排放源之一的交通运输行业，早在19世纪第一次工业革命时期，蒸汽机开始在水运和铁路上使用就得到了体现，这也是交通运输碳排放的开端；在第二次工业革命时期所发明的内燃机催生了汽车和飞机等远距离行驶的交通工具，加速了交通运输的碳排放。根据历年《中国能源统计年鉴》数据，1995~2011年，交通运输业能源消费量在中国能源消费总量中所占比例由4.47%增加到8.20%，增加了83.45%。因此，道路交通是中国近十多年能耗增长最快的领域，在中国能源消费中的份额越来越大。根据《中国气候变化第二次两年更新报告》，

2019 年，我国道路交通的碳排放在交通运输总体的碳排放中的占比达到了 84.1%。在货运方面，全球平均货运能耗为 37%，我国货运能耗超过了 50%，远高于国际平均水平；在客运方面，小汽车和摩托车的能耗占比为 48%，公共交通的能耗占比只有 4%，自行车、电动车等出行方式的能耗可以忽略不计。

6.1.3.2 绿色交通的发展背景

2021 年 5 月 10 日公安部举行新闻发布会，相关负责人表示我国机动车保有量达到了 3.8 亿辆，2021 年第一季度新注册登记机动车 996 万辆，创同期历史新高。在全球范围内，中国已成为最大的汽车生产国和消费国，随着汽车保有量的快速增长，汽车消耗能源排放的尾气中含有大量的 CO_2、SO_2 和 $PM_{2.5}$，SO_2 与空气中的水结合形成酸雨，对人体健康和环境都造成了严重的危害（有关化学反应式为：$SO_2 + H_2O \rightleftharpoons H_2SO_3$、$4NO_2 + 2H_2O + O_2 \rightleftharpoons 4HNO_3$、$2SO_2 + O_2 \rightleftharpoons 2SO_3$、$SO_3 + H_2O \rightleftharpoons H_2SO_4$）。在水路运输中对环境产生影响的污染源有固体货物在装卸和储存过程产生的粉尘、石油和液体化学品在运输和储存过程挥发的气体（包括 NO_x、SO_x 和 VOCs 等）、装卸机械和船舶排放的大气污染物。铁路运输中的污染主要有内燃机车由于燃油在气缸内燃烧不完全，从而产生的 NO、NO_2、CO、醛类和其他碳氢化合物及苯并芘类物质。航空污染是由于采用了最昂贵的方式来运送旅客和货物，飞机用的是航空煤油，产生的污染物和拖拉机差不多，除此之外还有噪声污染、融雪剂除冰剂等化学污染，其污染物主要是 CO_2、CO、未燃烃和颗粒物、氮氧化物等。面临着日益严峻的资源、环境压力，发展绿色交通已经成为世界各国的共识，绿色交通与环境保护有助于解决交通拥堵、资源能源利用率低、环境污染等问题，是推动交通运输实现绿色化、低碳化和促进可持续发展、建设生态文明的重要举措。当前我国绿色交通已取得显著成效，如表 6-7 所示。

表 6-7 绿色交通发展已取得的五大成果

序号	成果
1	绿色交通基础设施基本建成，综合交通运输网络的总里程突破了 500 万公里
2	交通运输装备逐步向专业化、标准化、大型化、绿色化升级迭代
3	绿色、高效、多元的交通运输网络系统逐步成形并不断完善。2020 年，全国 36 个中心城市公共交通客运量达 441.5 亿人，不同交通运输方式高效对接的多式联运模式发展迅猛
4	大数据、云计算、移动互联网、物联网等新一代信息技术不断应用到交通运输领域，增强了绿色交通发展的创新能力，交通运输业在节能减排、低碳化发展、高效运行等方面取得显著成果
5	交通运输国内国外统筹发展初见成效：与其他国家或地区的绿色交通合作不断深化，中欧班列的开通密切了亚欧大陆的联系，促成了国际航空减排决议，逐渐在世界上树立起我国交通运输业走绿色、低碳、环保、可持续发展道路的良好形象

6.1.3.3 中国不同交通行业的绿色溢价

绿色溢价概念（green premium）在比尔·盖茨的《怎样避免气候灾难》一书中被首次提出，是指某一经济活动所使用的清洁能源费用与化石能源费用的差额，绿色溢价一般为正数，负数则意味着化石能源的费用比较高，经济主体有动力向清洁能源转换，从而减少碳排放。绿色溢价是一种操作性极强的分析工具，使碳交易和碳税制度能够更有机、有序地发挥调节作用，为深入理解减少碳排放特征、明确不同的政策选择提供了帮助，为我国碳减排政策的选择进一步提供了新的理论基础。

交通运输的绿色溢价指的是用新能源较用化石燃料的成本增加，对应的零碳排成本是为了实现零碳排放所需要付出的额外成本。随着贸易的增长和人员流动的增加，交通运输的需求不断上升，交通运输过程中碳排放的主要来源是交通运输工具燃料燃烧产生的二氧化碳排放，为了实现绿色交通目标，使用新能源替代化石燃料必然会付出额外的经济成本。在力求精准的前提下，统一采用全生命周期成本测算，不同交通运输方式的绿色溢价数据见表6-8。

表6-8　2021年不同交通运输方式的绿色溢价

运输方式	能源成本/亿元	新能源化后成本/亿元	零碳排成本/亿元	绿色溢价/%
公路货运	15190	34542	19353	127
公路客运	22666	26846	4181	18
铁路	413	295	−118	−29
航空	715	3167	2452	343
航运	277	1161	884	319
合计	39261	66011	26752	68

未来交通运输总需求的增长将导致交通行业的碳排放继续提高，新能源替代的成本上升，降低碳排放将变得更加困难。对于目前绿色溢价较高的交通运输业来说，降低绿色溢价的重要途径是技术的进步和创新，决定绿色溢价的重要因素是经济层面的技术成熟度，一方面要推动技术进步，降低零碳技术的成本，另一方面要促进碳排放成本的提高，只有两者综合起来才能达到碳中和的目的。

6.1.3.4　中国交通运输行业碳减排技术应用

(1) 公路运输

在全球范围内，交通运输CO_2的排放量约占化石燃料CO_2总排放量的25%，其中交通运输部门约有75%的CO_2排放量来自道路运输。公路运输行业关键的减排技术主要包括清洁能源和新能源汽车应用技术、智能驾驶技术、货运组织模式优化技术等。

① 清洁能源和新能源汽车应用技术。清洁能源和新能源汽车应用技术主要体现在天然气汽车、电动汽车、混合动力汽车、燃料电池汽车等的研究开放。

天然气汽车主要包括压缩天然气（CNG）车辆和液化天然气（LNG）车辆。CNG车辆是将天然气储存在20.7～24.8MPa的车载高压瓶中，车辆续航里程约为200公里，适合于单程行驶里程较短的城市公交、市内出租及短途班线客运等。LNG车辆是将常压下、温度为−162℃的液体天然气，储存于车载绝热气瓶中，载气量大、易存储，车辆续航里程可达500～1000公里，适合长途客货运输。

纯电动汽车是指以车载电源为动力、用电机驱动车轮行驶、符合道路交通安全法规各项要求的车辆。其对环境的污染相比于传统汽车较小，促使纯电动汽车发展的关键技术和性能指标不断提升，产业规模迅速扩大。

混合动力汽车以传统燃料为主、电力驱动技术为辅，使汽车的行驶速度提高，大大减少了汽车使用过程中的能源消耗。不仅如此，在混合动力汽车发展的过程中，还应用了较多新技术，例如电子控制、电力驱动、蓄电池等。

燃料电池汽车是以车载燃料电池装置产生动力的汽车。车载燃料电池装置采用的燃料是高纯度氢气或含氢燃料经过重整后得到的高含氢重整气，与通常的电动汽车相比，它们的不同在于燃料电池汽车用的电能来源于车载燃料电池装置，而电动汽车所用的电能则来源于蓄电池，因此具有零碳排放、续航时间长、燃料加注速度快等典型特点的氢燃料电池汽车是未来汽车行业发展的主要趋势之一。

② 智能驾驶技术。智能驾驶技术集中运用了现代传感技术、信息与通信技术、自动控制技术、计算机技术和人工智能技术等，不会受到人的心理和情绪干扰，按照规划路线行驶，遵守交通法规，可以有效减少人为造成的交通事故和拥堵。此外，智能驾驶可以更合理控制车辆的提速和减速，避免由驾驶员的不良驾驶习惯导致的车辆能源消耗和尾气排放等问题，有效地促进节能减排。

③ 货运组织模式优化技术。我国将多式联运定义为联运经营者为委托人实现两种或两种以上运输方式的全程运输，以及提供相关运输物流辅助服务的活动。国外经验表明，多式联运能够提高 30% 左右运输效率，减少 10% 左右货损货差，降低 20% 左右运输成本，减少 50% 以上公路交通拥堵，节能减排 30% 以上。然后通过互联网对物流过程各环节实时跟踪，实现有效的资源配置，推动公路货运行业集约高效发展，达到节能减排的效果。

(2) 铁路运输

铁路作为我国重要的国民经济命脉，其建设和运营不可或缺，铁路运输行业的关键减排技术包括能源转化再生技术、优化列车结构减小运行阻力等。

① 能源转化再生技术。列车再生制动技术是指列车进行制动时，列车上的动能会转换为供给列车的电能，其中部分电能会被储存到储能装置中，部分电能会被集中反馈至牵引电网中，实现电能的二次利用。再生制动技术通常适用于列车停站数量较多的运行模式，例如行程较长的城际轨道交通，其总能耗可以下降 15%～30%，具有很大的节能潜力。

② 优化列车结构减小运行阻力。降低列车运行阻力主要考虑的是减小空气阻力和轮轨摩擦力。可通过改变车辆的形状、对车辆表面进行处理减小空气阻力，比如对铁路运输车辆的车头进行流线型设计，对车体的外表面进行处理，使得外表面变得更加光滑，可以有效减小列车的空气阻力。对于轮轨摩擦力可以通过减轻自身质量、对列车车体添加润滑剂或润滑油等方式减小。

(3) 水路运输

运营船舶的能耗、能效和 CO_2 排放受多种因素影响，为满足国际、国内相关要求，必须发展新型技术来降低成本、提高船舶能效、减少 CO_2 排放，实现可持续发展。水路运输行业关键的减排技术主要包括清洁能源和新能源船舶应用技术、船舶运行维修管理等。

① 清洁能源和新能源船舶应用技术。船舶使用液化天然气作为主发动机的单一燃料，完全替代柴油。单一燃料气体发动机的主体结构和原理与柴油一致，是将液化天然气燃料气化后与空气混合在机体内部燃烧释放的热能转变成机械能的内燃机。使用单一清洁能源作为燃料，可实现燃油 100% 替代率，相比于传统柴油燃料船舶，可减少 25%CO_2 排放，减少接近 100%SO_2 和 $PM_{2.5}$ 排放，具有更好的经济性和环保性，除此之外，使用液化天然气燃

料，可有效减少燃油泄漏或设备检修带来的水体和环境污染。

② 船舶运行维修管理。在船舶上进行有效管理的具体操作包括上下级营运管理、航次路线的优化、相关部门的及时交流、船体设备检查、机械设备优化计划、节能意识提高和新技术应用等。

（4）航空运输

航空运输行业在中国快速发展的同时导致了燃油的总消耗量也在以极快的速度增长，航空运输行业关键的减排技术包括飞机辅助动力装置（APU）替代技术、生物燃料应用技术、飞机减重降阻技术等。

① 飞机辅助动力装置替代技术。使用机场地面电源/空调设备，包括静变电源设备和地面空调设备来替代 APU，实现利用电能替代传统化石能源，从而减少燃油消耗和污染排放，降低行业整体运行成本。与飞机使用燃油相比，地面电源车的油耗相对较低，可节约 50%左右成本，廊桥电源则通过廊桥连接飞机提供能源，比地面电源车更进一步，廊桥电源直接使用市电为飞机供电，可节约 65%左右成本。

② 生物燃料应用技术。生物燃料可从地沟油、废弃物、海藻、秸秆、玉米秆、甘蔗秆、油桐树、林风树、棕榈树等中提炼，生物质燃料的原料在进行光合作用的过程中需要吸收大量的 CO_2，从而实现低排放甚至零排放，因此使用生物燃料是未来降低航空排放水平、替代化石能源的直接有效的手段。

③ 飞机减重降阻技术。通过选装轻质座椅、餐车，机身表面采用新型涂层，采用更多的复合材料等，实现在相同载重下，降低飞机对升力的需求或减少飞行阻力，降低飞行油耗。

6.1.4 绿色农业

6.1.4.1 粮食主要污染物及其危害

粮食是人类生存的生活必需品，对一个国家的国防、国民稳定、经济增长都有重要影响。粮食从种植到送上餐桌的过程中，容易受到大气、种植环境（水源、土壤）、温度、病虫害、加工方法等因素的影响，容易受到污染。威胁我国粮食安全的污染物主要包括：真菌霉素、重金属和农药残留。①真菌霉素：据估计，全世界约有 25%的粮食受到真菌霉素的污染，约有 2%的农作物因污染严重而失去利用价值。受到真菌感染的粮食无论直接食用或作为牲畜饲料，其中含有的黄曲霉毒素都会通过各种形式进入机体，在不同的身体部位积累，从而降低人体抵抗力，引发乙肝等，甚至更严重的疾病。毒素过量时会导致食用者急性中毒，引发呕吐、腹泻、发烧等不良反应，严重时会损害食用者血液系统和导致食用者死亡。②重金属：据报道，我国每年因重金属污染导致 1000 多万吨粮食减产，被污染粮食据估计达 1200 万吨，这些粮食能够供 4000 万人食用一年。工业生产过程中粮食中产生的废渣、废水、废气会对大气、水、土壤造成一定程度的污染。土壤、空气和水体中的重金属离子会被植物的根系、叶片吸收，在植物光合作用过程中，重金属离子在植物根系、叶片、果实中大量沉积。目前，粮食中的重金属离子多达 45 种，这些被人类食用后，对人类的健康产生了不容忽视的影响。③农药残留：在农作物种植过程中，为了防治病虫害、除去野草、提高产量，全球每年生产的农药可达 200 万吨，其中 1000 多种人工合成化合物被用作植物杀虫剂、除虫剂、杀菌剂。杀虫剂、除虫剂、杀菌剂不可避免地挥发至空气中、渗透到地下水或土壤中，再通过植物的吸收和代谢作用转移到粮食中，会对粮食安全和人体健康造成极大的威胁。

6.1.4.2 我国农业面源污染

农业面源污染，是指在农村生产生活过程中产生的土壤中污染物、畜禽粪便、生活垃圾。我国农业面源污染具有明显的"农业性"特点，包括农用化学品污染、农膜污染、养殖废弃物污染等类型，是影响农村生态环境、水环境、农业生产的重要因素，对农村发展具有较大的影响。在"双碳"战略背景下，了解面源污染的原因才能更好地减少农业面源污染和碳排放。

我国农业面源污染主要来自 5 个方面。①农膜污染：农膜覆盖农田时具有提高地温、保持湿度、促进种子发芽和幼苗快速增长、抑制杂草生长的作用。农膜材料主要成分是聚乙烯，具有优异的化学稳定性，在土壤中难以短期内降解，残留在土壤中会破坏土壤结构，阻隔农作物吸收水肥、影响农作物生长。②化肥污染：长期以来，我国农业种植过程中使用了过量的化肥，过量的化肥在土壤中富集或转移至地下水，形成了污染物，最终通过食物链对人类的身体健康产生较大影响。③畜禽粪便：人类从事集中养殖活动时产生的畜禽排泄物污染。如果畜禽粪便处理不当，会对当地水体、土壤和生态环境甚至人类的身体健康产生影响。畜禽粪便会滋生大量病菌、寄生虫，进入水体后，影响河流的自净能力、危害人类健康。④农业废弃物：包括农作物秸秆、果皮、畜禽粪便，这些废弃物未经处理直接排入农田会对农田的生态环境、农村的环境、人类生活等产生较大影响。⑤农业活动过程中使用了大量农药、除草剂，农药残留在土壤、水体、生物体、粮食中，除了对人类身体健康产生了较大影响，也对农村生态环境产生了较大影响。化肥农药的大量使用会导致土壤质量变差、板结，导致土壤中的养分不能被有效吸收。农药在杀死害虫的同时，对土壤中的微生物也有较大的影响，对水生生物也有很大的毒害作用。

6.1.4.3 我国农业碳排放现状

农业是国民经济的基础，也是碳排放的大户。根据联合国粮农组织（FAO）测算，耕地排出温室气体相当于 150 亿吨 CO_2，排放的超过三分之二的温室气体与氮肥的使用有关。基思·波斯蒂安对农业生态效率方面进行了研究，发现农业碳排放约占总碳排放 20%。西方认为农业碳排放的主要来源是农业投入和农业机械的使用。Johnson J. M. F. 认为农业中的各种废弃物和生物质的燃烧才是导致农业碳排放的主要原因。吴贤荣计算农业碳排放时主要是从农资投入和能源消耗角度计算。在农业生产活动中，通过 T. O. West 方法和农业活动中化肥、农药、农膜、柴油等投资投入和翻耕、灌溉来计算农业碳排放量。

$$农业碳排放总量 C = \sum C_i = \sum A_i \cdot \zeta_i$$

其中，C 是农业碳排放总量，C_i 是不同碳排放源碳排放量，A_i 是每一碳排放源的量，ζ_i 是每一种碳排放源的碳排放系数。

2000 年至 2019 年农业碳排放总量和碳排放强度如图 6-1 所示，2000 年农业碳排放总量和碳排放强度分别为 5904.35 万吨和 25.18kg/亩，2019 年碳排放总量和碳排放强度分别为 7957.30 万吨和 31.97kg/亩。2014 年，农业碳排放强度最高值为 35.96kg/亩，自此之后，碳排放强度逐年降低。

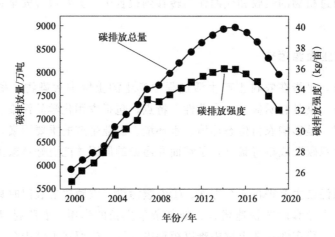

图 6-1　2000～2019 年间农业碳排放总量与碳排放强度

6.1.4.4　绿色农业及其演变

绿色农业，是以"绿色环境""绿色技术""绿色产品"为主体，以生产、加工、销售绿色食品为核心的农业生产经营方式，促使过分依赖化肥、农药的化学农业向主要依靠生物内在机制的生态农业转变。在党的二十大报告中提出"协同推进降碳、减污、扩绿、增长，推进生态优先、节约集约、绿色低碳发展"。绿色低碳发展是实现"双碳"战略和生态振兴的必然选择，农业作为乡村发展的基础，促进农业低碳发展更是实现民族乡村生态振兴的关键。

绿色农业发展是一个综合发展过程，随着社会经济变动、农业政策调整，农业绿色发展不断演进。绿色农业演进过程可分为四个阶段。①中华人民共和国成立到改革开放前：农业碳排放未成规模。农药、农机、化肥等农资产品和设备未得到规模化使用，农业生产仍采取传统模式，碳排放较低。②改革开放到 20 世纪 80 年代末：农业碳排放快速增加。包干到户使农业制度发生变革，农业技术创新使农业生产潜力得到全面释放。化肥、农业、农膜等农资产品得到广泛应用，比如化肥的使用量增加了 1.93 倍。同时，机械设备大大提高了生产效率，机械总动力增长了 1.44 倍。由于科技水平提升了生产效率，我国农业总产值从 1978 年的 1458.8 亿元增到 1990 年的 7382 亿元，增长了 4.06 倍。③20 世纪 90 年代到 2015 年：农业碳排放逐步得到遏制。工业化、城镇化的快速发展，农村人口向城市转移，我国农业生态环境问题逐渐显现，《中华人民共和国农业法》修订版，提出"发展优质、高产、高效益的农业"，开始关注农产品质量。2015 年 5 月，《全国农业可持续发展规划（2015—2030 年）》提出"修复农业生态，提升生态功能"，开始关注生态环境保护修复和建设。这可能是我国碳排放总量和碳排放强度逐渐减小的原因。④2016 年至今：推进农业绿色发展。自 2016 年农业绿色发展首次出现在中央文件中以来，我国针对农业绿色发展颁布了多个重要文件：《关于创新体制机制推进农业绿色发展的意见》（2017）；《农业绿色发展技术导则（2018—2030 年）》；《中共中央、国务院关于完整准确全面贯彻新发展理念做好碳达峰碳中和工作的意见》（2021）；《"十四五"全国农业绿色发展规划》。在此阶段，我国农业碳排放总量和农业碳排放强度逐渐降低（图 6-1），这说明我国农业逐步从增量向提质转变。绿色农业系列文件，明确了农业绿色发展的总体要求、具体措施、内涵和战略地位，农业绿色发展不断推进，为乡村振兴、生态文明建设奠定坚实的基础。

6.1.4.5 绿色农业发展路径

在"双碳"战略背景下，发展绿色农业是贯彻习近平总书记生态环境保护思想、践行绿色低碳发展理念、推进农业低碳转型的必然选择。"双碳"战略目标的提出，明确了农业转型过程中低碳发展目标。

① 提升耕地数量质量。耕地是绿色农业产品的基础和载体，是碳排放的主体和固碳的重要单元。保障 18 亿亩耕地红线，实行休耕轮耕；增加土壤有机质含量，提高土壤固碳能力；减少农药化肥使用量，减少碳排放。改善耕地质量，是生产绿色产品的保障。

② 改变农业生产方式。我国农业生产方式较为粗放，农药、化肥、农膜、除草剂等生产资料在保障农业增产的同时，也导致了严重的农业面源污染和较高的碳排放。发展绿色生产、加工技术，通过测土配方施肥，根据农作物生长需要施肥，有机肥与无机肥有效结合等实现科学施肥、高效施肥，减少化肥使用量；使用高效低毒低残留的新型农药，或利用先进的高效植保机械喷洒农药，提高农药利用率并减少农药施用量。我国化肥、农膜、农药在 2015 年使用量分别为 5393.84 万吨、1348.64 万吨、741.87 万吨。2016 年，我国农业部《关于打好农业面源污染防治攻坚战的实施意见》颁布，从 2016 年开始，我国化肥、农膜、农药使用量开始逐步减少。我国农业碳排放量和农业碳排放率也快速降低。

③ 农业科技助力碳减排。农业科技是支撑农业现代化、提高农业产量、控制粮食质量的主要推动力量。研发深度节水、节材、节能技术，利用最新科技成果研发农业数字化生产技术和设备，加大农业废弃物回收利用绿色低碳技术研究力度，推动农业绿色发展。研发农田生态修复技术、改善土地沙化和盐渍化、修复农业生态系统、提高生态系统循环能力。提高农业科技水平减少化石能源在灌溉、翻耕等活动中的消耗、降低能耗、精准施肥打药。根据《2021 年中国科技统计年鉴》统计数据，我国 2020 年农业研发经费达 122.04 亿元、农业研发人员占总研发人员的 6.8%。

④ 改善农业经营方式。我国耕地破碎化严重，耕地破碎化导致田坎过多，造成一定程度的耕地浪费，限制了大型农用机械的使用，降低了农业生产效率，不利于产业结构的调整和生产链建立。建立产业化循环发展模式、服务业等相关产业融合产业模式，建立农产品生产、加工、销售、废弃物再利用的产业链。

6.1.4.6 光伏农业

根据国家统计局《2022 年国民经济和社会发展统计公报》统计数据，我国发电量共88487.1 亿千瓦时，光伏发电量 4272.7 亿千瓦时（占比 4.8%）。限制光伏发电发展是土地占用瓶颈。光伏农业是一种新型农业模式，可以实现光伏发电和农作物的"双丰收"。光伏发电所产生的清洁能源可辅助开展农业生产活动，满足农业生产能源需求，多余的电力可并入国家电网获取一定经济效益。2021 年，习近平主席在博鳌亚洲论坛上发表重要讲话，指出"现阶段促进中国能源转型与绿色发展尤为重要，光伏发电过程清洁、无污染、必然成为中国未来重要能源来源之一"。近年来，中国光伏发电发展迅速，2022 年我国光伏发电新增并网容量 87.41GW，截至 2022 年底，全国光伏发电累计并网容量 392.04GW。

目前，光伏农业已发展出多种运营模式。

① 菌光模式："菌光模式"是根据菌菇生产过程中需避光遮阳的特性，在菌菇生产大棚

上搭建建设光伏发电系统，在不改变土地性质和不影响菌菇生产的前提下，将光伏发电与农业生产有机结合起来，实现了棚内种菇、棚顶光伏发电的"菌光模式"生态高效生产方式。"菌光模式"生产过程中，将玉米芯等生物质形成的菌包转化成有机肥，有利于减少农业废弃生物质对环境的污染，具有一定的环境效益和社会效益。

② 渔光模式："渔光模式"是将光伏发电与水产养殖相结合，被称为渔光互补，工厂化水产养殖车间顶部、水产温室、养殖水域等可以建设光伏发电系统，可以有效地利用养殖车间屋顶空间，光伏与水域养殖结合实现了水上光伏发电，水下水产养殖，实现了"一地两用"和垂直产业新模式，大大提高单位面积水域的经济价值，具有良好的经济效益。

③ 菜（果）光模式：菜（果）光模式指的是在用于"光伏日光温室""光伏塑料大棚"和"光伏玻璃温室"等地建立光伏发电系统，将园艺生产与光伏发电结合。确保满足温室内作物光合作用需求的同时，尽量增大太阳能板的铺设面积，在满足电力自给自足的同时，还能将多余的电力并入国家电网，实现一定的经济效益。

④ 畜禽（牧）光模式：在畜禽（牧）光模式中，将太阳能光伏转换发电应用到养殖牧场建设上，利用现代生物技术、信息技术、新材料和先进装备等，实现了生态养殖、循环农业技术模式集成与创新，为养殖业可持续发展提供有力的技术支撑，此模式可获取牧业及光伏发电双份收益、养护牧草、改善生态环境三大优势。

⑤ 林光模式：林光模式是结合光伏发电与林业造林的光伏建设模式，将光伏发电系统架设地面 2 米以上以充分利用空间，再经济灌木种植实现土地立体化增值，体现绿色发展和低碳发展理念。

⑥ 生（废）地光模式：将光伏发电装置建设在荒滩、沙漠生态修复地区，将生态综合治理和绿色电力生产有机结合，将生态治理、光伏绿色电力生产、产业融合、乡村振兴多维一体平衡发展。

⑦ 服（三产）光模式：将光伏设备建设在农贸市场、生态农庄、陵园墓地等，将光伏发电与休闲观光、爱国教育基地有机结合，充分利用生态农庄、陵园土地。

⑧ 热电光模式：将光伏电池建设在地热资源较丰富地区，将电力生产和散热和热利用巧妙结合，通过高效散热兼热回收系统，将散热利用和光伏电力给用户提供冷热湿电一体化解决方案，满足用户需求。

⑨ 药光模式：将光伏发电系统建设与中药材产地产业化种植有机结合、中药材深加工及中成药开发、中药保健品三大领域，构建"医、药、疗、养、游、学、研"产业链条新体系。

⑩ 水利光模式：水利光模式指的在偏远农村、山区、海岛进行光伏发电为生产、生活供电，同时为农村机电排灌等农田水利技术的发展供电，实现节省人力、财力、物力、电力的目的。水利光模式用于光伏提水系统、农田排灌、节水灌溉、光伏海水淡化、光伏污水处理等，因此，水利光模式应用前景广阔。

6.1.4.7　垂直农业

垂直农业利用垂直绿化技术进行农业生产，资源化处理有机废水和废物。与传统农业相比，垂直农业具有提升资源使用效率，减少能源的开采与使用，提升城市环境效率，弱化城市废气、污染影响，提升城市处理生活垃圾能力的优点。

垂直农业已经引起人们的广泛兴趣，如城市设计者、建筑师、生物学家等，然而，这种模式在我国仅仅处于概念阶段，具体成功的经验和案例比较匮乏。我国学者和机构对其研究不够透彻，研究成果少之又少。但这种模式已经在很多国家受到重视和应用。如荷兰，应用垂直农业栽培了豆角、草莓等作物。新加坡将这种模式应用于蔬菜生产。

垂直农业有如下争议。①造价过高。垂直农业发展专业性较高，目前情况难以满足实际需求，且短期利润与成本支持不平衡。②垂直农业不可缺少光源进行光合作用。农场内部下层只能用灯光代替阳光，这不可避免地增加了成本，需要的生产设备十分庞大，导致成本高昂。③影响就业，垂直农业具有很高的创新性，这种创新模式可能会使很多人失去工作岗位，但垂直农业需要大量的高水平创新人才，对低收入农民和工人也是一种机遇。

6.1.4.8 化学助力绿色农业

农业的发展离不开化学产品和化学材料。在改革开放之前，农药、化肥等农资产品未得到广泛应用，农业产量较低，且产量受到天气的影响极大。改革开放后，化肥、农药等农资产品由于我国生产力水平大幅提高在农耕中得到广泛的应用，生产效率得到大幅提高。绿色农业的发展、绿色产品的种植、生产、加工都离不开化学的参与。

化学为农耕提供必要的物资。农耕过程中使用的化肥、农药、除草剂、农膜、保水剂、土壤改良剂、管线材料等都是化学产品。尽管化肥、农药、除草剂过度使用造成了一定程度的粮食污染、水污染、土壤污染，但它们在农耕中的作用不可或缺，适量使用化肥、农药、除草剂可以提高粮食产量。农膜使用可以保温保水、促进种子发芽，回收使用可以避免对土壤的污染。保水剂能够促进农作物发芽率的提升，吸水性树脂材料在促进植物生育、增强农药药效和时长以及温室种植和无土种植方面均有重要作用。土壤改良剂起到改善土质、优化种植、保肥、保水、防止病虫害的作用。垂直农业、光伏农业等都需要使用大量支撑材料、管线材料。绿色农业是可持续发展理念在农业中的具体体现，为了保障农业的可持续发展和治理环境污染，需要采用最新科技成果开发高效低毒和高利用率无污染的生态农药以及生态化肥。

绿色农业产品开发与标准化及评价指标体系建立离不开化学。绿色农业是以生产无毒、安全、营养、优质农产品为核心。产品需要标准化评价体系判定质量标准。根据《绿色产品环境质量标准》，绿色产品的开发自然条件水、土壤、大气要求无污染，要求该区域内的大气、土壤、水源必须符合绿色产品的生产标准。对于绿色产品的生产、加工、包装、销售均要符合相关的技术操作。做好绿色有机农产品开发，需要做到"三个确保，一个提高"。

① 确保农产品质量安全，必须加强农产品质量安全技术标准体系和检测体系的建设，这离不开分析化学和物理化学检测方法的参与。加强农业生产和加工全程过程、提高农产品的质量安全水平，确保农产品的质量安全。生产和加工过程中的废水、废气和废物的处理，需要借助化学才能确保达到安全水平。

② 确保生态安全，确保生态安全才能产出绿色有机产品。生态安全的维护时时刻刻需要化学的参与。

③ 确保资源安全，绿色产品的生产需要确保一定数量和适量的耕地、水资源，还需要做好气候、土壤、水、地形等自然条件的经营管理。这些资源的管理和经营需要化学方法和手段，才能确保土壤、水达到绿色产品的生产要求。

④ 提高农业的综合经济效益。绿色有机农产品标准化需要化学参与。绿色有机农产品标准化体系建设面临的问题主要有：监管部门联合执法缺乏合力、绿色有机农产品执行标准

检测能力和手段不足、一家一户分散的农业生产方式使农产品标准化生产难度大、绿色有机农产品加工和生产标准执行不力和标准化体系不健全。在这几个问题中，绿色产品标准化检测能力和手段不足问题离不开化学学科的参与。目前，绿色有机农产品检测机构检测能力不足，与绿色有机农产品相关的农兽药残留、激素残留、放射性污染、重金属污染、再生有毒物质、转基因等方面的检测严重不足，而这些项目的检测离不开传统分析化学检测手段、仪器分析、光化学和电化学分析检测技术的参与，需要利用化学中最新科研成果建立标准化检测方法和体系。

光伏农业等新农业需要化学材料支持。光伏农业和垂直农业是近年来发展较快的新农业，这些新农业需要大量的材料和相关技术。光伏农业需要大量新材料，如半导体材料、合金材料、高分子材料。如何选择性能优异、环境无害材料，需要利用材料化学最新研究成果。

6.2 低碳生活

6.2.1 低碳生活定义

6.2.1.1 低碳生活提出的背景

在高速发展过程中，人口数量急剧增加，为了满足自身的物质利益和发展需求，人们对化石矿物的使用以及森林的砍伐不断增加，从而加剧了全球温室效应，由《2021年中国生态环境状况公报》数据可知，1951～2021年我国气温不断上升，自然生态系统的平衡遭到破坏，人们的生存环境和健康安全受到威胁，人类的可持续发展面临着前所未有的挑战。与此同时，近年来国际社会对环保问题的重视程度也迅速提高。在此背景下，碳足迹、低碳发展、低碳生活等一系列新型发展观念和政策应运而生，随着以实现人与自然和谐共生为目标的低碳生活模式开始走进人们的视野，低碳生活这个观念得到了全世界广泛的认同，逐渐融入进了人民的日常生活中。党的十七大报告首次指出："建设生态文明，基本形成节约能源资源和保护生态环境的产业结构、增长方式、消费模式"。报告中强调，要使"生态文明观念在全社会中牢固树立"。这是在党的正式文件中第一次提出生态文明的概念，把生态环境的重要性提高到了文明的新高度。

6.2.1.2 低碳生活的基本内涵

低碳生活就是指在生活过程中要尽量减少能量的消耗，减少全球温室气体的排放，从而减轻对大气的污染，实现一种低能量、低消耗、低开支的生活。低碳生活不仅是一种生活方式，一种生活理念，也是一种全新的生活质量观，它提倡人们自觉去节约各种资源，但并不意味着去刻意约束自己，只要求人们能在衣、食、住、行等方面尽量做到节约不浪费。低碳生活是人类在社会发展过程中应对气候变化的根本要求，也是人们建设生态文明、保护环境，与生态系统和谐共生、共同发展的必然选择。低碳生活注重于解决人类生存的环境问题，它要求人们树立全新的生活消费观，通过个人适度消费减少碳排放量来达到集体总碳排放量的减少，从而保护环境、促进人与自然和谐发展，进而促进整个地球环境的可持续发展。

6.2.2 碳足迹

6.2.2.1 碳足迹的定义

碳足迹是生态足迹理论中的一种，是在生态足迹的基础上被提出来的，生态足迹是一种以某种资源来衡量某种特定活动对地球自愈能力产生需求的计量工具。碳足迹也被称为碳指纹和碳排放量，最早在英国出现，与碳排放量相比，碳足迹的表达方式更加生动，更能体现出碳排放过程的含义。碳足迹主要用于计算碳排放量，是度量在整个生命周期人类行为的能源消耗量与污染排放量，即人类活动对自然资源使用的程度和强度，直接衡量了自然环境对人类活动中碳排放的响应性。碳主要包括木材、煤炭、石油、天然气等自然资源中所含有的碳元素，碳的使用量越大，碳足迹也就越大，产生的二氧化碳也就越多，越加剧温室效应。总而言之，进行碳足迹分析对于减少二氧化碳的排放具有十分重要的实际意义，碳足迹的不同定义见表6-9。

表 6-9　碳足迹不同定义

来源	定义
POST（2006）	从生命周期理论出发，碳足迹是某产品或活动全流程范围内排放的包含 CO_2 在内的温室气体总量。在计算时，所有温室气体的量均换算成 CO_2 等价物
BP（2007）	碳足迹是人类在日常生产、生活过程中排放的 CO_2 总量
Energetics（2007）	碳足迹是在经济活动中人类所排放的 CO_2 的量，包括直接和间接排放的 CO_2 总量
ETAP（2007）	碳足迹用以衡量人类活动对地球环境生态的影响，具体指人类在生活、生产过程中所排放的 CO_2 的量
Hammond（2007）	与规模不同，更强调碳的质量，即碳足迹是人生产生活中释放的碳质量
世界资源研究所（WRI）和世界可持续发展工商理事会（WBCSD）（2008）	碳足迹要从三个层面理解，第一层面强调部门自己单独的直接碳排放；第二层面涵盖为第一层供能的能源产业的直接碳排放；第三层面则是全覆盖、涵盖整个供应链的、全生命周期流程（包括直接和间接）的碳排放
Carbon Trust（2007）	侧重对产品碳足迹的探索，强调产品全生命周期，包括但不限于原材料开发、原料加工、废弃物处理等过程。即碳足迹是产品从无到有再到废物处理等全流程中所排放的温室气体。在计算时，所有温室气体的量均换算成 CO_2 等价物
Wiedmann and Minx（2007）	从产品的角度，碳足迹是产品或服务在全生命周期过程中所排放的 CO_2 总量。从活动的角度看，碳足迹是活动主体（如个人、机构、政府、工业部门等）全过程、全流程中直接和间接排放的 CO_2 总量
Global Footprint Network（2007）	更强调燃料燃烧所释放的 CO_2。作为生态足迹的一种，碳足迹是生态系统通过光合作用消化化石燃料燃烧释放的 CO_2 的生物承载力需求
碳足迹组织（2008）	强调燃料燃烧所释放的 CO_2。碳足迹是在日常生活（如家电使用、照明取暖、交通运输等）中，人类燃烧化石燃料所释放的温室气体数量。碳足迹用 CO_2 的数量衡量，单位是吨或者千克

来源	定义
《PAS2050 规范》 （英国标准协会，2008）	碳足迹用以描述活动或实体的温室气体排放量。产品碳足迹是从全生命周期理论出发，用以评价产品在从原材料到生产再到运输、销售、使用和处置等全过程中，所排放温室气体
Brownea，O′Regan and Moles（2009）	从产品消费的角度探讨碳足迹计算。此外，他们还认为，作为生态足迹的一种，碳足迹用吸收对应量温室气体的土地面积（单位：公顷）表示
国际标准化组织 （ISO，2012）	侧重产品碳足迹。即在产品生产消费全流程原料采购、生产制造、物流运输、销售、使用和废弃处置等环节中直接和间接排放的温室气体总量

6.2.2.2　生活碳足迹的计算方法

目前，碳足迹的计算方法有三种，分别是投入产出法、过程分析法和混合生命周期评价法，三种方法的角度和侧重点各有所不同。

（1）投入产出法

利用投入产出理论，根据直接消耗系数和完全消耗系数估计产业的二氧化碳排放量。该方法将碳足迹的计算分为三个层面，第一层面是工业部门生产过程中的直接碳排放；第二层面将碳足迹的计算延伸至第一层面中工业生产部门所消耗的能源和电力等，计算能源和电力生产的碳排放；第三层面则涵盖了全产业链的碳排放。

投入产出法的碳足迹计算可以分为两大步：计算总产出和计算各层面的碳足迹。首先根据投入产出分析，建立方程计算总产出，即：

$$Q = (I + A + A \times A + A \times A \times A + \cdots)d = (I - A)^{-1}d$$

其中，Q 表示总产出，I 为单位矩阵，A 表示直接消耗矩阵，d 表示最终需求，$A \times d$ 则表示部门的直接产出，$A \times A \times d$ 则表示部门的间接产出，$A \times A \times A \times d$ 表示部门间接产出的产出，以此类推。

其次，在总产出方程的基础之上，分别计算世界资源研究所（WRI）和世界可持续发展工商理事会（WBCSD）定义的三个层面的碳足迹：第一层面：$C_i = E_i(I)d = E_id$；第二层面：$C_i = E_i(I + A')d$；第三层面：$C_i = E_iQ = E_i(I - A)^{-1}d$。

其中，C_i 表示碳足迹，E_i 表示 CO_2 的排放矩阵，排放矩阵的对角线数值则分别表示经济系统内各部门单位产出的 CO_2 排放量，A' 则表示能源供给部门的直接消耗矩阵。

（2）过程分析法

该方法以统计资料的产业分类为依托，采取政府间气候变化专门委员会（IPCC）和中国各类统计年鉴上的碳排放系数，测算产业的碳排放量。

过程分析法的计算步骤具体包括"建立流程图——确定系统边界——采集数据——计算碳足迹——检验"等。

在建立流程图阶段，从生命周期的角度出发，明确整个全流程中所需的原材料、涉及的相关活动和过程等，以确定纳入碳足迹计算的具体材料、生产活动和过程的范围。

在确定系统边界阶段，主要是明确纳入碳足迹计算的标准，确定生产、使用和最终处理等环节中包括的哪些直接碳排放和间接碳排放会纳入碳足迹计算。

在采集数据阶段，主要采集原材料和活动数据及碳排放因子。碳排放因子是指单位材料、物质、原料或能耗所排放的 CO_2 等价物。原材料和活动数据用 Q 表示，Q_i 表示第 i 种材料的数量或活动的能量强度。碳排放因子用 C 表示，C_i 表示第 i 种材料的数量或活动的碳排放因子。

在计算阶段，碳足迹 E 等于各类材料和活动的数据与其对应的碳排放因子的乘积的加总，即：

$$E = \sum_{i=1} Q_i \times C_i$$

在计算完成后，可以采用数据替换、细化计算过程和专家评定等办法完成检验，以提高可信度。

（3）混合生命周期评价法

该方法是将碳足迹计算的投入产出法和生命周期法通过计算公式合并纳入同一个分析框架，即通过构建产品生命周期过程中的不同活动环节，测算活动过程中的二氧化碳排放量。

混合生命周期评价的计算公式：

$$E = \begin{bmatrix} \boldsymbol{b}_n & 0 \\ 0 & \boldsymbol{b} \end{bmatrix} \begin{bmatrix} \widetilde{A} & N \\ M & \boldsymbol{I} - \boldsymbol{U} \end{bmatrix} \begin{bmatrix} x \\ 0 \end{bmatrix}$$

其中，E 表示研究对象的温室气体排放量，$\boldsymbol{b}_n$ 表示微观系统的直接排放系数矩阵；A 表示技术矩阵，分析研究对象在生命周期各个阶段的投入产出；M 表示宏观经济系统向研究对象所在微观系统的投入，与投入产出表中的相关部门联系；N 表示分析对象所在微观系统向宏观经济系统的投入；x 表示外部需求向量，$\boldsymbol{b}$ 表示直接排放系数矩阵，其具体则代表某部门每单位货币产出直接排放的温室气体量；$\boldsymbol{I}$ 表示单位矩阵，$\boldsymbol{U}$ 表示直接消耗系数矩阵。

6.2.3 低碳生活内容

6.2.3.1 低碳办公

低碳办公是指在日常活动中尽量减少办公用品的消耗，降低碳排放，建立节约与环保的办公体系。

在当前信息化时代，办公设备不断升级，对能源和资源的消耗不断递增。打印机、纸张、空调的使用，电脑配置过高，过度的接待活动都会让单位的开支增加。在打印机与纸张的使用时可以选择"经济打印模式"功能，至少可以节约 30% 的墨水，并且提高打印速度；纸张一般选择可再生纸，尽量确保双面使用，多采用电子文档阅读，减少对打印纸张的使用。

办公室尽量安排在自然光照明和自然通风的位置，减少电灯的长时间使用，同时选择节能型灯泡，替代白炽灯；在办公室养一些净化空气的植物，如吊兰、非洲菊等，提高空气质量；使用空调时调节温度以 $26℃$ 左右为宜，例如空调以每天开 $10h$ 计算，降低 $1℃$，则 1.5 匹空调机可节约电量 $0.5kW \cdot h$，每节约 $1kW \cdot h$ 的电能，相当于减少排放 $1kg$ 的二氧化碳。

《三国志》中提出"勿以恶小而为之，勿以善小而不为"，低碳就是从节约每一度电、每一滴水和每一张纸等小事做起。对废旧物品进行分类处理，实现可持续回收利用，形成人人节约、处处节约、事事节约的新景象，让低碳生活走进人们的日常工作之中。各种办公用品碳排放如表6-10所示。

表6-10 办公用品碳排放量

种类	数量	碳排放量/kg	种类	数量	碳排放量/kg
塑料袋	1个	0.1g	纸制品	1kg	3.5
一次性筷子	1双	0.02	水	1	0.91
A4纸	一张	0.127	空调	1h	0.621
一次性手套	1	0.2			

6.2.3.2 低碳出行

低碳出行，顾名思义，就是在出行的过程中，选择二氧化碳排放量少的交通方式。随着经济的发展，私人轿车逐渐进入每家每户，无论是上下班或者外出游玩，人们都采取自驾，经常导致道路拥堵，碳排放量居高不下，对于交通不发达的农村偏远地区，出行不便，摩托车成为了主要的代步工具，长距离的骑行一样产生了大量的碳排放。

由于各种交通工具的耗油量不同，产生的碳排放量也会有差异（具体数据见表6-11），因此在出行的过程中，应当根据不同的路程来选择不同的交通工具。路途不是很远的情况下，应该尽量选择步行或骑自行车，这两种出行方式是不需要消耗化石能源的，是最佳的低碳出行方式；路途较远的情况下，多乘公交车、轨道交通等大容量交通工具，在运送相同的乘客数量时，公共交通比私家车的运行次数要少许多，对能源的消耗也更少，也更加环保。

表6-11 不同交通工具碳排放量

交通工具	里程/km	碳排放量/g	交通工具	里程/km	碳排放量/g
中型车（汽油）	1	192	轮船	1	19
中型车（柴油）	1	171	公共汽车	1	105
中型摩托车	1	103	短途飞机	1	255
中型电动汽车	1	53	中途飞机	1	156
汽油车（两人）	1	96	长途飞机	1	150
客运铁路	1	41			

6.2.3.3 低碳饮食

低碳饮食，就是食用低碳水化合物食品，严格地控制碳水化合物的消耗量。食物类型多种多样，在生产、包装、运输、储存和烹饪过程中都会排放大量的二氧化碳，不同食物的碳排放见表6-12。

表 6-12　不同食物的碳排放量

种类	数量/kg	碳排放量/kg	种类	数量/kg	碳排放量/kg
白酒	0.5	1.76	米饭	1	2.7
啤酒	0.5	0.22	花生	1	2.5
烟	0.05	0.02	酸奶	1	2.2
羊肉	1	39.2	西兰花	1	2
牛肉	1	27	豆腐	1	2
猪肉	1	12.1	牛奶	1	1.9
鸡肉	1	1.8	西红柿	1	1.1
鸡蛋	1	4.8	扁豆	1	0.9
鱼肉	1	4.4	大米	1	1.3
鸭肉	1	3.1	玉米	1	0.7
土豆	1	2.9	萝卜	1	0.014

在社会经济发展中，城市中以建设开发为主，食品的种植、加工一般分布在农村和城市边缘，而且因为季节问题，农作物基本都是在大棚中进行种植，居民食用的食物当中，很大部分不是来自本地，而是通过汽车、火车、飞机等交通工具运输过来。在生产运输过程中，对能源产生了大量的消耗，因此，人们应该多选择本地生产的食品，在有条件的情况下还可以自己种植蔬菜水果，在减少碳排放的同时还能增加碳汇。

在食品的选择上，尽量选择与季节气候相适应的蔬菜和水果，反季节的蔬菜需要在温室大棚中进行种植，将会消耗更多的能源。同时减少肉类食品消耗，日本的一项调查显示，生产一公斤牛肉会产生 36.4 公斤的二氧化碳。一个以肉食为主的人，平均一年因饮食所产生的二氧化碳约 1500 公斤，以素食为主的人产生 430 公斤二氧化碳。

综上所得，食物来之不易，生产中碳排放严重，所以在食用过程中尽量减少浪费，烹饪食物的过程中选择新型低能耗工具，控制燃气排放速度，及时关闭气阀；在餐饮打包上使用可降解餐盒，减少一次性产品使用；在食物处理上适量烹饪，减少剩饭剩菜问题的出现，减少不必要的浪费；在厨房中节约用水，减少废水处理量。

6.2.3.4　低碳衣着

低碳衣着是指在原材料的选择、新旧衣服的处理方式和衣物的清洗方面以降低碳排放为目标的生活。服饰在生产、加工和运输的过程中都会产生大量能耗，同时也会产生废水、废气等污染物。

自然界中可以用来制作服装的材料种类繁多，棉、麻等最为低碳（具体见表 6-13），而且棉、麻植物在生长过程中会利用光合作用吸收二氧化碳，是环保首选材料；而化工纤维类面料是通过石油等原材料合成的，需要消耗大量资源能量，而且该面料不易分解，大量堆积对环境污染严重，还需要专门花费人力财力来处理，再一次增大了碳排放量。按照每季只买两件 T 恤、两件衬衫、两件外套计算，不经任何染色印花处理，纯棉服装的碳排放量总计约为 224kg，化纤服装的碳排放量约为 1504kg，一旦选择了有颜色和图案的服装，再加上皮革、羊毛等服装，碳排放量增长量远不止 1000kg。

随着经济发展和科技的进步，洗衣机早已走进千家万户，但传统洗衣机对水资源浪费相对严重。在购买时应选择新型节能洗衣机，衣物较少时可以选择手洗，用手洗代替洗衣机的使用，每次可以减少 0.26kg 的碳排放。对洗衣粉的使用也要适量，并且要尽量选择无磷洗衣粉，减少对环境的污染，从而减少碳排放。洗完之后的衣服可以挂在晾衣竿上自然晒干，不要放进烘干机里面，这样可以减少 90% 二氧化碳排放量。

表 6-13 生产不同纤维的能耗   单位：MJ/kg 纤维

纤维种类	能耗	纤维种类	能耗
亚麻	10	丙纶	115
棉	55	涤纶	125
羊毛	63	腈纶	175
黏胶	100	尼龙	250

6.2.3.5 低碳居住

人居环境是人类赖以生存和发展的物质基础，不仅关乎人类身心健康，也是人民生活质量水平的体现。改革开放以来，全民经济大幅度提升，住房环境不断改善，但由于低碳观念的落后，碳排放还是相对严重，所以向低碳型居住转型势在必行，低碳居住是指在建筑材料的选择、家用电器的使用上坚持绿色发展理念，减少二氧化碳等温室气体的排放。

住宅的建筑材料主要包括钢材、水泥、木材、沙土等，每建一平方米的房屋要消耗 55 千克钢材，消耗 0.2 吨的标准煤，消耗 0.2 立方米的混凝土和 0.15 立方米的墙砖，同时每一平方米的房屋建筑要排放出 0.81 吨的二氧化碳。自 2000 年以后，全国房屋每年平均竣工 20 亿平方米，月消耗 6 亿吨的标准煤。中国是一个人口大国，也是二氧化碳排放的第一大国，在碳排放上的压力是最明显的，所以提倡低碳生活的必要性不言而喻。

在家用电器上，选用节能电器，注意关闭电源，避免电器的无故耗能，例如，人们可以通过改变穿衣的数量来适应季节的短暂变化，为适当减少空调的使用时间，空调的温度设置为 26℃，使用节能模式。低碳不只是一个口号，重要的是行动，要在生活细节中养成节约的习惯。与生活用品相关的碳排放如表 6-14 所示。

表 6-14 居住消耗品碳排放量

种类	数量/kg	碳排放量/kg	种类	数量/kg	碳排放量/kg
电	1	0.97	标准煤	1	2.5
天然气	1	2.17	集中供暖/(平米×天)	1	0.1
洗发水	1	0.02	汽油	1	2.3
洗衣液	1	0.8	柴油	1	2.65

6.2.3.6 垃圾分类回收

垃圾分类回收，指的是按照种类将相同或相近的垃圾分别摆放在规定区域，最后由垃圾车统一收取，进行回收。我国垃圾的主要处理方式是填埋，但填埋垃圾需要占用大量的土地资源，中国是个人口大国，土地资源稀缺，建设垃圾填埋场需要消耗大量的资源。同时，垃圾的组成复杂，在填埋场发生化学反应，产生了许多有害物质，对环境造成了严重的污染。实行垃圾分类回收，不仅能减少垃圾填埋量，还能筛选出可二次利用或有毒的垃圾类型，通过专门的处理方式，节约资源，减少对环境的污染。

我国的垃圾分类回收政策实行较晚，公众环保意识淡薄，垃圾分类回收在部分发达城市才刚刚起步。虽然我国陆续发布了《固体废物污染环境防治法》《城市市容和环境卫生管理条例》《城市生活垃圾处理及污染防治技术政策》《生活垃圾处理技术指南》等法律法规，基本内容是关于垃圾处理方式的，但并没有上升到法律法规的层次，对垃圾分类回收的法律约束不够。

国外发达国家早早意识到垃圾分类的重要性，其垃圾分类回收起步较早，政策完善。我国应由政府牵头，成立专门的垃圾分类回收办公室，通过市团委、教育局、工商局、公安局、执法局、供销系统、环卫、固废等相关部门，对垃圾分类工作进行宣传、督促、监管、奖惩、配套设施、法规制定等工作，健全居民居住环境的垃圾分类体系，制定短、中、长期分类规划。

对于垃圾分类回收的意识淡薄问题，可以在学校宣传垃圾分类回收的知识，再由学生将这种环保观念带进千家万户，提升父母的环保意识。同时，通过电视、网络、广播等多种方式，加强对垃圾分类回收相关知识的宣传，普及垃圾分类回收的步骤方法。与垃圾分类有关的部分法律法规见表6-15。

表6-15　垃圾分类相关法律法规

时间	名称	时间	名称
2012/3/1	《北京市生活垃圾管理条例》	2015/12/1	《杭州市生活垃圾管理条例》
2014/5/1	《上海市促进生活垃圾分类减量办法》	2005/4/1	《成都市城市生活垃圾处理收费管理办法》
2015/9/1	《广州市生活垃圾分类管理规定》	2016/7/1	《沈阳市生活垃圾分类管理条例》
2011/9/1	《重庆市城市生活垃圾处置费征收管理办法》	2017/1/1	《银川市城市生活垃圾分类管理条例》
2015/8/1	《深圳市生活垃圾分类和减量管理办法》		

6.3 "双碳"与生态文明

6.3.1 "双碳"促进绿色转型发展

6.3.1.1 化学教育促进"双碳"普及

二氧化碳是地球大气层的主要成分之一，许多植物生长过程中吸进 CO_2 呼出 O_2，是维持生态平衡不可或缺的物质。近几年来，化石燃料产生的大量的二氧化碳排放到大气中，已经超过了自然碳循环能力，温室气体不断累积，导致全球气候变暖，极端天气频繁发生。教育部在 2022 年先后出台了《加强碳达峰碳中和高等教育人才培养体系建设工作方案》和《绿色低碳发展国民教育体系建设实施方案》，表示要面向全民推动新时代发展理念和生态文明教育，推动"碳达峰"和"碳中和"的教育。化学促进"双碳"目标的实现是未来化学教学中良好的课程素材，能更好地体现化学学科的学科价值，使学生能够更加深刻地认识到化学给生活发展带来的影响，也有助于促进学生塑造正确的生态价值观，当前已在教材中应用的化学主题知识见表 6-16。

表 6-16　化学教学中的"双碳"项目实践

作者	主题	教材知识内容
江合佩	液态阳光与 CO_2 利用	化学反应原理
林琼	探寻二氧化碳工业捕集方案	二氧化碳的性质及转化
武衍杰等	化学反应原理助力"双碳"	化学反应原理
张灵丽	碳中和	二氧化碳的性质及转化
赵学	揭秘"卖炭翁"的新能源汽车生意	化学反应原理
胡久华等	基于"碳中和"理念设计低碳行动方案	二氧化碳的性质及转化
史培艳	CO_2 甲醇化	化学反应原理
周国香等	碳中和	二氧化碳的性质及转化
黄躬芬等	碳循环和低碳行动	二氧化碳的性质及转化
江合佩等	碳氮偶联合成尿素研究	化学反应原理、元素观
苏芹	CO_2 资源化	化学反应原理
武衍杰等	人工固氮	化学反应原理
罗德奇	从火力发电中构建"碳"转化模式	二氧化碳的性质及转化

6.3.1.2　二氧化碳转化的途径

化学是在原子、分子水平上研究物质的组成、结构、性质、转化及其应用的一门基础科学，是现代科学技术的重要基础，在通过科技发展促进"双碳"目标的途径中，化学具有不可替代的作用。CO_2 储量丰富、成本低廉，可以作为丰富的碳氧资源来转化合成化学品、能源产品和材料产品等，无论是环境保护，还是解决人类对化石能源的依赖，将二氧化碳转化成能够替代化石能源和燃料的新能源成为当代最重要的发展方向。CO_2 的分子结构高度对称，而且是碳氧化的最高态，因此 CO_2 具有非常稳定的化学性质，C—O 键能为 783kJ/mol，CO_2 的标准吉布斯自由生成焓为 -394.38 kJ/mol，这都清楚地表明了有效活化 CO_2 需要提供额外的能量。当今时代，每年大约有 200 吨 CO_2 通过化学工艺来制备大宗基础化学品、精细化学品、燃料及高分子材料等。

由于二氧化碳的物理与化学特性特殊，在人民生活与经济发展中用途广泛，具体如表 6-17 所示。

表 6-17 CO_2 为原材料合成的产物

分类	产品名称
液体二氧化碳和固态二氧化碳	烟丝膨胀、代替氟氯烃用作聚苯乙烯泡沫板材的发泡剂、气体保护焊接、食品的冷藏保鲜和冷藏运输、植物气肥、杀菌气、饮料添加剂、气雾剂、驱雾剂、驱虫剂、中和含碱污水、氰废水解毒剂、水处理的离子交换再生剂、抑爆添加剂、树脂发泡剂、人工降雨、消防灭火、轴承装配、染料生产、低温试验、木材保存剂、爆炸成形剂、混凝土添加剂、核反应堆净化剂、冶金操作中灰尘遮蔽剂、超临界萃取剂、超临界清洗剂、石油助采剂、胶合板的防腐等
无机化工产品	尿素、白炭黑、碳酸钡、晶体碳酸钙、硼砂、轻质氧化镁、轻质碳酸镁、轻质磷酸钠、轻质碳酸氢钠、轻质碳酸钾等
有机化工产品	水杨酸、双氰胺等
处于研发中的化工产品	二氧化碳催化加氢合成甲醇、乙醇、甲烷、醋酸，天然气与二氧化碳合成烃；二氧化碳转化为碳、CO 等。甲烷和 CO_2 制取清洁柴油、石脑油和石蜡、生物降解塑料、多糖、碳酸丙烯酯等

6.3.1.3 化学在绿色发展上的责任担当

近代工业的飞速发展，给人们提供了可靠的物质生活保障，使人类生产生活发生了翻天覆地的变化。化学是推动社会发展、能源开发、材料合成和环境保护的引领者。信息、材料、生物、能源和环保等高科技产业，无一例外都以化学为基础。在全球化学工业产量中我国占比 36%，占工业利润的 25%，是我国重要的基础工业，关乎着我国民生战略全局。

2021 年 9 月 24 日，我国科学家在合成淀粉领域率先获得重大原创性成果，攻克了世界一流的 CO_2 合成淀粉难题，打开了一扇利用 CO_2 的窗户，这项成果在应对气候变化领域具有深刻的意义。2021 年 10 月 30 日，中国抢先突破了另一项重要技术，实现了从一氧化碳到蛋白质的一步合成，并形成了万吨级工业产能。这项新技术打破了天然蛋白质植物合成速度慢的时空限制，弥补了中国农业短板，对促进"双碳"目标的达成具有深远意义。

化学是自然科学中创造新物质最多的科学领域，它的实用性和创造性是无可比拟的，它兼收并蓄，历久弥新，必将为绿色发展的人类社会作出新的贡献。我国工业污染占环境污染的 70%，而且治理率较低。我国人口总数居世界第一，石油等资源远不能自给，很多矿产资源需要进口，能源的利用率与发达国家相比明显偏低。2022 年前后，我国化石能源资源总量中煤炭占比 65% 左右，燃煤型火力发电占发电总容量的 52%～70%，其发电效率平均不到 40%，汽车燃烧汽油的能效难以超过 40%。地球资源的总量是有限的，终有枯竭的时候，太阳能、风能等可再生能源的发展与利用同样离不开化学技术。随着绿色发展理念深入人心，国内形势大为改观，节能减排大力推进，能源消耗强度与碳排放强度不断下降，2020 年以来，能源消耗中的煤炭占比在 56% 左右，天然气等清洁能源比重达到 25% 左右，森林覆盖率从 8.6% 升至 23.04%，生态环境质量总体改善。

我国"双碳"目标的实现并不是遥不可及，人类社会发展的必然选择就是全面推动绿色化学的发展。生态环境是人与社会不断发展的根本基础，化学，从来没有停止过为人类文明进步贡献力量的脚步，也从来没有推卸过责任，化学为 21 世纪人类的社会科学发展和"双碳"目标的实现，作出了巨大贡献。

6.3.1.4　绿色制造与传统制造的区别

传统制造技术是一个开环生产系统,其典型特征是从自然界获取资源,经提炼处理后成为各种工程材料。在这种生产过程中大量废气、废水、废渣等污染性物质进入环境,加之生产制造中技术存在缺陷,保护措施不健全等原因,设备资源在利用上出现了严重浪费,尤其是部件设备受损后,往往成为废弃物,从而造成资源的极大浪费,而许多有毒有害的、不可循环利用的物资,也会极大地危害人类。

目前,社会发展已经进入了能源、环境等多重因素制约的时代,实现资源循环利用的绿色循环低碳经济发展模式成为化学工业在未来发展中的必然选择。2015 年,国务院发布了《中国制造 2025》战略,同时还启动实施了"$1+x$"规划体系,指出要全面推进化工等传统制造业的绿色改造,针对资助绿色制造的四个阶段的具体内容见表 6-18。

表 6-18　中国绿色制造科技发展资助的四阶段

发展阶段	主要内容
第一阶段 (1997～2005 年)	从国际生产工程科学院(CIPP)—生命周期工程(LCE)、美国制造工程师学会(SEM)—《Green Manufacturing》蓝皮书开始,主要获得国家自然科学基金和国家 863 计划前沿探索项目资助
第二阶段 (2006～2010 年)	"十一五"期间,科技部设立"绿色制造关键技术与装备"国家科技支撑计划重大项目,成立绿色制造产业技术创新战略联盟和全国绿色制造技术标准化技术委员会,同时得到多项国家自然科学基金重点项目的资助
第三阶段 (2011～2015 年)	"十二五"期间,科技部设立"国家绿色制造科技重点专项",资助了 973、863、科技支撑等一批重点项目,取得了一批重要的科技成果,培养了一批青年人才
第四阶段 (2016～2020 年)	"十三五"期间,《中国制造 2025》发布,绿色制造形成共识,并上升至国家制造强国战略的五大工程之一;科技部纳入"十三五"先进制造技术领域科技创新专项规划;工信部启动"绿色制造系统集成"工业转型资金项目

绿色制造是一个综合考虑环境影响和资源消耗的现代制造模式。绿色制造的"绿色"贯穿于产品生命周期的各个阶段,所以绿色制造生命周期是指从产品需求识别、开发设计、生产加工直到回收处理所经过的所有时间。并且产品生命周期既包括这一代产品的生命周期时间,也包括当这一代产品报废或停止使用后,在下一代产品或之后的多代产品中,其零部件循环使用、再生的时间。因此,绿色制造要求将对环境影响、资源综合利用、产品的生命周期和循环回收利用等问题在产品的多生命周期范围内进行全盘考虑,以达到对环境的破坏最小、资源的利用效率最高的现代制造模式,并使企业经济效益与社会效益协调完善。

6.3.1.5　绿色制造的内涵

绿色制造是制造、环境、资源三大领域的集成,涉及产品的生命周期,展现出了绿色制造的大过程、学科交叉的特点。考虑到制造过程中面临的环境问题,萌生了许多与之有关的制造理念,如绿色设计、绿色生产、绿色包装、绿色销售和绿色循环利用等。绿色制造可以体现在机械、电子、食品、化工、军工等,几乎涵盖了工业的全部领域。当前,人类社会正在实施全球化的可持续发展战略,在制造、环境、资源等方面都离不开化学,可以说人类的正常生活对化学发展有很强的依赖性。

6.3.1.6 产品制造的绿色化

绿色制造的产品特征是产品不会引起健康问题和环境污染，而且后续能够循环利用或降解为无害物质。在化工产品的设计过程中，从产品的材料、产量、节能、降耗、减排等方面深入考虑。不仅是成品要绿色化，在生产过程中所使用的催化剂等也要无毒无害、易处理，以此来提高产品的利用效率，减小产品的废气率，从而减小对环境的破坏。对于生产原材料的绿色化主要是在化工产品的设计过程中，使用绿色的新型原材料替代传统有毒、有害的原材料；同时对原材料进行预处理，完成粗分、筛选等工序，在产品生产过程中，全面考虑产品的质量成本和原材料有关参数，优化设计步骤，在保证最终产品质量的同时，降低生产过程的能源消耗。

进入 21 世纪后，我国化学工业质量位居世界前列，对国民经济的发展有着重要推动作用，节能减排理念与化工生产技术的结合，加快了我国绿色制造发展的速度，成效也是十分显著。具体见表 6-19。

表 6-19 （a） 2010～2022 年产品产量变化

产品	2010 年产量/$\times 10^4$t	2022 年产量/$\times 10^4$t	增长率%
甲醇	1574	11316	618.9
乙烯	1419	2897.5	104.2
纯碱	2029	2920.2	43.9
烧碱	2087	3980.5	90.7
磷矿石	6600	10811.4	63.8
氮磷钾化肥	6337	5573.3	—12.1

表 6-19 （b） 2010～2022 年资源产量

产品	2010 年产量/($\times 10^4$t)	2022 年产量/($\times 10^4$t)	增长率%
铁矿石	12600	98000	677.8
精炼铜	457	1048.7	129.5
氧化铝	2894	8186.2	182.9
电解铝	1565	3850.3	146.0
铅	432	781.1	80.8
锌	527	680.2	29.1

6.3.1.7 生态文明建设面临的环境问题

生态文明建设就是要建立正确的人与自然的道德关系，形成一种"自然-经济-社会"的整体价值观和生态经济价值观。生态文明建设的主要内容是人与自然的共生、生态文明与现代文明的融合、生态文明建设与时代发展的目标一致。生态文明建设展现出了人与人、人与自然、人与社会和谐共生、良性循环、全面发展、持续繁荣的文化理论形态，是构建社会主义和谐社会的重要条件。在环境保护方面，我国经过许多年的不懈努力已经取得了非常可观的成绩，但总体形势依然十分严峻。2012年，全国氮氧化物和二氧化硫排放总量分别为2337.8万吨和2117.6万吨，远远超出了环境的承受能力。到2022年，我国氮氧化物和二氧化硫排放总量分别缩减到87.4万吨和78万吨。尽管近年来我国的环境问题得到一定的改善，但在大气污染、水资源污染、土壤污染、固体废物污染、噪声污染等五个方面的环境问题仍旧比较突出。

生态环境问题的主要原因是化学化工产业发展带来的有害排放，许多企业已经意识到了自身对环境保护意识的薄弱造成了生态环境损害，积极采取相应措施来减少对环境的影响。根据目前的环境形势和国家的发展要求，化学化工企业想要持久发展，就必须要找到绿色发展之路来满足人民日益增长的物质需求，在满足企业自身经济效益的同时，也要保护环境不被污染，制造出符合绿色标准的化学化工产品。

6.3.2 "双碳"服务绿水青山

随着人口的急剧增加，大量排放的生活污染物和工农业污染物使人类的生存环境不断恶化，大气污染、水资源污染、土壤污染、固体废弃物污染以及噪声污染等，不仅仅影响自然环境，也影响了人类的身体健康。2005年，习近平总书记分析了"绿水青山"与"金山银山"之间的辩证关系，明确提出了"绿水青山就是金山银山"的重要论断。为了保证人类生活环境的可持续发展，人们必须从源头解决问题，同时应用现代化学技术对污染进行治理，这样才能切实提高治理效果。生态环境污染治理中的化学是指通过化学原理来解决环境污染问题，从而使环境达到无毒、无害。简单来说，就是通过化学技术分离环境中的污染物质，然后进行处理，这种科学的消除方式不仅效率高，而且不会对环境造成二次污染。

① 大气污染治理。大气污染中的污染物质主要包括二氧化硫有毒气体和悬浮颗粒物等，二氧化硫排放量超标会引起酸雨污染，使环境受到极为严重的破坏，空气中的颗粒杂质形成雾霾天气，例如，当前在33个城市检测站点检测的$PM_{2.5}$数值均超过300，当人们长时间吸入这些颗粒物后，会严重损坏人体的呼吸系统。这些污染物质主要来自于工业废气以及机动车尾气，都会对人类的生命安全产生影响，在进行大气污染治理的过程中，合理地运用化学技术可以在去除空气中污染成分的同时，促进二氧化碳的减排，为实现"双碳"目标作出贡献。

酸雨的产生主要是由于矿物燃料燃烧产生的二氧化硫以及氮氧化物等排放到大气中，然后与大气中的水蒸气结合生成酸，这些酸溶在雨水中从而形成酸雨。有关化学反应为：$SO_2 + H_2O \rightleftharpoons H_2SO_3$、$4NO_2 + 2H_2O + O_2 \rightleftharpoons 4HNO_3$，如果二氧化硫在空气中存在时间长了就与空气中的氧气发生化学反应生成三氧化硫，三氧化硫与水反应则会生成比亚硫酸（H_2SO_3）酸性更强的硫酸。有关化学反应为：$2SO_2 + O_2 \rightleftharpoons 2SO_3$、$SO_3 + H_2O \rightleftharpoons H_2SO_4$。

环境的恶化给人们敲响了警钟，近几年来，环境保护部门开始从生产源头抓起，大力推行绿色化学技术，使用清洁能源，比如水煤浆、甲醇、煤制合成油等，在工业生产中运用了一种新型的清洁煤技术，这种技术能够大量地减少废气排放中二氧化硫的含量，从而对大气环境达到保护作用。到目前为止，我国的汽车保有量已经达到 3.67 亿辆，汽车尾气排放造成的大气污染也成为环境治理中的一大难题，为了降低汽油与柴油等燃料中的含硫量，从而研究出了脱硫芳香烃饱和技术，而且生物脱硫、非生物脱硫等技术也是逐渐成熟，并在环境治理中取得了巨大的进展。

② 水资源污染治理。自然环境的污染以及人类活动都会对水资源造成一定的破坏，水污染的来源主要是工业生产过程中排放出的废水以及居民日常生活排放的污水，到目前为止，我国每年排放的废水量已经达到了 560 亿吨，由于缺乏与之对应的保护措施，很多地区无法投入大量资金对水资源进行净化处理，因此造成了水资源的污染和缺乏。在水污染治理过程中，要加强各地居民对饮用水的保护意识，同时使用化学技术对水资源进行过滤、除菌，加强对污水的处理，使水资源在人们的生活中能够循环利用。

在工业生产中，排放的废水中含有大量有毒、有害的化学物质，不经处理排放到环境中去，会影响人们的饮用水安全。在开展污水治理的过程中，随着绿色化学技术的出现，可以使用滤膜过滤和超声波净化等方法分离饮用水中的污染物，滤膜吸附水中的杂质和污染物，将污水中的杂质以及病毒等进行有效过滤。同时电能、无毒药剂氧化和生物氧化等方法也已经在水资源净化领域中得到广泛应用，这些化学技术不仅在净化水质上有着良好的效果，而且不会对环境造成二次污染。

在农业生产过程中，一些高毒性农药也会给水体造成严重污染，科研人员为解决这一问题，研制出了许多可以取代传统农药的新型绿色农药，例如生物型农药和光活性农药，这些农药在消灭病虫害时，即便有一定药物残留在农作物表面，也不会危害人们的身体健康，并且对环境也没有污染。

③ 土壤污染治理。土壤污染是指人类活动产生的物质通过各种途径进入土壤，其数量和速度超过了土壤净化能力的现象。土壤污染使土壤质地、土壤结构、土壤孔隙度、土壤空气和水分、土壤酸碱度（pH）、土壤氧化还原点位（Eh）、土壤阳离子交换量（CEC）、土壤盐基饱和度（BSP）等发生变化，破坏了土壤的自然动态平衡，影响农作物的正常生长发育，造成产量和质量下降，并可通过食物链直接危害生物和人类。土壤污染物主要来源是工业的废水和固体废弃物、农药和化肥、牲畜排泄物、生物躯体残留以及自然界中矿物质的扩散。土壤中含有的污染物种类见表 6-20。

表 6-20　土壤中污染种类

污染物种类	名称	来源
有机污染物	有机农药	农药生产和使用
	酚	炼油、合成苯酚、橡胶、化肥、农药等工业废水
	氰化物	电镀、冶金、印染等工业废水，肥料
	苯并芘	石油、炼焦等工业废水
	石油	石油开采、炼油、输油管道漏油
	有机洗涤剂	城市污水、机械工业
	有害微生物	厩肥、城市污水、污泥

污染物种类	名称	来源
重金属污染物	Hg	制碱、汞化物生产等工业废水和污泥、含 Hg 农药、金属汞蒸气
	Cd	冶炼、电镀、染料等工业废水、污泥和废气、肥料杂质
	Cu	冶炼、铜制品生产等废水、废渣和污泥、含 Cu 农药
	Zn	冶炼、镀锌、纺织等工业废水、污泥和废渣、含 Zn 农药、P 肥
	Cr	冶炼、电镀、制革、印染等工业废水和污泥
	Pb	颜料、冶炼等工业废水、汽油防爆燃料排气、农药
	As	硫酸、化肥、农药、医药、玻璃等工业废水和废气、含 As 农药
	Se	电子、电器、油漆、墨水等工业的排放物
	Ni	冶炼、电镀、炼油、染料等工业废水和污泥
放射性	^{137}Cs	原子能、核动力、同位素生产等工业废水和废渣、大气层核爆炸
	^{90}Sr	原子能、核动力、同位素生产等工业废水和废渣、大气层核爆炸
其他	F	冶炼、氟硅酸钠、磷酸和磷肥等工业废气、肥料
	盐、碱	纸浆、纤维、化学等工业废水
	酸	硫酸、石油化工、酸洗、电镀等工业废水、大气

　　针对日益严重的土壤污染，可通过化学药剂反应来减少土壤中的有害物质。比如在种植中施用有机肥，改善土壤的结构，提高土壤有机质含量，增强土壤胶体对重金属等有害物质的吸附能力；应用硝化抑制剂抑制土壤中铵态氮转化成亚硝态氮和硝态氮，减少氮肥的损失，因为硝化细菌的活性受到抑制，铵态氮的硝化变缓，使氮素较长时间以铵的形式存在，使氮肥的损失可减少 20%～30%，减少了对土壤的污染。对于重金属污染严重的土壤，可以使用抑制剂，将重金属转化为难溶的化合物，减少农作物的吸收。例如，在受镉污染的酸性土壤中铺洒石灰或碱性炉灰等，使活性镉转化为碳酸盐或氢氧化物等难溶物，相关反应方程式为 $CaO + H_2O \rlap{=\!=\!=} Ca(OH)_2$、$Cd^{2+} + 2OH^- \rlap{=\!=\!=} Cd(OH)_2$；在重金属污染的碱性土壤中，可施加磷酸氢二钾使重金属形成难溶性磷酸盐。常用的重金属抑制剂有石灰、碱性磷酸盐、碳酸盐和硫化物等。

　　④ 固体废弃物污染治理。固体废弃物是指工业生产或者日常生活中产生的固态或者半固态废弃物质，主要包括炉渣、生活垃圾、固体颗粒以及人畜粪便等。当前我国人均日产垃圾数量已经达到 1.2 公斤，其中 12.6% 是塑料垃圾，6% 是金属、玻璃垃圾。我国在处理固体废弃物时一般采取填埋法或焚烧法，但这两种垃圾处理方式都有弊端。在填埋方式中，占用了大量的土地资源，比如一次性餐具、塑料袋的大量使用，后续无法得到妥善的处理，埋在地下百年不会降解，影响土壤质量，让土壤污染问题愈加严重。对于垃圾进行焚烧，将会产生苯酚、甲酚、苯、甲醛等有毒有害物，对大气环境造成二次损害，让空气质量雪上加霜，影响人们的健康安全，给大气环境保护工作造成了严重影响。

　　因此，在进行固体废弃物污染治理的工作时，应该注重垃圾分类，对各种不同类型的垃圾进行集中处理，科学地收集固体废弃物，针对固体废弃物进行无害化处理。针对白色垃圾这个问题，生物降解法得到了广泛发展应用，这种方法的原理是依靠微生物在塑料表面大量繁殖,一段时间以后,白色垃圾就会被分解殆尽。除此之外,超声波降解技术也是十分有用,它主要是利用超声波在半周期内打断分子间的吸引力,使有机物在空化气泡内发生化学键断裂、高温分解,从而达到降解白色垃圾的效果。对于固体废弃物的处理方法还有电离气化等化学技术,主要将离子炬作为气化炉的热源,当固体废弃物进入到炉体当中,就会被这种电离气体转化为可以二次利用的能源,这样既能无害化地处理固体废弃物,还能节约能源。

⑤ 噪声污染治理。噪声污染的主要来源是工业生产、机动车运行、建筑施工等,各种噪声虽然不能对人体直接造成伤害,却会影响居民的生活质量,从而间接地影响人们的正常生活,例如影响睡眠。如果噪声值超标严重,还会损害人们的听力健康。噪声污染不仅会影响人们的基本生活和工作,对动物的生活也会有一定的影响,严重的还会造成动物死亡,只有相关部门加强对环境噪声污染的防治力度,环境的安静才能得到保障。

在开展噪声污染治理的过程中,同样也可以利用化学技术实现降噪。通过绿色化学技术,科研人员研制出了具有消音效果的新型材料,同时,通过改进化学工艺、厂区规划设计、生产设备与施工机械等,对噪声进行有效控制,减小声音的分贝,从而达到减少噪声污染的目的。例如大型建筑里面的中央空调在使用过程中产生的噪声分贝较大,为了降低中央空调的噪声值,科研人员依靠微孔板原理,发明出了超微孔板吸声结构,同时,通过超微孔板的单层与多层相结合的方式,可以达到完全消音的效果。

6.3.3 "双碳"对生态系统恢复的积极作用

"双碳"是通过减少二氧化碳排放、增加碳汇以及提高土壤有机质含量等方式,实现对生态系统的保护和修复。双碳与生态系统之间存在着互馈关系,应该科学地认识到各系统之间的相互作用机制,实现"双碳"战略与生态修复、环境治理、资源利用等目标协同发展。生态系统的保护和修复能够提升碳汇能力,在实现双碳目标的过程中,增汇和减排又同样对生态系统的修复有着促进作用。双碳目标的实现对生态系统的整体性和全球碳平衡有着促进作用,在双碳的背景下,山水林田湖草沙冰一体化的保护与修复、土地整治、矿山复垦与生态重建、蓝色海洋保护修复等工作得到强力的推进。

在"双碳"目标实现的整体带动下,可以提高土壤有机质含量,改善土壤质量,从而促进植物生长和根系发展,提高植物的抗病虫害能力和适应环境的能力;通过植树造林、草地建设等方式,双碳技术还可以增加植被覆盖率,改善生态环境,为生物提供更适宜的栖息环境,从而增加生物种群的多样性。

在对生态系统进行保护之前,全球变暖引发了冰川融化,可能释放一些远古病毒,而且生物的生存环境遭到破坏,被迫发生迁移,外来新物种的到来可能引发新的传染性疾病,造成生物多样性的减少,给生态系统带来不可逆的伤害,从而破坏长期以来建立的生态平衡。"双碳"通过降低二氧化碳的排放,缓解全球气候变化,从而间接地维护了地球生态系统的稳定。

"双碳"战略不是简单地解决气候变化难题,在新的发展阶段推动经济社会发展全面绿色转型,将"双碳"战略纳入生态文明建设整体布局是我国的重大战略选择与关键任务。"双碳"战略能够从根源上加快能源结构转型,推进多重产业结构调整、破解资源能源约束难题,促进经济社会全面转型发展。生态文明建设中,采取的一系列环境污染的治理措施,不断改善生态环境,对双碳目标的实现也发挥了重要的推动作用。在双碳背景下,双碳建设提高了生态系统的固碳能力,从而加快了生态系统保护修复工作的实施,助力了生态文明建设,更大程度地改善了生态环境质量。

✎ 习题

1. 低碳产业的定义是什么？如何实现？
2. 在处理废水中的重金属时，有哪些化学方法？
3. 写出气硬性胶凝材料的产生原理。
4. 简要概括公路、水路、铁路、航空四大交通运输的污染来源。
5. 交通行业中的绿色溢价定义和计算方法是什么？
6. 威胁粮食安全的污染物有几类？
7. 简要概括农业面源的污染来源。
8. 在农业转型中低碳发展的目标是什么？
9. 列举出 10 种光伏农业的运营方式。
10. 垂直农业的争议是什么？
11. 绿色制造与传统制造的区别是什么？

扫码获取课件

第七章

"双碳"改变未来

7.1 "双碳"与乡村振兴

7.1.1 乡村振兴总要求基本内容

乡村振兴主要包括五个方面，分别是乡村产业振兴，乡村人才振兴，乡村文化振兴，乡村生态振兴，乡村组织振兴。乡村产业振兴是指农业的生产方式、组织方式与管理方式发生改变，形成更加高效的农业生产；乡村人才振兴是指培养新型知识人才，在乡村振兴上形成人才、土地、资金、产业汇聚的良性循环；乡村文化振兴是指大力支持思想道德建设和公共文化建设，在实行现代化发展的同时也要保留住良好的乡村文化特色；乡村生态振兴是指以坚持绿色发展为主要目标，落实生态发展理念，解决农村环境问题，实施绿色的生产和发展；乡村组织振兴是指要健全党委领导、政府负责、社会协同、法治保障的现代乡村社会治理体制，以确保乡村社会充满活力，安定有序。"乡村振兴战略"于2017年10月18日在党的十九大报告中提出，明确了"产业兴旺、生态宜居、乡风文明、治理有效、生活富裕"的总要求，在党的二十大上明确指出："全面推进乡村振兴，坚持农业农村优先发展，坚持城乡融合发展，畅通城乡要素流动，扎实推动乡村产业、人才、文化、生态、组织振兴"。乡村振兴是一个复杂的系统工程，推动乡村产业振兴是实施乡村振兴战略的重要内容，而实现乡村产业振兴的根本途径是农业发展，但一定要坚持绿色发展，全力打造一个低碳现代化乡村。

7.1.2 "双碳"促进乡村高质量发展

7.1.2.1 "双碳"背景下的乡村振兴

乡村振兴，习近平总书记定义为要将增加农民收入作为"三农"工作的核心任务，用一切合理的方法使农民增收致富。国家政府要去完善政策，引导企业去带动农户发展，形成企业和农户优势互补、合作共赢的发展格局，健全服务体系，增强农户的发展能力，带动农户合作经营、共同增收，推动乡村产业高质量发展。经济高质量发展的同时还要注意资源节约和环境友好，生态兴则文明兴。推动经济高质量发展，绝不能以牺牲生态环境为代价，坚持人与自然和谐共生，通过治理农村环境和低碳生活推进乡村绿化，促进农村人居环境的提升，能让生态文明成为乡村最大的发展优势。当前阶段，我国正处于向农业现代化强国转变的重要时期，农村的经济水平对此有着至关重要的作用。但近几十年来二氧化碳含量剧增，引起了温室效应、全球变暖和海平面上升等不良后果，为改善生态环境，世界各国倡导节能减排，我国也力争如期实现 2030 年前碳达峰、2060 年前碳中和的目标。地球上二氧化碳的主要来源是动植物和微生物的呼吸作用所排出的二氧化碳、早期各类矿物分解生成的二氧化碳、人类文明发展到一定程度燃烧化石燃料生成的二氧化碳。因此乡村振兴要在"双碳"的基础上进行，要以减少碳排放、改变生产生活方式、加快碳转化为核心来发展乡村振兴。

7.1.2.2　光伏发电与农业结合

长期以来，由于对生态保护的意识比较淡薄，缺乏环保观念，对农药和化肥滥用，以及废水的随意排放和固体垃圾的任意堆放，对土壤和环境造成了严重的污染，农作物的生存环境也因此遭到破坏，致使农产品质量与安全得不到充足的保障，不仅对农村经济的发展产生影响，还会威胁到人们的生命安全。为改变这一现状，关注生态环境保护和实行农业科技创新是实现乡村振兴必不可少的一步。现代农业的发展离不开科技的支撑，在当前实现碳达峰、碳中和目标的新形势下，农业在提供绿色产品的同时，也要实现其他方面的发展，如电力生产、清洁能源。在中国的电力生产中，中国农民所消费的太阳能、风能、核能、水能等新能源已经成为能源发展的总趋势，在总能源消费中已达 17.4%。而且农村面积较大，人流量分散，更加适合光伏发电板的建造，于是光伏与农业结合，既可以满足绿色农业产品发展，又可以进行电力发展，从而在给农民创收的同时，还能产生良好的经济效益。太阳能是一种可再生能源，与传统能源发电相比，光伏发电产生的首要积极影响就是对环境的保护和一定程度上阻止气候变暖加剧。在发电过程中，无噪声且不会产生污染，是真正意义上的零排放。由于其应用场景的广泛，光伏发电在农业发展上的应用也更为全面，光伏发电也将是中国实现"双碳"目标的重要手段之一。

7.1.2.3　光伏与温室大棚结合

在绿色发展观念的推动下，我国对绿色温室大棚的研究变得越来越多，但整体上还是处于起步阶段，传统的温室大棚在温度和光照等环境参数的控制上比较困难，不能很好地给植物提供所需求的生长环境，导致许多蔬菜无法正常生长，而且传统温室大棚搭建比较简陋，许多的能源无法充分利用，造成了大量的能源消耗，同时大棚顶上铺盖的白色透明薄膜还会造成环境的污染，不利于环境保护，从而使农产品的质量得不到很好的保证，体现不出温室大棚的优点所在。而光伏发电与温室大棚的结合给人们带来新的起点，我国四季交替和昼夜交替的温差比较大，在光伏和大棚的结合下就可以保证大棚的正常运作，大棚夜晚与白天能更好地控制温度，在减小植物生长周期的同时，还能加强光合作用，降低环境中碳含量，促进"双碳"发展。在种植过程中要尽量减少化肥和农药的使用，多使用绿色肥料，在大棚内设置温度、湿度监测仪器，按照科学规律定时定期喷洒药物，减少浪费，让药物得到充分吸收，从而减少病虫害发生，给植物营造一个完美的生长环境，提高农产品的质量，促进农作物健康生长，保证绿色生产。

7.1.2.4 一二三产业

以农业为主的是一产，为人民的生活物质提供保障；以制造为主的就是二产，为人民生活提供物质便利；以销售服务为主的就是三产，为农户增加了收入，促进了经济发展。在农业的转型发展中，推进农业的产业化经营、促进一二三产的融合发展，是一个重要方向，这不仅是当今世界现代农业发展的趋势与方向，也是我国农业产业提升市场竞争力、促进农民增收来实现乡村振兴的大好时机。为此，国务院办公厅专门发布的《关于推进农村一二三产业融合发展的指导意见》，对大力开展农业产业化经营进行了全面部署，提出要把发展多种形式农业经营与延伸农业产业链有机结合起来，推进一二三产业融合发展，促进产业链增值。在乡村振兴和双碳目标的共同背景下，居民经济水平不断提高，居民对农产品的需求发生了变化，由对主食粮食的需求转向对肉、蛋、奶、菜等的需求，从而助增了二三产业的发展。通过一二三产业融合发展，提高了农产品的综合利用率，减少了农业对水、土、气等自然环境的污染，在传统农业发展的基础上，产业链条不断延长，农产品加工能力不断提升，农业多种功能得到开发，促进二产、三产发展，促进乡村高质量发展，为乡村振兴奠定产业基础。

7.1.2.5 农业碳排放来源及解决方法

农业生产中碳排放的主要来源有化肥与农药的使用、动物粪便随意填埋、秸秆的焚烧以及农业大型施工机械的使用。在生产与使用化肥的过程中，化肥会产生分解，释放出二氧化碳、甲烷等温室气体。与此同时，农药在生产和利用过程中也会排放 CO_2 和有毒成分，对土壤和水体具有难以忽视的破坏作用。与种植业分不开的畜牧业也是罪魁祸首之一，粪便的大量堆积以及处理不科学，在农田中粗犷使用，经过微生物的分解也会产生大量的温室气体。在种植过程中，农民始终遵循传统方法，将农作物秸秆焚烧，既方便又有助于土地肥沃；在我国平原地区，种植面积较大，对农业机械的使用不可避免，使用的化石燃料会产生大量的碳排放。为解决这些问题可采取清洁能源替代技术、可再生能源替代技术和新能源技术等替代技术来积极应对。利用植树造林、林地恢复、高产森林经营、采伐管理、森林防火和病虫害防治等增加陆地生态系统的碳吸收，可以减少碳排放，增加森林碳汇；施用绿色肥料，提高农作物的产量和品质，调节土壤酸碱度，提高土壤肥力和植物的生长效果，减少化学肥料对土壤的污染，从而改善土壤环境。农药大量使用，破坏了生态环境，对水质、土壤都造成了极大影响。因此，在杀虫方面可采用灯光诱杀，杀虫灯是一种绿色、经济、环保的杀虫方式，与传统的农药杀虫方式相比，杀虫灯在诱杀害虫的同时还能降低农药使用量，减少农药对土地和水源的污染。具有节能环保，减少劳力、降低成本等优点，减少污染物质对土壤的损害，减少农村碳排放，保护生态环境。与此同时，在乡村经济快速发展的过程中，环境治理也绝对不能忽视，要积极引导和推广粪便和污水肥料化、沼气化，加快秸秆变纸、秸秆变饲料处理，实现变废为宝，就地利用，从根本上治理乡村粪便、农药与秸秆污染。并且重点监督乱扔、乱吐、乱贴、乱倒等不文明行为，严重者可以在乡村社会服务群中进行点名批评，对于乡村垃圾清理、环境保护作出贡献的个人和集体进行赞扬或实物奖励，以此为广大村民树立爱护环境、讲究卫生、健康生活的榜样，使环保意识贯彻于心，实行绿色低碳环保生活，坚持生态优先，绿色发展理念，实现经济发展和自然环境的协调统一。

7.1.3 "双碳"促进美丽乡村建设

7.1.3.1 绿色建筑发展目标

乡村振兴不仅只是经济的单方面发展，而是满足绿色低碳的发展，满足人民对美好生活的向往。近年来，我国经济水平不断提升，人民居住环境不断改善，住房水平也是逐渐提高，但是大量建设、消耗、排放的建筑方式并未发生改变，在整体上还是存在着污染严重、宜居性不够等问题。目前大部分农村住房没有实施建筑节能措施，农村建筑品质普遍不高，用能支出大。因此需要在广大农村推广绿色建筑，改变农民的生活水平和住宅品质，将绿色建筑全面推广，促进建筑领域实现碳达峰、碳中和。在建筑设计、施工方面采取绿色农房，在既有建筑上进行绿色化改造，大力推广低能耗建筑，发展低碳建筑，实施全方位的绿色建筑。此外，建筑业是全国支柱产业之一，发展绿色建筑有利于推动相关传统产业技术发展，有利于引领新能源、新材料、节能环保等战略性产业发展，进而拉动有效投资，促进经济转型升级以及建筑产业更高水平的发展。

7.1.3.2 因地制宜发展绿色建筑

在乡村振兴中，结合不同地域特点，因地制宜，产生了不同的生活方式，在北方城区，人们都以工业余热、热泵以及清洁能源、可再生能源为供暖源，对于沿海地区还可采用核电余热以实现零碳供暖。对于较为传统的农村，光伏建筑是作为绿色建筑的不二之选，不仅使其建筑更加美观，还能提高居住的舒适性，十分符合国家低碳发展的趋势。而且随着不断的研究，光伏建筑的生产技术也是越发成熟，生产和安装的成本也不断降低，这些环境友好属性也是乡村绿色建筑的主要选择。"双碳"战略在实施过程中要控制城乡碳排放，建立城乡碳排放标准，引导和鼓励居民采用自然采光、自然通风等自然能源利用方式，在取暖、照明、电器等能源方面减少不必要的浪费，为"双碳"战略作出一份贡献，在房屋顶上安装光伏电板、路口安装太阳能电灯，加大对于可再生能源的开发利用，实现低碳生活。

7.1.3.3 生活垃圾专业化处理

垃圾分类不能只在城市进行，对于农村，要积极克服困难，逐步推进垃圾分类、回收和资源化利用，减少对环境的污染。改革开放以来，人民经济水平提高，产生的生活废弃物也日益增加，为保护生态环境，要对各类的垃圾实施分类运输，统筹解决垃圾的分类和清理，加快生活垃圾的处理和可再生资源回收，推动再生资源规范化、专业化处理。同时，运用当前高科技的优势，加强垃圾分类宣传，树立村民节能环保的良好理念，进一步改善农村居住环境，实现健康文明的乡村振兴，同时让生态环境得以恢复，再次实现乡村振兴下的绿水青山。

7.1.3.4 低碳生活

为了响应国家号召，在实现乡村振兴的同时践行绿色低碳生活，构建城乡建设一体化，引导绿色低碳行为。首先要完善城乡低碳出行体系，建设城乡一体化交通网，加强城乡道路衔接，推广城乡客运公交化运行模式。同时在乡村大力发展共享交通，推动电动汽车与自行车租赁业网络化、规模化发展，同时还可以在路边建设太阳能充电桩，既可以方便电动自行车出行，还可以推进新能源电动汽车的研发和使用，从而减少私家车出行，减少碳排放，实现真正的乡村低碳出行。随着农村经济水平不断提高，在未来的建设方面，要以低碳的标准选择更多的新型技术材料，让农村的居住环境得到充分改善，提高节能降碳效果。综上所述，未来在乡村振兴上要以绿色低碳发展理念为核心，全面改革建设规划方式。在建筑方面，全面改革农房与基础设施，向绿色建设方向转型；在环境方面，加强自然资源与低碳发展结合，增加环境绿色面积；在生活方面，坚持宣传，树立村民节能环保的良好观念。要持续从碳减排和碳增汇两方面探索全域、全空间、全要素、全领域实现碳中和的发展路径，走具有中国特色的"以人为本、生态文明、绿色低碳"的新型发展道路。

7.1.4 "双碳"促进农村精神文明建设

7.1.4.1 倡导绿色生活

党的十九届五中全会提出了促进人与自然和谐共生的新目标，讲究推动绿色发展，注重环保，爱护自然，在新时代发展背景下，乡村要想实现全面振兴，就离不开绿色发展理念，绿色发展的根本性目标是控制碳排放。绿色生活方式就是在保证正常生活的同时注意环境保护，其基本目标就是实现自然环境的保护、绿色的消费生活。多年以来，城市的环境污染愈加恶劣，为了改善这一现状，绿色低碳的生活方式在城市的表现尤为明显，例如垃圾分类、光盘行动、公共交通等。与之相比，乡村的发展情况就不是很乐观，在这种背景下，将绿色发展理念融入到农民的生活中就显得尤为重要，改变农民的生活方式，提高农民对生态环境保护的认识，为实现"双碳"战略作出贡献。生态兴则乡村兴，生态衰则乡村衰，生态环境的好坏与乡村的经济发展脱不开关系，为了增强农民爱护环境的意识，可以在乡村中开展各种环保活动，在传播快乐的同时宣传绿色低碳生活，让绿色低碳的生活方式深入到每一个农民的心中。毫无疑问，建设绿色乡村是人民大众共同的任务，每个人都有义务去完成，政府积极引导农民绿色生活，让农民在日常生活中时时刻刻具有环保意识，做出环保行动，让农民认真完成好自己的义务。绿色生活方式是建设美丽乡村的基础，只有人人都选择绿色生活方式，生态环境的污染问题才会有所好转，才能让农民亲身切实地感受到绿色发展所带来的好处。绿色发展理念是指南，节能减碳是目的，只有把绿色发展理念融入到农民的生活方式中去，才能实现真正意义上的绿色生活。

7.1.4.2 实行绿色生产

绿色生产是指农户在农业生产过程中，采纳相关绿色农业生产技术或其他绿色化的方式实现节约资源、减少污染，以达到"低能耗、低污染、低排放"目标的一种生态保护行为。长时间以来，农村一直采用的是粗放型发展模式，对资源的利用率较低，导致产量不达标，化肥与农药的滥用，使得土壤污染严重。在农业生产过程中不仅要提高经济效益，还要追求生态效益，改革生产方式，引入绿色化新型生产结构，统筹管理生产过程。把绿色作为农业生产的背景，进行绿色投资和绿色金融，在农产品种植上，减少化肥、农药的使用，生产绿色农产品，因为农产品是人们赖以生存的基础，是人们生活的根本需求，而农产品的质量安全与农业绿色生产方式有着密不可分的关系，只有实现农业绿色生产，才能更好地保障农产品的质量安全。因此要不断地推广绿色农业生产方式，不断优化绿色农业技术，提高农产品安全质量，推动农业产业向绿色高质量转型。

7.1.4.3 树立环保观念

目前乡村振兴依旧面临生态环保与治理意识淡薄、环境污染严重、乡村环境保护能力薄弱、管理机制体制不健全等困境。推进乡村生态文明建设,提高普通民众的勤俭节约意识与环保意识,对于经济较为落后的农村,显得尤为重要,要让绿色发展思想观念普及农村每一个角落,践行以绿色为主的生态文化,培养出良好的环保意识,力争每一个农民都自觉保护环境。与此同时,加紧推动公共服务设施走进农村的任务,让公共服务产品在农村实现完全覆盖,不断丰富群众文化生活。同时,培育乡村文化队伍,将环保观念融入其中,以戏曲表演等形式向农民传递环保相关知识,让环保观念深入人心。在进行文化娱乐活动的同时,要充分考虑到农民的意愿,顺应以农民为主体的发展模式,进一步发掘乡村古老的民风民俗等优秀传统文化,取其精华,去其糟粕,结合遗留下来的古遗址、古树等,大力支持农民自主开展戏曲艺术,将农村优秀的传统文化传承并发扬光大,树立乡村文化自信,遵循乡村发展规律,体现乡村发展的特点。利用好大众的力量,通过每一个人的努力,建设乡村生态文化,将绿色发展理念与乡村生态文化建设的内涵结合,通过乡村生态文化建设改变农民的思想,通过生态文化建设促进乡村振兴。优化乡村生活的环境,维护和改造乡村基础设施,展现出乡村宜居性高的特色,建造拥有文化气息的特色乡村,营造出良好的现代化乡村生活氛围。

7.2 "双碳"与区域协调发展

7.2.1 "双碳"减少区域差异化

区域不平衡主要指东中西部发展不平衡,城市与农村发展不平衡,发达地区与欠发达地区发展不平衡。差异内容如下。地理差异:南方气候温暖湿润,土地肥沃,适合种植各种作物和开展水产养殖业,也有利于旅游和服务业的发展;而北方气候寒冷,土地贫瘠,大部分地区不适合农业生产,主要依靠重工业和采矿业。饮食文化差异:北方的气候更适合种植小米、小麦、玉米,而南方更适合种植水稻,因此,北方人大多数以面食作为自己的主食,南方人普遍吃米饭。语言文化差异:北方多平原,山地少,古时候交通便捷,来往方便,所以在不断的磨合交流中,大家的语言都变得差不多,和普通话差别很小,处于都能够听懂的程度;而南方,山地丘陵多,古时候交通不便,交流困难,所以不同地方的人语言差距非常大。交通差异:由于地理、气候上的差异,南方气候湿润,降水丰富,因此河流较多,自古以来主要以船作为交通运输工具;而北方多平原、山地,气候干燥,草场面积辽阔,主要以畜牧业为生活来源,马匹耐力优良,可进行长时间、长距离高速移动,而且还可以提供肉类生活用品,因此,北方大多以马为主要运输交通工具。生活习惯差异:南方人的精致、细腻与北方人的粗犷、简朴形成鲜明的对比。居民建筑差异:南方地区的民居屋顶多为坡度较大的尖顶,利于排水;而北方地区的民居屋顶多坡度较小,有的甚至是平顶,和降水较少有关。南方地区民居的窗户通常较大,利于采光通风;而北方地区民居的窗户通常较小,利于冬季保暖。身体差异:身高和体重的差异主要是受环境和食物两个因素的影响,一般说来,居住在草原、高原、高纬度、气候寒冷地区并以麦面为主食的人,身材魁梧;而生活于热带、亚热带岛屿和滨海平原地区,从事农耕并以大米为主食的人,身材则较矮小。工业差异:自古以来,由于南北方地下矿产资源数量和种类分布不同,从而形成不同的工业发展模式。南方缺少煤炭、石油等工业原材料，但由于长期积累下来的财产丰富，技术资源雄厚，注重科技研发，所以以轻工业发展为主。与之相比，北方煤炭、石油、铁矿石等矿产资源丰富，促进了采矿、冶金等大型重工业发展。

我国西部地区能源资源自身禀赋良好，煤炭、石油、天然气储量在全国占有比例较高，但西部地区低效高耗的能源消费方式和严重的环境污染问题，不利于西部地区经济与环境的可持续发展，与我国"低碳"发展理念不符，因此对西部地区能源结构进行优化十分有必要。除了煤炭以外，水能、风能、太阳能、生物质能等新能源的开发前景也十分乐观。西部地区新能源发展的巨大潜力为我国当前实行绿色发展新模式提供了良好的资源保障，为我国西部大开发建设指明了前进方向。近年来，中国新能源高速发展，从分布上来看，中国风电主要集中在"三北"地区（"三北"地区指的是我国的东北、华北北部和西北地区），光伏发电主要集中在西北地区。我国当前电网格局已经无法适应新能源在全国范围内的合理分配，为实现清洁能源高效利用，从新能源特性本身及多种清洁能源互补出发，开展地域能源调节输送的相关研究，充分发挥电网平台资源优化配置功能。

7.2.2 "双碳"减小东西部差异

中国人口基数巨大，占全球大约五分之一，生活所需要的能源以及碳排放总量在国际上都是最大的国家，面对当前气候能变化趋势，我国面临巨大的碳减排压力。我国目前正处于经济高速发展的关键时刻，对能源的大量需求使我国碳减排实行起来相当困难，同时我国地域辽阔，民族文化与地理环境各有差异，使得区域结构特征差异显著。因此要加大对落后产业和地区的支持力度，以达到各产业、各地区之间发展的基本一致，使它们的发展基本保持同步，实现区域间经济的平衡协调发展，对于实现"双碳"战略，部分省市公布的有关文件见表7-1。

表7-1 部分省市细分领域"碳达峰"实施文件

省市	日期	文件名称
贵州	2022/5/10	《关于加强"两高"项目管理的指导意见》
山东	2022/4/6	《绿色低碳转型2022年行动》
天津	2022/3/25	《关于加快建立健全绿色低碳循环发展经济体系实施方案的通知》
福建	20022/3/11	《贯彻落实碳达峰碳中和目标要求推动数据中心和5G等新型基础设施绿色高质量发展实施方案》
海南	2022/3/7	《严格能耗约束推动海南省重点领域节能降碳技术改造实施方案》
河南	2021/12/31	《关于印发"十四五"现代能源体系和碳达峰碳中和规划的通知》
山东	2022/3/9	《"十四五"绿色低碳循环发展规划》
黑龙江	2021/10/27	《关于2021—2023年度推动碳达峰、碳中和工作滚动实施方案》
天津	2021/9/27	《碳达峰碳中和促进条例》
福建	2021/9/14	《关于印发加快建立健全绿色低碳循环发展经济体系实施方案的通知》
浙江	2021/6/8	《碳达峰碳中和科技创新行动方案》
浙江	2021/5/24	《关于金融支持碳达峰碳中和的指导意见》

从不同区域的能源结构和特征来看，东部由于地理优势（大面积为平原），早期拥有发展优势，交通设施建筑完善，经济发展早已达到一定水平，一直采取高消费、高耗能、高排放的生活模式。因此，在降碳目标中首先应该注重东部，通过改变东部的经济发展模式，推行高新技术产业，走新型绿色工业化道路；通过产业升级等方式切实推进节能减排，实现低碳经济。要缩小东西部地区差异，实现区域经济协调发展，就要对西部地区加大扶持力度，在政策上给予优惠，发展过程中给予方便，大力开发中西部地区丰富的清洁能源，建立能源生产转化基地，加快西部基础设施建设的速度，把握西部地区的地理环境和新型能源特征，充分合理地开发利用西部地区的资源，引进高素质人才投入西部建设，为西部地区建设提供技术服务支持，实现生态经济循环发展，使其尽快掌握 WTO 规则（WTO 是世界贸易组织的缩写）。在法律法规上要加快立法进度，尽早出台适合不同区域的法律政策，使法律法规与国际接轨，让我国生产行为规则化、国际化，提高我国综合经济素质，以尽早地融入进世界的经济大潮流中。对于环境问题，植树造林，增加绿化面积，尽量减少黄沙和荒漠区域，增加碳汇（一般是指从空气中清除二氧化碳的过程、活动、机制，主要是指森林吸收并储存二氧化碳的多少，或者说是森林吸收并储存二氧化碳），通过生态的力量来达到降碳的目标。

在推动中西部地区经济发展的同时，也要考虑到能源和环境的压力是否过载，注重对环境的保护和修复。行业能源领域改革的相关文件见表 7-2。

表 7-2　行业能源领域改革相关文件

分类	机构	日期	文件名称
重点行业	国家发改委等 4 部门	2022/2/3	《高耗能行业重点领域节能降碳改造升级实施指南（2022 年版）》
重点行业	国家发改委等 2 部门	2021/12/8	关于振作工业经济运行、推动工业高质量发展的实施方案的通知
重点行业	国家发改委等 5 部门	2021/11/15	《高耗能行业重点领域能效标杆水平和基准水平（2021 年版）》
重点行业	中共中央、国务院	2021/10/24	《关于完整准确全面贯彻新发展理念做好碳达峰碳中和工作的意见》
重点行业	国家发改委等 5 部门	2021/10/18	《关于严格能效约束推动重点领域节能降碳的若干意见》
工业原材料	工信部等 3 部门	2021/12/21	《"十四五"原材料工业发展规划》
工业园区	国家发改委、工信部	2021/12/15	关于做好"十四五"园区循环化改造工作有关事项的通知
绿色发展	工信部	2021/11/15	《"十四五"工业绿色发展规划》
绿色发展	工信部等 4 部门	2021/11/5	《关于加强产融合作推动工业绿色发展的指导意见》
大宗固废	国家发改委	2021/5/30	《关于开展大宗固体废弃物综合利用示范的通知》
新基建	国家发改委等 4 部门	2021/11/30	贯彻落实碳达峰碳中和目标要求推动数据中心和 5G 等新型基础设施绿色高质量发展实施方案
煤炭	央行	2022/5/4	人民银行有关负责人就增加 1000 亿元支持煤炭清洁高效利用专项再贷款额度答记者问

分类	机构	日期	文件名称
清洁能源	国家发改委、国家能源局	2021/3/23	《氢能产业发展中长期规划（2021—2035年)》
能源体系	国家能源局、农业农村部等3部门	2021/12/29	《加快农村能源转型发展助力乡村振兴的实施意见》
能源体系	国家能源局	2021/12/24	全国能源工作会议
电力市场	国家发改委、国家能源局	2021/1/18	《关于加快建设全国统一电力市场体系的指导意见》
电力市场	工信部、市场监管总局	2021/10/29	《电机能效提升计划（2021—2023年)》
电力市场	国家发改委	2021/7/26	《关于进一步完善分时电价机制的通知》
绿电	工信部、住建部等5部门	2021/12/31	《智能光伏产业创新发展行动计划（2021—2025年)》

在能源使用上，改变能源的利用和消费结构，减少对煤炭的使用量，增加水电、核电等新型能源的占比，改变基础能源结构，大力发展清洁能源，对风能、核能、太阳能等新能源进行研究，努力提高能源转化率。在现有能源使用情况下，我国煤炭使用量依旧占有主要地位，对生活和经济发展起到至关重要的作用，但是使用技术的落后，以及脱硫和废气处理消耗资金巨大，使得煤炭利用率急需提高，而且还对环境造成了严重的污染破坏。因此，在煤炭资源的使用方面可以采用洁净煤技术，在煤炭燃烧前，以洗选、型煤、水煤浆等技术对其进行加工，以及对煤炭进行煤气化和液化等改制反应，提高能源利用效率，节约能源。同时，为减少污染排放，在煤炭燃烧后对烟气进行脱硫处理，以减少二氧化硫对大气污染的影响。总而言之，要在能源使用方面实现降碳，改良技术、优化能源结构是最直接而且有效的办法。

7.2.3　"双碳"促进区域协同发展

7.2.3.1　"双碳"下促进区域减碳、共同发展

立足于南北区域资源禀赋和产业结构的差异，在政策上应根据地域的差异和产业的差异来制定科学的"双碳"行动方案，促进南北方结合发展，推动南北方协同降碳。北方由于具有丰富的煤炭、风能、太阳能等能源，建设了许多能源原材料基地，这对推动要实现能耗指标或碳排放计划的项目有着至关重要的意义。因此要重点保护北方这些能源原材料基地，坚守住能源的生产和运输底线。在实施"双碳"的过程中，要注意北方这些因为绿色转型而受到影响的小企业，以及南方一些欠发达地区的特殊性。由于区域间碳排放的不平衡，要统筹考虑碳排放公平性的问题，实行与地区发展阶段相适应的减碳政策，促进降碳与高质量发展相统一，保障其社会经济发展对能源增长的合理需求，确保这些地区的普通民众在新的改革政策下依旧能够保持现有生活水准，不能在"双碳"的发展中掉队。在实现"双碳"目标时通过先南后北、先东后西，先城市后农村的推进方式，更有利于各地区在高质量发展中缩小差距，促进共同富裕。

7.2.3.2　区域间协同合作、分区施策

自2021年"双碳"目标被提出，我国迅速认识到减碳的重要性，开始施行绿色发展经

济，各个地方相继出台有关"双碳"计划文件。但由于区域间的差异，不同地方政府对污染的认识不同，因此制定的碳排放标准也不一样，相关要求与本地经济发展相适应。因而污染严重的企业就会向政策宽松的地区转移，造成不同地域之间环境质量差距加大，空气中的温室气体从高浓度地区溢出，进入低浓度地区，对其他各地区产生影响。世界是一个整体，人们生活在同一个地球村，环境保护是全体人民共同的责任，环境保护带来的好处也是共享的，所以只有建立了统一的污染物排放标准，才能更有效地通过市场手段协调受益者和受偿者之间的经济利益。由于生态资源具有多样性，单一地区制定的生态补偿机制在其他地区的适用性不强，想要形成对生态价值的统一认知，就必须建立统一的生态补偿标准，这还需要各方沟通协作，实现求同存异。首先各政府之间加强协作，安排专业人员对不同地区的生态资源价值和社会经济效益进行统计估量，完成数据汇总，为生态补偿标准提供依据。最后在各地方政府和创新主体之间建立合作、协作机制，以构建区域协调发展为原则，以国家政策为引导，根据不同地区发展模式，求同存异，深化科技创新体制机制改革，推动相关地区强化分工与协作，建立跨区域的协同创新体系，最终实现创新的协调发展。

7.2.4 "双碳"弥补城乡差异

7.2.4.1 城乡发展背景

自 2021 年提出"双碳"目标以来，中共中央、国务院陆续发布了《关于完整准确全面贯彻新发展理念做好碳达峰碳中和工作的意见》和《2030 年前碳达峰行动方案》等一系列政策文件。各地区和部门上下一心纷纷响应党中央号召，积极推动"双碳"工作的落实与推进，充分展现了我国履行"双碳"目标的责任担当。这一目标的提出是坚定不移贯彻创新、协调、绿色、开放、共享的新发展理念，构建国内国际双循环新发展格局所做出的重大战略决策。它不仅有助于推动我国经济产业结构的优化升级，实现经济可持续发展，还有助于构建环境友好型社会，满足人民对美好生活向往的需求。在"双碳"目标的背景下，有必要探索出一条不断创新、符合中国实际、城乡建设面向未来的创新模式与路径，以指导中国城乡今后发展，促进城乡建设和管理模式逐渐向低碳模式转型。

7.2.4.2 优化城乡产业发展模式

促进城乡产业转移，激发农村经济发展的内在动力，同时与城市产业实现合理的分工，实现城乡资源的快速流动，建立一体化的城乡产业链与价值链网络等。推进农业主产区的产业结构优化，促进一二三产业的有机融合。促进农村劳动力转移就业，培育新型经营主体，提高农民组织化程度。要立足农业，利用地区资源优势发展特色种植业和养殖业。依托工业发展初级加工和精深加工，加快农业产业链延伸，增加农产品附加值。在服务业的引领下，一方面要加快农业社会化服务发展，扩大农产品的销售渠道，实现小农户和大市场的有效对接，确保农民的利益，促进农村农业的现代化；另一方面积极挖掘农业和农村的潜力，大力发展乡村旅游，实现以农促旅、以旅兴农。加快城乡交通设施一体化发展，加强城乡路网建设，推动城乡公路互相连接，提升农村硬化公路的比例，全面推进交通网络全覆盖，加快老旧公路维修改造。为城乡居民提供更加便捷、公平、高效的交通运输公共服务，提升居民出行便捷性，为构建客运服务和物流网络提供基础保障。

在城乡发展中，要以绿色发展规划为引领，把绿色发展理念贯穿于城乡两大空间的经济、社会、生态等各个领域，统一规划引领城乡绿色发展，确立"生态保护、经济发展、社会和谐"的多重目标。从城乡一体化的发展理念来看，绿色规划要以联通城乡交通、信息、水电气、垃圾污水处理等基础设施建设，逐步实现城乡医疗、教育、社会保障等社会公共服务均等化，弥合城乡差距，以夯实城乡一体化绿色发展基础为方向，引导城乡居民养成绿色生活方式和消费方式。在发展中以城乡生态环境保护一体化为原则，构建人与自然和谐共生的共同体。把经济高质量发展、城乡生态环境保护一体化作为城乡融合绿色发展规划的内容，指引城乡绿色发展进程。发展绿色新动能，实现了生态与经济发展的协调共进，城乡产业结构的绿色化和绿色空间布局，使其达到优化，推动城乡生态和经济发展协同共进。大力倡导从生产和生活两个层面节约使用和消耗资源，从培育和弘扬"绿色文化"和"双碳文化"的角度出发。以实现垃圾无排放回收、水循环利用、城乡差异减小、最终实现国家低碳发展目标，促进绿色建筑材料开发和技术使用。

7.3 "双碳"与第二个百年奋斗目标

7.3.1 "双碳"促进共同富裕

7.3.1.1 两个一百年提出时间和目标

党的十三大报告提出"三步走"战略，其中第三步是在 21 世纪中叶人平均生产总值达到中等发达国家水平，人民生活比较富裕，基本实现现代化。1997 年 9 月 12 日，党的十五大第一次提出了"两个一百年"奋斗目标：到建党一百年时，使国民经济更加发展，各项制度更加完善；到世纪中叶建国一百年时，基本实现现代化，建成富强民主文明的社会主义国家。

党的十七大也提出"把我国建设成为富强、民主、文明、和谐的社会主义现代化国家"。把社会建设的内容纳入社会主义现代化建设，与以前的"富强、民主、文明"相比，增加了"和谐"的要求。

7.3.1.2 "双碳"对经济的影响

"双碳"主要是减少碳排放较大的能源消耗，同时迫使企业使用更加清洁的能源和生产方式，这会导致企业所用的燃料、原材料成本上升，从而给相关行业带来更大的成本压力。一些企业需增加对环保设施及工艺设备的投资，并升级产能，导致企业利润下滑。对于化石能源丰富的内蒙古、山西、陕西、新疆等传统能源地区来说，能源产业是当地的经济支柱。随着"双碳"目标的确定和相关措施的不断实施，势必对当地经济产生重大影响。部分生产和供应电力、蒸汽和热水的部门，与其他行业相比，其碳排放含量最高。这意味着，要实现"双碳"，首先要加快电力供应的转型升级。在"双碳"要求下，短期内很难找到能够替代煤炭的燃料，高耗能行业中的落后产业将面临巨大的成本压力，被迫停产。

实现"双碳"目标对于推动电力供应、储能和传输转型升级具有重要意义。电力和供热的碳排放总量在能源领域中占比最大，因此加快电力供应的转型升级是"双碳"目标的首要任务。清洁能源（如风能、水能和太阳能）将成为"双碳"战略时代主要的能源供应方式，然而，这些清洁能源的供应往往存在季节性差异，而且在时间和空间上分布不均匀，为了确保能源的平稳供应，必须对相关的基础设施进行更新和升级。随着清洁能源发电和储能量的逐年增加，以及可再生能源的消耗量不断增长，未来电力供应、储能和传输的转型升级将为经济增长提供更强劲的动力。其次，在实现"双碳"目标的过程中，将推动钢铁、化工等高耗能行业的技术进步和设备改造，从而催生新的投资机会。实现"双碳"目标可以创造更多就业机会，与传统的煤炭生产领域工作岗位相比，可再生能源的工作岗位更加清洁，对从业人员更加友好。在高质量发展"双碳"的背景下，新能源和低碳技术的产业价值链将成为重中之重，中国可以借此机遇，进一步扩大绿色经济领域的就业机会，推动各种高效用电技术、新能源汽车、零碳建筑、零碳钢铁、零碳水泥等新型脱碳化技术产品的发展，促进低碳原材料替代、生产工艺升级以及能源利用效率的提高，构建低碳、零碳、负碳的新兴产业体系。

7.3.2 "双碳"助力绿色发展转型

7.3.2.1 现代化发展是"双碳"战略的目标

目前，中国存在着不平衡的发展问题，主要体现在不同地区、不同行业以及不同个体之间，即城乡之间或者各地区之间的发展水平差距较大，产业结构过于单一，同时收入分配差距也仍然存在，这些问题都在一定程度上制约了中国经济和社会的健康发展。因此，中国现代化道路的"双碳"目标应将共同富裕融入其中，并为高质量的现代化发展注入可持续发展的理念。习近平指出："共同富裕是社会主义的本质要求，是中国式现代化的重要特征"。推动全体人民共同富裕的中国式现代化，既是历史唯物主义的普遍要求，也是科学社会主义的实际实践，结合中国具体实际和中华优秀传统文化，正确回答中国问题，是中国特色社会主义的本质要求，既有高深的内在逻辑，也折射出中国共产党在历史民族之林中屹立不倒的英勇姿态。

长期以来，虽然工业文明发展方式为我国带来了丰富的物质财富，但对生态系统平衡造成了较大冲击，使我国生态系统退化和环境污染问题突出，人与自然矛盾突出，导致生态问题频发并制约我国经济社会可持续发展能力提升。为此，党的二十大报告提出，赋予中国式现代化人与自然和谐共生内涵，以"坚持节约优先、保护为主、自然修复"等，表明了人与自然是生命共同体的基本特征。"双碳"目标是打造全社会绿色低碳生活方式的强大助力，有助于推动公众环保意识的不断提升，促使社会经济发展告别"高碳"工业发展模式。习近平总书记在中央政治局十九届第三十六次集体学习时指出，推进"双碳"工作是破解资源环境约束突出问题、实现可持续发展的迫切需要，是顺应技术进步趋势、推动经济结构转型升级的迫切需要，是满足人民群众日益增长的美好生态环境需求、促进人与自然和谐共生的迫切需要，是主动担当大国责任、推动人类命运共同体建设的迫切需要，也是推进"双碳"目标实现的迫切需要。

党的二十大报告明确了社会主义现代化的根本要求是物质上富裕，精神上富裕。人们对物质层面的追求和精神文明生活的富裕是新时代人们对美好生活的向往，在迈向共同富裕的过程中，应注重低碳绿色生活方式的引导，以有效降低高碳的碳排放，针对中等收入群体规模的扩大、物质消费水平的提升给"双碳"目标的实现带来的压力，提前作出合理的部署。

气候变化是全球性的挑战，需要世界各国都积极采取应对气候变化的重要治理举措，共同推动生态文明建设全球化进程，而不是局限于独善其身的中国式现代化"双碳"目标。中国积极稳妥推进"双碳"工作，保持战略主动性，加强多双边在绿色低碳领域的交流沟通和务实合作，展现负责任大国的担当，既为高质量现代化发展开辟道路，也为积极引领全球气候治理奠定坚实基础，是全球应对气候变化的重要引领者、参与者、贡献者。中国将积极稳妥推进"双碳"工作，在应对气候变化、绿色转型的碳中和进程中，促进我国实现社会主义现代化第二个百年奋斗目标的重大投资机遇。

7.3.2.2 共同富裕发展方向

中国式现代化发展除了遵循已有的发展理论之外，还超越了既有现代化发展规律。中国式现代化的本质要求是全体人民共同富裕，既具有现代化的普遍特征，又具有着鲜明的中国特色，凝练中国共产党的初心使命和第一个一百年奋斗目标，彰显了中国特色社会主义人民至上的价值取向，开创了人类公正平等的发展方向。实现共同富裕的中国式现代化，体现了社会主义发展的本质要求，蕴含了中华优秀传统文化的思想底蕴，彰显了人类文明新形态。在现代化发展中，实施创新驱动发展战略，在财富不断增长中促进共同富裕，在创新发展中塑造新优势，牢牢把握高水平科技自立自强这个战略基点，在技术上全力攻坚，在基础研究上持续加强，不断增强我国发展独立性、自主性、安全性，为共同富裕提供内生动力，不断增强我国经济社会发展的内在动力。

纵观全局，共同富裕的难点还在农村，要准确把握实施乡村振兴战略的基本方向，不断提高农业发展的质量和效益。建立城乡发展多形式共同体，扎实推进以城带乡，以新型城镇化引领乡村振兴，改善乡村人居环境，提高农村居民收入水平等各项工作，坚持实施区域协调发展战略。习近平总书记指出，民族地区要把握新的发展阶段，贯彻新的发展理念，融入新的发展格局，实现高质量发展，找准共同富裕的切入点和发力点，立足资源禀赋、发展条件等实际优势，着力构建民族地区发展新格局。因此，不能简单要求各地区经济发展水平相当，而应通过发展寻求各地区之间的协调与平衡，构建符合各地区实际的区域发展新格局。

7.3.2.3 现代化发展的绿色转型升级

绿色发展的现代化治理体系主要以建设生态文明为宗旨，建设生态文明是以实现可持续发展为目标。习近平总书记提出"绿水青山就是金山银山""生态兴则文明兴，生态衰则文明衰""保护环境就是保护生产力"等理念。就是要高度认识和处理好生态财富与经济发展的关系，既要保护好生态文明，又要保护好构建绿色发展产业体系，关键在于绿色产业发展过程中涉及技术、经济、制度方面的调整等问题，协调好不同利益之间的冲突。高端制造业与战略性新兴产业的发展不足，传统产业升级受限，仅靠单纯的政策调控难以协调市场发展理念的转变，绿色发展的现代化治理体系在产业层面仍存在制约。产业结构调整与绿色发展之间不是单向联系，而是全面解决绿色发展问题的有效手段，是促进产业绿色转型升级的必然要求。但技术发展与创新驱动不足抑制了产业绿色化转型升级，同时产业与产业之间关联度不够，空间效应在绿色生产中无法实现，当前地方发展逐底竞争，使得绿色产业的跨区域协作较差，抑制了绿色产业升级，限制了绿色红利的外溢。因此，在新发展阶段，需要促进产业的转型升级，以绿色发展推动产业的转型升级。

7.3.3 "双碳"促进生态文明建设

从具体的绿色发展层面来看，一是利用技术革新，对老产业进行优化，对老旧产能进行整合。通过生产工艺的创新升级、降碳技术的研发、能源循环利用等技术的研发，促进清洁技术和环保企业的广泛覆盖，实现产业层面的新陈代谢和现有产业链的转型升级，逐步淘汰造成环境污染和资源浪费的老技术，助力现代产业体系建设。同时，在发展培育新能源、新动能等方面大力应用绿色科技，深入研发风能、太阳能等可再生能源，促进新能源的广泛应用。生态保护体系方面要落实监督责任，综合利用行政巡逻、摄像监视等手段，健全生态保护负责人制度，发现生态破坏前兆，动员和督促区域负责人做到早早处理，最大限度地减少生态损害损失。二是我国不断健全生态治理机制，公布了多种污染防治法和基本保护法，在破坏行为发生后及时进行补救。今后，还要推进生态治理的村规民约修订工作，不仅要有法律的约束，更要有民约民规的熏陶和引导，对自然生态环境的生成特点和发展规律进行充分科普，使人们认识到生态系统的脆弱性、生态系统破坏的不可逆性、生态系统修复的艰难性，引导全社会建立生态安全观，有效降低生态风险的发生概率，保证生态环境系统的可持续发展。

7.4 "双碳"与人类命运共同体

7.4.1 人类命运共同体的基本内涵

"人类命运共同体"是对马克思主义思想的继承和发展，构建"人类命运共同体"，必须坚持历史唯物主义，顺应经济全球化潮流，着力解决全球性问题，致力于找到各国利益的契合点，把各国人民作为根本主体，以维护世界和平、促进共同发展为宗旨，构建人类命运共同体已成为中国外交的首要目标。党十八大以来，习近平总书记在阐述人类命运共同体的理念时指出："这个世界，各国相互联系、相互依存的程度空前加深，人类生活在同一个地球村里，生活在历史和现实交汇的同一个时空里，越来越成为你中有我、我中有你的命运共同体"。在这个世界，各国比以往任何时候都更加相互联系和依存在构建人类命运共同体上，我们要携手共同建设一个持久和平、普遍安全、共同繁荣、开放包容、清洁美丽的世界。坚持对话协商，促进世界持久和平，建立平等相待、相互协商、相互理解的伙伴关系；打造公平公正、共同贡献、共享利益的安全格局，促进和谐、多样、包容的文化交流；寻求开放创新、包容互利的发展前景；坚持绿色低碳，建设尊重自然、绿色发展的生态体系，打造一个清洁的美丽世界。

根据党和国家领导人在不同场合对人类命运共同体概念的使用和介绍以及党和国家的有关文件阐释，可以从人类命运共同体本身包含的三个关键词（即"人类"、"命运"和"共同体"）对其内涵进行把握。首先，人类命运共同体是一个"共同体"，是由具有某种共同特征的"个体"单位组成的集体。共同体的形成与存在是以某类具有共同体特征的个体的存在为前提，在其中所有的个体有着共同的生活信念和价值追求。从最本质的角度讲，对于构成人类命运共同体的个体应该是人，但是，在一个由主权国家构成的世界，个体意义上的人并不具备独立构成命运共同体的条件，个体意义上的人最终要通过国家来保障其权利。因此，人类命运共同体的组成单元应该首先是国家。只有这些"人格化"的国家最终相互之间形成了命运与共、休戚相关的共同命运，人类才真正构建起了"命运共同体"。其次，人类命运共同体的构成主体是"人类"，是一个"人类"的共同体。在涵盖的对象主体上，它包括全人类，采取的是"无外"原则，也就是一个只有内部性而没有外部性的世界。就此而言，不存在一个比它更大的共同体，使其成为更大共同体的个体，因此它只有一种内部关系，即它之外再不存在任何外部的共同体，不存在"自共同体"与"他共同体"的关系。在空间范围上，就当前科学技术所探知的范围来看，它是指整个地球所涵盖的地理区域，确切地说，是指国家之间日益密切相连的"地球村"。

7.4.1.1 全球气候变化的影响

地球上的气候一直在变化，自从工业革命以来，随着工业化、城市化、人口增长和消费模式变化等因素的影响，全球气候变化加快，当前全球气候治理已陷入困境。随着全球气温上升，气候变化导致生态系统破坏，许多物种生存空间受到限制，从而导致生物多样性减少，对粮食安全、水资源、空气质量等产生了负面影响，对生态的可持续发展产生了不利影响。全球气候变化加剧，导致极端天气事件发生增加，如暴雨、干旱、飓风等频发，这些极端天气事件影响着人们日常生活，造成了严重的经济损失，也会对人类健康造成威胁，给人类生活和自然生态带来巨大损失；气候变化导致降水和气温异常，使得极地冰川逐渐融化，导致海平面上升，威胁沿海地区的生态环境和人类居住，影响农业生产，从而可能导致粮食短缺和价格波动。

党的二十大报告指出："积极参与应对气候变化全球治理，气候变化是全球面临的共同挑战，事关全人类永续发展和前途命运"。减缓温室气体排放，抑制气温升高的国际需求日益强烈，尽管有科学预警和政治承诺，但全球温室气体排放量仍在持续增加。习近平总书记站在人类文明发展的高度寻找解决气候变化问题，他指出："气候变化严重威胁人类文明，没有谁可以置身事外，国际社会应当携手同行，共谋全球生态文明建设之路"。他强调："只要心往一处想、劲往一处使，同舟共济、守望相助，人类必将能够应对好全球气候环境挑战，把一个清洁美丽的世界留给子孙后代"。

7.4.1.2 中国在全球气候治理中的作用

我国既要加强气候变化领域建设，加强不同研究方向的协调与合作，既要在全球视野下研究中国问题，又要从中国的角度研究全球，对全球应对气候变化的科学、政策、技术等方面有全面系统的研究和话语权，展示在科学和政策领域的影响力和公信力。我国在全球气候治理中发挥引领性的作用，为气候治理提供科学技术支撑，为中国深入参与全球推动全球气候治理模式转型，实现中国共商共建共享的新型国际关系，构建人类命运共同体作出重要贡献。同时，中国在最新的"十四五"规划中明确了分阶段降碳减排的目标和措施，坚定了中国实现"碳达峰""碳中和"以及《巴黎协定》2℃和1.5℃控温目标的信念，始终坚持以"内促发展"的指示精神开展气候治理。对内推动产业提质升级，高质量发展，对外倡导合作共赢、互惠互利、公平正义的全球气候治理理念，展示负责任大国形象，推动全球气候治理朝着更加合理、有效、有序的方向发展。

7.4.2 构建人类命运共同体基本方针与策略

7.4.2.1 构建人类命运共同体的途径

坚持共同但有区别的责任分担。气候问题是不分国界的，每个国家都是全球气候变化的潜在受害者，同时对气候变化本身也都负有一定的历史责任。因此，解决气候变化问题需要每一个国家明确自己的能力和应该承担的责任。否则，全球气候问题在不远的未来将会成为人类面临的悲剧。所以，人们应该构建一个共同应对气候治理的机制框架，在集体协调行动中，确保所有的碳排放大国都被纳入到相互监督的制度之中。从公平原则来看，在工业化历史进程中，后工业化国家对大气构成变化的累积效应，才是造成今天全球气候质变的根源所在。因此，从谁治理的责任分担来看，在公平原则基础上，后工业化国家理应承担更大的治理义务。从价值中立的公正角度分析，无论从历史因素，还是从全球体系能力分布的现实状况，还是国家利益优先导致全球气候变暖，西方国家都应该在主导全球气候多边治理方面承担主要责任。同时，新兴的发展中大国由于碳排量还在持续增长中，其参与全球气候治理对于整个体系都是不可或缺的。如果新兴国家的总体碳排量总是高于国际社会的减排量，那么为应对全球气候变暖所作出的所有努力都无法从根本上扭转温室气体不断增加的趋势。因此，新兴的碳排放大国需要在这个问题上，在自己的短期利益与国家的和平发展之间进行理性权衡。

实施共商共建共享的全球治理观念。由于不同国家和地区经济实力不同、所处发展阶段不同，所能提供的物质资源和技术水平也不同，实现"双碳"的方式也存在一定差异。在全球气候治理和应对极端天气方面所付出的努力也存在很大差异。发达国家拥有雄厚的经济实力和先进的技术，能够在气候危机中较好地减缓和应对气候变化。而对于发展中国家或经济欠发达国家来说，在缺乏发达国家先进技术支持和援助的情况下，承担同等的责任和义务，无疑会增加经济负担和压力，甚至在一定程度上对大气环境造成进一步破坏。气候治理是长期而且深层次的全球性挑战，气候变化对人类生存与发展具有严重威胁。伴随全球发展，温室气体排放的总量也仍在攀升，全球气候治理过程中的资金投入、基础设施建设等需求难以在全球层面获得有效且公正的分配。

全球气候治理作为全球治理的核心议题之一，国际协调合作、共同降碳更应该遵循中国的"共商共建共享"的全球治理观。共商意味着以平等协商、合作共赢来弥合各国之间始终存在着的分歧。共建是在共商基础上的共同建设，寻求减缓和适应气候变化的现实威胁或未来风险，而不是一国或少数族群之间的单兵作战。共享全球气候治理成果，即在讨论全球气候治理方案的基础上，共享全球气候治理的阶段性成果，共建全球气候政治制度。同时，共享全球气候治理成果，要让参与共建来开展全球气候治理的国家切身体会到应对气候变化所带来的好处。例如，应通过共享低碳技术、低碳试点建设经验来减少其他国家的研发投入，加快全球气候治理进程，顺便加强主要经济体国家之间的低碳经济合作基础，以促进这些国家重视寻求自身发展和应对全球气候变化之间的平衡。

以可持续发展观念推动构建应对气候变化的人类命运共同体。气候变化既是环境问题，也是发展问题，但归根结底是民生问题，要从国际和国内两个大局看问题，要获得国家利益和国际形象的双赢，应对气候变化与我国高质量发展战略高度契合，要坚定实施积极应对气候变化国家战略，在可持续发展框架下落实政策。党的十九大报告把"坚持推动构建人类命运共同体"作为新时期坚持和发展中国特色社会主义的十四条基本方略之一，作为习近平外交思想的最重要内容，提出了新的时代条件。近年来，与应对气候变化国际合作有关的国家领导人联合声明、高级别活动数量不断增加，气候问题也因此成为国际贸易、区域安全、大国对话与民众对话等国际事务中相对最容易形成共识的领域。这种参与度前所未有，也最能体现气候治理的现代价值。面对气候变化等全球性危机，习近平总书记创造性地提出了构建人类命运共同体、实现共赢共享的中国方案。他发出倡议，面对全球性危机，各国应加强对话，取长补短，在相互借鉴中实现共同发展，促使各国除开政府以外，还应动员企业、NGO（非政府组织，独立于政府或商界的慈善机构、协会等）等社会资源参与国际合作进程，提高公众意识，形成惠及全体人民的合力。

7.4.2.2 构建人类命运共同体的多重影响

促进国家法治建设。在我国的气候变化治理和环境保护的发展历程中，中国应对气候变化立法工作已经进行了十多年，早在 2009 年，全国人大常委会便提出要加强应对气候变化相关立法。我国前几年已开始着手气候变化立法，也制定了一系列的相关实体法，如《可再生能源法》《大气污染防治法》《气象法》等。但直至现在，我国都没有一部全面的气候变化专门法，甚至在法律实践中仅有几个部门规章和规范性文件作为解决气候变化问题的法律依据，也没有专门的法规来规范碳排放交易。我国也并未形成系统性、全局性的气候法律体系，还存在着条块化、立法空白、立法重复等问题，这对中国国内应对气候变化产生了很大的影响。因此必须认识到，我国的国内气候立法建设仍然存在着立法模式和立法经验方面的不足。环境和气候变化的法治治理是我国必不可少的重大举措，也是国外的成功经验。《巴黎协定》是当前全球气候治理所依据的最重要的法律文书，已成为我国在国际国内参与气候法治的重要指导。我国应当认真对待《巴黎协定》对我国提出的气候立法要求，内化国际气候法律来推进国内气候立法建设，形成国内法与国际法之间的良性互动。坚持以宪法和环境法为基础，加快制定统一的气候变化应对法，及时修正弥补可再生能源、碳排放领域的立法缺陷，严格遵守现有的相关气候变化应对法规，并逐步完善包括行政法规、部门规章和规范性文件在内的气候法律体系。通过强化国内气候立法建设和体系完善，助力我国尽快实现自主贡献目标，推动《巴黎协定》的积极落实，更为减缓世界气候变化、保护人类共同的美好家园贡献中国力量。

促进各国关系友好。当前国际合作受到严重侵蚀，国际社会能够形成全球性合作共识的领域十分有限，因为世界面临着治理赤字、信任赤字、和平赤字和发展赤字的困扰。但由于气候变化问题特别突出，具有全球性、长远性和系统性，各国普遍认识到应对气候变化已经成为世界各国当前最大的利益汇合点。就全球气候治理而言，实行共商共建共享的全球治理观是十分有必要的，气候治理先后经历了美欧发达国家主导的历史阶段。但未来的全球气候治理，不能只把希望寄托在发达国家群体身上，更不应该在资本逐利、规则治理理念引导下去逃避工业革命以来的历史责任。共商全球气候治理方案，即国际社会共同协商、协同参与全球气候治理，通过"共商""共建"和"共享"确保应对全球气候治理的阶段性成果能够实现普惠。促进各个国家重视并寻求自身发展与应对全球气候变化的平衡，促进全球气候政治制度建设与治理体系的有机融合。而全球在气候变化的背景下，全球没有安全的孤岛，任何一个国家都不能单独应对气候变化的挑战，全球气候治理只有加强国际合作才有希望。

促进人类命运共同体的构建。我国要把气候外交摆在中国特色大国外交和构建人类命运共同体总体布局中更加靠前的位置，全力推进国际气候合作，切实维护我国国家安全。重视生态文明建设，统一于政治、经济、文化、社会、生态文明建设的"五位一体"总体布局，助力建设"美丽中国"，从根本上提升我国应对气候变化的能力，为国际社会特别是发展中国家提供经验借鉴。从国内生态文明建设和新时代中国特色社会主义建设的大局来看，我国要在加强全球气候治理机制，推动全球气候治理进程和维护全球气候政治公平正义中发挥引领作用，推动人类命运共同体的构建。构建人类命运共同体是习近平外交思想的核心理念，它不仅与人类命运、共同体认知相关，还涉及国际关系、全球治理等多个领域，而且多次被载入联合国决议文本，引发国际社会的高度关注和评价，是引领中国与世界关系在新时期良性互动的新思路。

建设人类命运共同体是一项浩大的工程，需要国际社会共同努力、长期奋斗，才有可能抵达理想彼岸。人类命运共同体建设包含许多方面，而全球气候变化的治理无疑是其中比较具体的领域，全球气候治理有助于国际社会进一步迈向人类命运共同体的愿望，探索构建人类命运共同体的路径也有助于从根本上保障全球气候治理的航向。"以邻为壑、零和博弈"的国际政治旧思维，不仅对气候变化问题的解决毫无益处，甚至有可能会导致国际政治中新旧问题相互交织，激化矛盾。在全球气候变化现实威胁和未来风险面前，催生人们感知人类命运共同体的重要性。因此，构建人类命运共同体，有助于为全球气候治理提供中国的智慧方案，是高瞻远瞩的国际关系新理念，也是中国外交智慧在新时期的集中体现。

习题

1. 乡村振兴的基本内容是什么？
2. 一二三产业的主要内容是什么？
3. 简要概括减少农业碳排放的方法。
4. 区域不平衡主要体现在哪些方面？
5. 两个百年目标的提出时间和内容是什么？
6. 人类命运共同体的基本内容是什么？
7. 在构建人类命运共同体的过程中有哪些途径？
8. 构建人类命运共同体有什么优点？

参考文献

[1] 郭爽．"沸腾七月"再敲全球气候危机警钟 [N]．人民网-人民日报海外版，2023-8-5.

[2] 何怀宏．儒家生态伦理思想述略 [J]．中国人民大学学报，2000，02：32-39.

[3] 邓文涛．儒家生态伦理思想的内涵 [J]．河池学院学报，2019，36 (2)：96-100.

[4] 杨立晓．道家生态伦理思想视域下的低碳生活方式研究 [D]．南昌：江西农业大学，2023.

[5] 姜赛飞．现代生态伦理学的独特视域与时代价值 [J]．湖南省环境生物职业技术学院学报，2011，17 (4)：48-50.

[6] 陈艳玲．论生态消费观的构建及其意义 [J]．生态经济 (学术版)，2007，2：444-447.

[7] 蔡晓明．生态系统生态学 [M]．北京：科学出版社，2000.

[8] 安城娜．奇妙的生态系统 [M]．北京：北京科学中心，2021.

[9] 让绿水青山造福人民泽被子孙——习近平总书记关于生态文明建设重要论述综述 [N]．人民日报，2021-06-03.

[10] 万冬冬．中国特色生态文明建设的重要意义 [J]．中国集体经济，2021 (7)：95-96.

[11] 生态环境部．奋力谱写新时代生态文明建设新华章 [J]．环境保护，2022，50 (11)：8-11.

[12] 杨秀萍．绿色发展引领生态文明建设新路径，人民网-理论频道，2017-01-03.

[13] 刘薇．源头严防过程严管外，更要做到后果严惩 [J]．环境经济，2020 (7)：42-43.

[14] 黄燕，竟辉．中国特色社会主义生态文明理念的三维解读 [J]．2014，2：17-23.

[15] Zhao X，Jiang M，Zhang W，Decoupling between economic development and carbon emissions and its driving factors：evidence from china [J]．International Journal of Environmental Research and Public Health．2022，19：2893-2907.

[16] 黄罡．走中国式现代化新道路 [J]．理论导报，2021 (9)：61.

[17] 吕清刚．"双碳"目标下能源科技发展路径新思考 [J]．科技传播，2022，14 (14)：13-14.

[18] 中共中央国务院．关于完整准确全面贯彻新发展理念做好碳达峰碳中和工作的意见．2021-09-22.

[19] 中共中央国务院．2030 年前碳达峰行动方案．（https：//www.gov.cn/zhengce/content/2021/10/26/content_5644984.htm），2021-10-26.

[20] 关于完善能源绿色低碳转型体制机制和政策措施的意见．发改能源 [2022]，206 号，关于完善能源绿色低碳转型体制机制和政策措施的意见（发改能源〔2022〕206 号）_资讯中心_仪器信息网（instrument.com.cn）.

[21] 刘早．加快推动能源转型助力实现"双碳"目标 [N]．国家电网报，2023-7-24.（国家电网公司：加快推动能源转型 助力实现"双碳"目标_电力网（chinapower.com.cn））.

[22] 郭继孚．推动城市交通碳达峰，碳中和的对策与建议 [J]．可持续发展经济导刊，2021，000 (003)：22-23.

[23] 李俊夫．双碳背景下循环经济发展的机遇，挑战与策略 [J]．现代管理科学，2022 (4)：15-23.

[24] 刘世荣．提升林草碳汇潜力，助力碳达峰碳中和目标实现 [J]．经济管理文摘，2021 (22)：1-4.

[25] 袁成清，张彦，白秀琴，等．船舶无碳能源利用模式和能效提升的协同作用 [J]．船舶工程，2013，35 (6)：116-119.

[26] 曾凡刚，王玮，吴燕红．化石燃料燃烧产物对大气环境质量的影响及研究现状 [J]．2001，10 (2)：114-131.

[27] 国际能源署 (IEA)，CO_2 Emissions in 2022 [R]．2023-03-02.

[28] Harold H.Schobert．化石燃料与生物燃料化学 [M]．北京：中国水利水电出版社，2019.

[29] 吴春来．21 世纪我国煤炭综合利用趋势浅析 [J]．煤化工，2000，93：3-6.

[30] 张式．石油的综合利用 [J]．自然杂志，1982，5 (6)：416-419.

[31] 薛文瑞．天然气综合利用及深加工研究 [J]．中文科技期刊数据库（引文版）工程技术，2023 (3)：192-195.

[32] 李玲．专家呼吁把 CCUS 提升到战略性技术高度 [N]．中国能源报，2023-03-27.

[33] 张凡，李伟起．关于二氧化碳化工利用技术研究进展与应用前景的思考 [J]．当代化工研究，2023 (2)：11-13.

[34] 李建华，周念南．二氧化碳捕集技术研究进展 [J]．研究与开发，2022.48 (12)：69-71.

[35] 程强．加快构建 CCUS 零碳/负碳产业链 [N]．中国石化报，2023-07-24.

[36] 宋天佑，程鹏，徐佳宁，等．无机化学（第四版）下册 [M]．北京：高等教育出版社，2019.

[37] 黄倩，伍晓春，吴曤艳．诺贝尔奖宠儿—碳元素的前世今生 [J]．化学教育，2020，41（22）：1-7.

[38] 胡耀娟，金娟，张卉．石墨烯的制备、功能化及在化学中的应用 [J]．物理化学学报，2010，26（08）：2073-2086.

[39] 李成明，任飞桐，邵思武．化学气相沉积（CVD）金刚石研究现状和发展趋势 [J]．人工晶体学报，2022，51（5）：759-780.

[40] 杨奇，乔成芳，崔孝炜．非金属元素的同素异形体（二）——再谈碳的同素异形体 [J]．化学教育（中英文），2017，38（22）：12-31.

[41] 傅强，包信和．石墨烯的化学研究进展 [J]．科学通报，2009，54（18）：2657-2666.

[42] 何良年．二氧化碳化学 [M]．北京：科学出版社，2013.

[43] 靳治良，钱玲，吕功煊．超临界二氧化碳 [J]．化学进展，2010，22（6）：1102-1115.

[44] 杨元合，石岳，孙文娟，等．中国及全球陆地生态系统碳源汇特征及其对碳中和的贡献 [J]．中国科学（生命科学），2022，52（4）：534-574.

[45] Millar R J, Fuglestvedt J S, Friedlingstein P. Emission budgets and pathways consistent with limiting warming to 1.5℃ [J]. Nature Geoscience, 2017, 10：741-747.

[46] 刘志明．二氧化碳转化化学 [M]．北京：科学出版社，2018：7.

[47] 陈泮勤，黄耀，于贵瑞．地球系统碳循环 [M]．北京：科学出版社，2004：46.

[48] 韩依飐．二氧化碳的绿色资源化利用实现碳中和的研究进展 [J]．当代化工，2023，52（4）：973-976.

[49] 韩士杰，董云社，蔡祖聪，等．中国陆地生态系统碳循环的生物地球化学过程 [M]．北京：科学出版社，2008.

[50] 姜联合．全球碳循环：从基本的科学问题到国家的绿色担当 [J]．科学，2021，73（1）：39-43.

[51] 邹才能，马峰，潘松圻．论地球能源演化与人类发展及碳中和战略 [J]．石油勘探与开发，2022，49（2）：411-428.

[52] EM-DAT. The georeferenced emergency events database [DB/OL]. 2021-12-28.

[53] 庄贵阳，窦晓铭，魏鸣昕．碳达峰碳中和的学理阐释与路径分析 [J]．兰州大学学报（社会科学版），2022，50（1）：56-68.

[54] 陈诗一．能源消耗、二氧化碳排放与中国工业的可持续发展 [J]．经济研究，2009，44（4）：41-55.

[55] 谢和平，刘涛，吴一凡．等．CO$_2$ 的能源化利用技术进展与展望 [J]．工程科学与技术，2022，54（1）：145-156.

[56] 刘玮．"双碳"目标下我国低碳清洁氢能进展与展望 [J]．储能科学与技术，2022，11（2）：635-642.

[57] 张浩楠，申融荣，张兴平，等．中国碳中和目标内涵与实现路径综述 [J]．气候变化研究进展，2022，18（2）：240-252.

[58] 李勇．煤结构演化及燃料、原料和材料属性开发 [J]．燃炭学报，2022（11）：3936-3951.

[59] 魏长洪．石油地质的形成与开采关系 [J]．石化技术，2021（28）：131-132.

[60] 张晓第．对我国生物能源产业发展的再思考 [J]．宏观经济，2007（11）：86-87.

[61] 袁振宏，罗文，吕鹏梅．生物质能产业现状及发展前景 [J]．化工进展，2011（10）：1687-1692.

[62] 杨松．生物质颗粒工业锅炉低氮燃烧技术改造及 NO$_x$ 排放监测 [J]．化学工程与装备，2015（07）：258-260.

[63] 王英杰．生物质微米燃料燃烧特性及污染排放研究 [D]．武汉：华中科技大学，2022.

[64] 李晓，陈志军，王婷婷，等．农村沼气新能源技术驱动下乡村振兴战略的路径研究 [J]．当代农机，2022（10）：81-82.

[65] Liu L, Guo H, Dai L, et al. The role of nuclear energy in the carbon neutrality goal [J]. Progress in Nuclear Energy, 2023（162）：104772.

[66] Mourogov V M. Role of nuclear energy for sustainable development [J]. Progress in Nuclear Energy, 2000（37）：19-24.

[67] Högberg L. Root causes and impacts of severe accidents at large nuclear power plants [J]. AMBIO, 2013（42）：267-284.

[68] Horvath A, Rachlew E. Nuclear power in the 21st century: challenges and possibilities [J]. AMBIO, 2016（45）：38-49.

[69] Wojciechowski A. The U-232 production in thorium cycle [J]. Progress in Nuclear Energy, 2018（106）：204-214.

[70] 李晓萍，任敦亮．太阳能及应用 [J]．现代物理知识，2002（04）：48-50.

[71] 毛建儒．太阳能的优点及开发 [J]．中共山西省委党校学报，1996（04）：49-50.

［72］ 黄琴．浅谈太阳能发电［J］．才智，2010（23）：33.

［73］ 倪明江，骆仲泱，寿春晖，等．太阳能光热光电综合利用［J］．上海电力，2009（32）：1-7.

［74］ 陈勇．热能高效转化成电能或成现实［J］．内江科技，2013（34）：141.

［75］ 李志林．一种光伏逆变器用多路输出开关电源设计［J］．北京电力高等专科学校学报（自然科学版），2012
（29）：251.

［76］ 周健，邓一荣，李晓源．中国氢能发展的现状、挑战与建议［J］．环境科学与管理，2022（47）：15-19.

［77］ 毛宗强，毛志明，余皓．制氢工艺与技术［M］．北京：化学工业出版社，2018.

［78］ Hermesmann M，MüllerT E. Green，turquoise，blue，or grey？Environmentally friendly hydrogen production in trans-
forming energy systems［J］．Progress in Energy and Combustion Science，2022（90）：100996.

［79］ 张春晖，肖楠，苏佩东，等．氢能、碳减排与可持续发展［J］．能源与环保，2023（45）：1-9.

［80］ 韩睿康．可再生能源制氢技术与应用［J］．节能，2023（42）：94-96.

［81］ 李志强，王华，李孔斋．焦炉煤气制氢技术研究进展［J］．洁净煤技术，2023（29）：31-48.

［82］ 刘翠伟，裴业斌，韩辉，等．氢能产业链及储运技术研究现状与发展趋势［J］．油气储运，2022（41）：498-514.

［83］ 于海泉，杨远，王红霞．高压气态储氢技术的现状和研究进展［J］．设备监理．2021（02）：1-4.

［84］ 李文清，罗棱，齐晓曼，等．海洋能技术发展现状及其在上海地区的适应性［J］．电力与能源，2022（43）：518-520.

［85］ Boamah K B，Du J，Bediako I A，et al. Carbon dioxide emission and economic growth of China—the role of internation-
al trade［J］．Environmental Science and Pollution Research，2017，24（14）：13049-13067.

［86］ Melike E. B. . Cement production，environmental pollution，and economic growth：evidence from China and USA［J］．
Clean Technologies and Environmental Policy，2019，21（04）：783-793.

［87］ Fan J，Zhou L. Impact of urbanization and real estate investment on carbon emissions：Evidence from China's provin-
cial regions［J］．Journal of Cleaner Production，2019，209：309-323.

［88］ Liu Y，Chen Z，Xiao H，et al. Driving factors of carbon dioxide emissions in China：an empirical study using 2006-2010
provincial data［J］．Frontiers of Earth Science，2017，11（1）：156-161.

［89］ 尚文健．碳排放与经济增长脱钩关系研究［J］．中国化工贸易，2022，12：31-33.

［90］ Wang Q，Han X. Is decoupling embodied carbon emissions from economic output in Sino-US trade possible［J］．Tech-
nological Forecasting and Social Change，2021，169.

［91］ Du L，Wei C，Cai S. Economic development and carbon dioxide emissions in China：Provincial panel data analysis［J］．
China Economic Review，2012，23（2）：371-384.

［92］ Meng L，Huang B. Shaping the relationship between economic development and carbon dioxide emissions at the lo-
cal level：evidence from spatial econometric models［J］．Environmental and Resource Economics，2018，71（1）：
127-156.

［93］ 马永志，李兆福．文明的前提、文明动力的历史脉络与发展前景［J］．节能技术，2005（02）：154-158.

［94］ Fariba M M，Mahdi A，Zhilla J N，et al. Introduction to biofuel cells：A biological source of energy［J］．Energy
Sources，Part A：Recovery，Utilization，and Environmental Effects，2017，39（04）：419-425.

［95］ Stephen F，Lincoln. Fossil fuels in the 21st century［J］．AMBIO：A Journal of the Human Environment，2005，34
（08）：621-627.

［96］ Amélie T，Ghenima A，Maarouf A A，et al. Wood-lignin：supply，extraction processes and use as bio-based material
［J］．European Polymer Journal，2019，112：228-240.

［97］ Schobert H. Chemistry of Fossil Fuels and Biofuels［M］．Cambridge series in chemical engineering，Cambridge
（Cambridge University Press）2013.

［98］ Kislov V M，Zholudev A F，Kislov M B，et al. A. Effect of the pyrolysis step on the filtration combustion of solid or-
ganic fuels［J］．Russian Journal of Applied Chemistry，2019，92（01）：57-63.

［99］ 卢辛成，蒋剑春，孙康，等．热解工艺对木醋液制备及性质的影响［J］．林业化学和工业，2018（05）：65-73.

［100］ Cui L，Liu C，Yao B，et al. A review of catalytic hydrogenation of carbon dioxide：From waste to hydrocarbons［J］．
Frontiers in Chemistry，2022，10：1037997-10379997.

［101］ 孙铭泽，宋遥遥，卢晓霆．玉米粉液化及糖化工艺条件优化［J］．中国酿造，2021，40：186-190.

［102］ Liu X，Wu H，Jiao Z，et al. The degradation and saccharification of microcrystalline cellulose in aqueous acetone solution with low severity dilute sulfuric acid [J]. Process Biochemistry，2018，68：146-152.

[103] Li Y，Song W，Han X，et al. Recent progress in key lignocellulosic enzymes：Enzyme discovery，molecular modifications，production，and enzymatic biomass saccharification [J]. Bioresource Technology，2022，363：127986.

[104] Zeng J，Zeng H，Wang Z. Review on technology of making biofuel from food waste [J]. International Journal of Energy Research，2022，46（08）：10301-10319.

[105] 中华人民共和国生态环境部. 中华人民共和国气候变化第二次两年更新报告 [J]. 2018.

[106] Finkelman R B，DaiS，French D. The importance of minerals in coal as the hosts of chemical elements：A review [J]. International Journal of Coal Geology，2019，212：103251-103267.

[107] Wang X，Wang X，Pan S，et al. Occurrence of analcime in the middle Jurassic coal from the dongsheng coalfield，northeastern Ordos Basin，China [J]. International Journal of Coal Geology，2018，196：126-138.

[108] Brian W S，Rosemary C C，Benjamin C H，et al. Rare earth element resources in coal mine drainage and treatment precipitates in the appalachian basin，USA [J]. International Journal of Coal Geology，2017，169：28-39.

[109] Colin R W. Analysis，origin and significance of mineral matter in coal：An updated review [J]. International Journal of Coal Geology，2016，165：1-27.

[110] Jeffrey S G，Nancy A M. The impacts of combustion emissions on air quality and climate-from coal to biofuels and beyond [J]. Atmospheric Environment，2009，43（01）：23-36.

[111] 罗承先，周韦慧. 煤的气化技术及其应用 [J]. 中外能源，2009，14：28-35.

[112] 孙泽渊. 煤热解技术现状及研究进展 [J]. 辽宁化工，2021，50（5）：662-664.

[113] 彭宏ярrdquo. 煤的液化原理及应用现状 [J]. 工业技术与实践，2016，4（067）：126-128.

[114] 申峻，邹纲明，王志忠. 煤碳化成焦机理的研究进展 [J]. 煤炭转化，1999，22（2）：22-27.

[115] 刘群. 石油化工对环境的污染及防范要点分析 [J]. 环境保护，2022，23（23）：69-71.

[116] 李永杰，李小芳. 催化裂化炼油技术探讨 [J]. 科技风，2018，19：127.

[117] 马爱增. 中国催化重整技术进展 [J]. 中国科学：化学，2014，44（1）：25-39.

[118] 蒋宗轩，刘欣毅. 石油炼制催化作用 [J]. 工业催化，2016，24（1）：84-112.

[119] 陈清如. 发展洁净煤技术推动节能减排 [J]. 中国高校科技及产业化，2018（3）：65-67.

[120] 曹湘洪，袁晴棠，刘佩成，等. 落实新发展理念 推进石化工业低碳化发展 [J]. 当代石油石化，2019，27（8）：1-6.

[121] 蒋进，夏勇军，胡笳，等. 低温 NH_3-SCR 催化剂及脱硝机理研究进展 [J]. 能源环境保护，2021，35（5）：7-15.

[122] 齐亚兵、唐承卓、贾宏磊. 工业烟气湿法脱硫技术的发展现状及研究新进展 [J]. 材料导报，2022，36：1-9.

[123] Hubbert M K. The energy resources of the earth [J]. Scientific American，1971，225（03）：60-70.

[124] 许拯瑞，"双碳目标" 下传统化石能源与新能源发展趋势 [J]. 科学管理，2022，9：188-190.

[125] 刘入维，肖平，钟犁，等. 700℃超超临界燃煤发电技术研究现状 [J]. 热力发电，2017，46（9）：1-8.

[126] Guan G，Fushimi C，Tsutsumi A，et al. High-density circulating fluidized bed gasifier for advanced IGCC/IGFC—Advantages and challenges [J]. Particuology，2010，8（06）：602-606.

[127] 崔艳. 我国煤系共伴生矿产资源分布与开发现状 [J]. 洁净煤技术，2018，24：27-32.

[128] 安英爱，娄喜营. 炼油工业清洁生产探析 [J]. 山东化工，2017，46（11）：188-189.

[129] 郑嘉惠. 清洁燃料生产技术评述 [J]. 当代石油石化，2003，11（1）：4-9.

[130] 郭俊. 中美页岩气开发条件对比及未来展望 [J]. 石油化工应用，2023，42（1）：23-26.

[131] 石云，潘继平，王恺，等. "双碳" 背景下天然气与新能源融合发展路径及策略 [J]. 油气与新能源，2023，35（4）：1-6.

[132] 李明东，李婧雯. "双碳" 目标下中国分布式光伏发电的发展现状和展望 [J]. 太阳能，2023，5：5-10.

[133] 肖佳，梅琦，黄晓琪，等. "双碳" 目标下我国光伏发电技术现状与发展趋势 [J]. 天然气技术与经济，2022，16（5）：64-69.

[134] 黄格省，李锦山，魏寿祥，等. 化石原料制氢技术发展现状与经济性分析 [J]. 化工进展，2019，38（12）：5217-5224.

[135] 韩红梅，杨铮. 我国燃料电池产业发展概述 [J]. 化学工业，2020，38（2）：21-33.

[136] 杜真真，王珺，王晶，等. 质子交换膜燃料电池关键材料的研究进展 [J]. 材料工程，2022，50（12）：35-50.

[137] 夏雪，臧庆伟，薛祥，等. 熔融碳酸盐体系于新能源中的应用 [J]. 当代化工，2021，50（10）：2412-2417.

[138] 毛翔鹏，李俊伟，方东阳，等. 固体氧化物燃料电池材料发展现状 [J]. 中国陶瓷，2023，59（7）：10-20.

[139] 薛振乾，张育铭，程世轩，等. 碳捕集、利用与封存技术的现状及前景 [J]. 特种油气藏，2023，30（02）：1-9.

[140] Cuéllar F，Rosa M，Adisa Azapagic. Carbon capture，storage and utilisation technologies：A critical analysis and comparison of their life cycle environmental impacts [J]. Journal of CO_2 Utilization，2015（9）：82-102.

[141] 梁锋. 碳中和目标下碳捕集、利用与封存（CCUS）技术的发展 [J]. 能源化工，2021，42（5）：19-26.

[142] 罗国杰. 中国传统道德 [M]. 北京：中国人民大学出版社，1995.

[143] 梁海明. 大学中庸 [M]. 太原：山西古籍出版社，1999.

[144] 陈苗苗，虞新胜. 儒家中和思想与人类命运共同体构建 [J]. 安康学院学报，2021，33（01）：98-101.

[145] 邢艳荣，秦佳伟. 浅析雷电的产生及危害 [J]. 数码世界，2017，136（02）：170.

[146] 赵亚儒. 从《周易·归妹》卦的阴阳观看夫妇相处之道 [J]. 当代旅游（高尔夫旅行），2018（10）：209-210，216.

[147] 许立宪，王司盛. 从正负电荷中和谈起 [J]. 物理教学，1983（05）：9-10.

[148] 王贻芳，阮曼奇. 探究物质最基本的结构——从中微子和正负电子对撞谈起 [J]. 自然杂志，2017，39（06）：391-400.

[149] 周宗源，伍必和. 正电子湮灭 [J]. 物理，1980，9（6）：535-541.

[150] 张丽芳，胡海林. 土壤酸碱性对植物生长影响的研究进展 [J]. 贵州农业科学，2020，48（08）：40-43.

[151] 陈仕高，李红梅，李克邱. 石灰岩粉改良酸性土壤技术 [J]. 基层农技推广，2023，11（01）：44-46.

[152] Kattel S，Liu P，Chen J G. Tuning selectivity of CO_2 hydrogenation reactions at the metal/oxide interface [J]. Journal of the American Chemical Society 2017，139（29）：9739-9754.

[153] Jin S，Hao Z，Zhang K，et al. Advances and challenges for the electrochemical reduction of CO_2 to CO：from fundamentals to industrialization [J]. Angewandte Chemie International Edition，2021，60（38）：20627-20648.

[154] Qiao B，Wang A，Yang，X，et al. Single-atom catalysis of CO oxidation using Pt1/FeO_x [J]. Nature Chemistry，2011，3（8）：634-641.

[155] Ni W，Gao Y，Lin Y，et al. Nonnitrogen Coordination environment ateering electrochemical CO_2-to-CO conversion over single-atom tin catalysts in a wide potential window [J]. ACS Catalysis，2021，11（9）：5212-5221.

[156] Jin S，Ni Y，Hao Z，et al. A universal graphene quantum dot tethering design strategy to synthesize single-atom catalysts [J]. Angewandte Chemie International Edition，2020，59（49）：21885-21889.

[157] Shi R，Guo J，Zhang X，et al. Efficient wettability-controlled electroreduction of CO_2 to CO at Au/C interfaces [J]. Nature Communications，2020，11（1）：3028.

[158] Bolinger C M，Sullivan B P，Conrad D，et al. Electrocatalytic reduction of CO_2 based on polypyridyl complexes of rhodium and ruthenium. Journal of the Chemical Society [J]，Chemical Communications 1985，（12）：796-797.

[159] Tan C H，Nomanbha S，Shamsuddin A H，et al. Current developments in catalytic methanation of carbon dioxide——A review [J]. Frontiers in Energy Research，2022，9：795423.

[160] Xie Y，Wen J，Li Z，et al. Progress in reaction mechanisms and catalyst development of ceria-based catalysts for low-temperature CO_2 methanation. Green Chemistry [J]，2023，25（1）：130-152.

[161] Ren Y，Zheng D，Liu L，et al. 3DOM-$NiFe_2O_4$ as an effective catalyst for turning CO_2 and H_2O into fuel（CH_4）[J]. Journal of Sol-Gel Science and Technology，2018，88（3）：489-496.

[162] Hao P，Xie M，Chen S，et al. Surrounded catalysts prepared by ion-exchange inverse loading [J]. Science Advances，2020，6（20）：7031.

[163] Zhang L，Li X X，Lang Z L，et al. Enhanced cuprophilic interactions in crystalline catalysts facilitate the highly selective electroreduction of CO_2 to CH_4 [J]. Journal of the American Chemical Society，2021，143（10）：3808-3816.

[164] Zhang T，Li W，Huang K，et al. Regulation of functional groups on graphene quantum dots directs selective CO_2 to CH_4 conversion [J]. Nature Communications，2021，12（1）：5265.

[165] Tan L，Xu S M，Wang Z，et al. Highly selective photoreduction of CO_2 with suppressing H_2 evolution over monolayer layered double hydroxide under irradiation above 600nm [J]. Angewandte Chemie International Edition，2019，58（34）：11860-11867.

[166] Guo R T, Zhang Z R, Xia C, et al. Recent progress of cocatalysts loaded on carbon nitride for selective photoreduction of CO_2 to CH_4 [J]. Nanoscale 2023, 15 (19): 8548-8577.

[167] Liu H, Gao X, Shi D, et al. Recent progress on photothermal heterogeneous catalysts for CO_2 conversion reactions [J]. Energy Technology, 2022, 10 (2): 2100804.

[168] Lee J C, Kim J H, Chang W S, et al. Biological conversion of CO_2 to CH_4 using hydrogenotrophic methanogen in a fixed bed reactor [J]. Journal of Chemical Technology & Biotechnology, 2012, 87 (6): 844-847.

[169] Navarro-Jaén S, Virginie M, Bonin J, et al. Highlights and challenges in the selective reduction of carbon dioxide to methanol [J]. Nature Reviews Chemistry, 2021, 5 (8): 564-579.

[170] Wang J, Sun K, Jia X, et al. CO_2 hydrogenation to methanol over Rh/In_2O_3 catalyst [J]. Catalysis Today, 2021, 365: 341-347.

[171] Ma M, Huang Z, Wang R, et al. Targeted H_2O activation to manipulate the selective photocatalytic reduction of CO_2 to CH_3OH over carbon nitride-supported cobalt sulfide [J]. Green Chemistry, 2022, 24 (22): 8791-8799.

[172] Li K, Zhang Y, Jia J, et al. 2D/2D carbon nitride/Zn-doped bismuth vanadium oxide S-scheme heterojunction for enhancing photocatalytic CO_2 reduction into methanol [J]. Industrial & Engineering Chemistry Research, 2023, 62 (13): 5552-5562.

[173] Wang T, Wang Y, Li Y, et al. The origins of catalytic selectivity for the electrochemical conversion of carbon dioxide to methanol [J]. Nano Research, 2023, DOI: 10.1007/s12274-023-5653-7.

[174] Goud D, Gupta R, Maligal-Ganesh R, et al. Review of catalyst design and mechanistic studies for the production of olefins from anthropogenic CO_2 [J]. ACS Catalysis, 2020, 10 (23): 14258-14282.

[175] Li Y, Zeng L, Pang G, et al. Direct conversion of carbon dioxide into liquid fuels and chemicals by coupling green hydrogen at high temperature [J]. Applied Catalysis B: Environmental, 2023, 324: 122299.

[176] Zhang Z, Huang G, Tang X, et al. Zn and Na promoted Fe catalysts for sustainable production of high-valued olefins by CO_2 hydrogenation [J]. Fuel, 2022, 309: 122105.

[177] Wang J, You Z, Zhang Q, et al. Synthesis of lower olefins by hydrogenation of carbon dioxide over supported iron catalysts [J]. Catalysis Today, 2013, 215: 186-193.

[178] Wang M, Wang Z, Liu S, et al. Synthesis of hierarchical SAPO-34 to improve the catalytic performance of bifunctional catalysts for syngas-to-olefins reactions [J]. Journal of Catalysis, 2021, 394, 181-192.

[179] Wang M, Kang J, Xiong X, et al. Effect of zeolite topology on the hydrocarbon distribution over bifunctional ZnAlO/SAPO catalysts in syngas conversion [J]. Catalysis Today, 2021, 371, 85-92.

[180] Zhang Z, Yin H, Yu G, et al. Selective hydrogenation of CO_2 and CO into olefins over sodium- and zinc-promoted iron carbide catalysts [J]. Journal of Catalysis, 2021, 395: 350-361.

[181] Li Z, Wu W, Wang M, et al. Ambient-pressure hydrogenation of CO_2 into long-chain olefins [J]. Nature Communications, 2022, 13 (1): 2396.

[182] Rauch M, Strater Z, Parkin G. Selective conversion of carbon dioxide to formaldehyde via a bis (silyl) acetal: incorporation of isotopically labeled C1 moieties derived from carbon dioxide into organic molecules [J]. Journal of the American Chemical Society, 2019, 141 (44): 17754-17762.

[183] Nakata K, Ozaki T, Terashima C, et al. High-yield electrochemical production of formaldehyde from CO_2 and seawater [J]. Angewandte Chemie International Edition, 2014, 53 (3): 871-874.

[184] Deng, L, Wang Z, Jiang X, et al. Catalytic aqueous CO_2 reduction to formaldehyde at Ru surface on hydroxyl-groups-rich LDH under mild conditions [J]. Applied Catalysis B: Environmental, 2023, 322: 122124.

[185] Lin L, He X, Zhang X G, et al. A Nanocomposite of bismuth clusters and $Bi_2O_2CO_3$ sheets for highly efficient electrocatalytic reduction of CO_2 to formate [J]. Angewandte Chemie International Edition, 2023, 62 (3): 202214959.

[186] Ma W, Xie M, Xie S, et al. Nickel and indium core-shell co-catalysts loaded silicon nanowire arrays for efficient photoelectrocatalytic reduction of CO_2 to formate [J]. Journal of Energy Chemistry, 2021, 54: 422-428.

[187] Chen C, Zhu X, Wen X, et al. Coupling N_2 and CO_2 in H_2O to synthesize urea under ambient conditions [J]. Nature Chemistry, 2020, 12 (8): 717-724.

[188] Yuan M, Zhang H, Xu Y, et al. Artificial frustrated lewis pairs facilitating the electrochemical N_2 and CO_2 conversion

to urea [J]. Chem Catalysis, 2022, 2 (2): 309-320.

[189] Yuan M, Chen J, Xu Y, et al. Highly selective electroreduction of N_2 and CO_2 to urea over artificial frustrated Lewis pairs [J]. Energy & Environmental Science 2021, 14 (12): 6605-6615.

[190] Hua Z, Yang Y, Liu J. Direct hydrogenation of carbon dioxide to value-added aromatics [J]. Coordination Chemistry Reviews, 2023, 478: 214982.

[191] Ni Y, Chen Z, Fu Y, et al. Selective conversion of CO_2 and H_2 into aromatics [J]. Nature Communications, 2018, 9 (1): 3457.

[192] Wang S, Wu T, Lin J, et al. FeK on 3D graphene-zeolite tandem catalyst with high efficiency and versatility in direct CO_2 conversion to aromatics [J]. ACS Sustainable Chemistry & Engineering, 2019, 7 (21): 17825-17833.

[193] Zhou C, Shi J, Zhou W, et al. highly active $ZnO-ZrO_2$ aerogels integrated with H-ZSM-5 for aromatics synthesis from carbon dioxide [J]. ACS Catalysis 2020, 10 (1): 302-310.

[194] Jiang Q, Song G, ZhaiY, et al. Selective hydrogenation of CO_2 to aromatics over composite catalyst comprising NaZn-Fe and polyethylene glycol-modified HZSM-5 with intra- and intercrystalline mesoporous structure [J]. Industrial & Engineering Chemistry Research, 2023, 62 (23): 9188-9200.

[195] Wei J, Yao R, Ge Q, et al. Precisely regulating Brønsted acid sites to promote the synthesis of light aromatics via CO_2 hydrogenation [J]. Applied Catalysis B: Environmental, 2021, 283: 119648.

[196] Li Z, Qu Y, Wang J, et al. Highly selective conversion of carbon dioxide to aromatics over tandem catalysts [J]. Joule, 2019, 3 (2): 570-583.

[197] Cui X, Yan W, Yang H, et al. Preserving the active Cu-ZnO interface for selective hydrogenation of CO_2 to dimethyl ether and methanol [J]. ACS Sustainable Chemistry & Engineering 2021, 9 (7): 2661-2672.

[198] Li W, Wang K, Zhan G, et al. Hydrogenation of CO_2 to Dimethyl ether over tandem catalysts based on biotemplated hierarchical ZSM-5 and Pd/ZnO [J]. ACS Sustainable Chemistry & Engineering, 2020, 8 (37): 14058-14070.

[199] Yue W, Wan Z, Li Y, et al. Synthesis of Cu-ZnO-Pt@HZSM-5 catalytic membrane reactor for CO_2 hydrogenation to dimethyl ether [J]. Journal of Membrane Science, 2022, 660: 120845.

[200] Liu C, Kang J, Huang Z Q, et al. Gallium nitride catalyzed the direct hydrogenation of carbon dioxide to dimethyl ether as primary product [J]. Nature Communications, 2021, 12 (1): 2305.

[201] Cai T, Sun H, Qiao J, et al. Cell-free chemoenzymatic starch synthesis from carbon dioxide [J]. Science, 2021, 373 (6562): 1523-1527.

[202] Lu X B, Darensbourg D J. Cobalt catalysts for the coupling of CO_2 and epoxides to provide polycarbonates and cyclic carbonates [J]. Chemical Society Reviews, 2012, 41 (4): 1462-1484.

[203] Liao X, Cui F C, He J H, et al. A sustainable approach for the synthesis of recyclable cyclic CO_2-based polycarbonates [J]. Chemical Science, 2022, 13 (21), 6283-6290.

[204] Wang W, Qu R, Suo H, et al. Biodegradable polycarbonates from lignocellulose based 4-pentenoic acid and carbon dioxide. Frontiers in Chemistry, 2023, 11: 1-9.

[205] Yu Y, Fang L M, Liu Y, et al. Chemical synthesis of CO_2-based polymers with enhanced thermal stability and unexpected recyclability from biosourced monomers [J]. ACS Catalysis, 2021, 11 (13): 8349-8357.

[206] Chen F, Wei W, Gao Y, et al. Synthesis of highly effective [Emim] IM applied in one-step CO_2 conversion to dimethyl carbonate [J]. Journal of CO_2 Utilization, 2022, 65: 102178.

[207] Li L, Liu W, Chen R, et al. Atom-economical synthesis of dimethyl carbonate from CO_2: engineering reactive frustrated lewis pairs on ceria with vacancy clusters [J]. Angewandte Chemie International Edition, 2022, 61 (51): e202214490.

[208] Jin S, Shao W, Chen S, et al. Ultrathin in-plane heterostructures for efficient CO_2 chemical fixation [J]. Angewandte Chemie International Edition, 2022, 61 (3): e202113411.

[209] Zheng S C, Zhang M, Zhao X M. Enantioselective transformation of allyl carbonates into branched allyl carbamates by using amines and recycling CO_2 under iridium catalysis [J]. Chemistry——A European Journal, 2014, 20 (24): 7216-7221.

[210] Zheng L, Yang G, Liu J, et al. Metal-free catalysis for the one-pot synthesis of organic carbamates from amines, CO_2

and alcohol at mild conditions [J]. Chemical Engineering Journal, 2021, 425: 131452.

[211] Li S M, Shi Y, Zhang J J, et al. Atomically dispersed copper on N-doped carbon nanosheets for electrocatalytic synthesis of carbamates from CO_2 as a C1 source [J]. ChemSusChem, 2021, 14 (9): 2050-2055.

[212] Zhang R, Guo L, Chen C, et al. The role of Mn doping in CeO_2 for catalytic synthesis of aliphatic carbamate from CO_2 [J]. Catalysis Science & Technology, 2015, 5 (5): 2959-2972.

[213] 张凡, 王树众, 李艳辉, 等. 中国制造业碳排放问题分析与减排对策建议 [J]. 化工进展, 2022, 41 (03): 1645-1653.

[214] 王利伟, 吴晓华, 郭春丽, 等. "双碳"目标下中国经济社会发展研究 [J]. 宏观经济研究, 2022 (05): 5-21.

[215] 戴海龙. 低碳产业及我国高碳产业低碳化途径 [J]. 农业科技与信息, 2011 (08): 62-64.

[216] 李旸. 我国低碳经济发展路径选择和政策建议 [J]. 城市发展研究, 2010, 17 (02): 56-67, 72.

[217] 顾晓君, 刘晗. 低碳产业发展研究述评 [J]. 上海农业学报, 2012, 28 (04): 123-126.

[218] 刘雷. 面向绿色制造的中国化工现代化 [J]. 科学与现代化, 2015 (04): 55-63.

[219] 郭轶琼, 宋丽. 重金属废水污染及其治理技术进展 [J]. 广州化工, 2010, 38 (04): 18-20.

[220] 张时聪, 王珂, 杨芯岩, 等. 建筑部门碳达峰碳中和排放控制目标研究 [J]. 建筑科学, 2021, 37 (08): 189-198.

[221] 中国建筑节能协会. 中国建筑能耗研究报告 2020 [R]. 建筑节能 (中英文), 2021, 49 (02): 1-6.

[222] 张建国, 谷立静. 我国绿色建筑发展现状、挑战及政策建议 [J]. 中国能源, 2012, 34 (12): 19-24.

[223] 刘金硕, 李张怡. 双碳目标下绿色建筑发展和对策研究 [J]. 西南金融, 2021 (10): 55-66.

[224] 张凯, 陆玉梅, 陆海曙. 双碳目标背景下我国绿色建筑高质量发展对策研究 [J]. 建筑经济, 2022, 43 (03): 14-20.

[225] 唐悦, 温馨. 建筑学设计中的绿色建筑设计探讨 [J]. 陶瓷学报, 2022 (08): 134-136.

[226] 万雄. 绿色建筑设计及其实例分析 [J]. 城市建筑, 2013 (12): 25-28.

[227] 李伟峰. 绿色建筑设计中应注意的要素分析 [J]. 科技创新与应用, 2013 (19): 228-228.

[228] 刘祖生. 绿色建筑材料在建筑工程施工技术中的应用 [J]. 石材, 2023 (06): 129-131.

[229] 王浦. 绿色建筑材料在住宅建筑工程施工技术中的应用研究 [J]. 居舍, 2023 (08): 45-47.

[230] 吴晓芳. 绿色建筑材料在建筑工程施工技术中的应用 [J]. 陶瓷学报, 2022 (04): 138-140.

[231] 李杰. 浅谈建筑材料的化学特性与耐久性之间的联系 [J]. 冶金与材料, 2019, 39 (06): 188-189.

[232] 李雯. 浅谈化学在建筑材料中的应用 [J]. 居业, 2019 (10): 2-6.

[233] 闫丽. 新型节能建材的化学特性及应用 [J]. 山西化工, 2015, 35 (04): 63-64, 75.

[234] 农一鑫. 绿色溢价视域下碳减排重点与金融支持研究 [J]. 中国国情国力, 2022 (12): 26-30.

[235] 杨亚萍, 朱伟枝. 新能源汽车技术经济综合评价及其发展策略研究 [J]. 节能, 2018, 37 (12): 11-13.

[236] 何皓, 孙洪磊, 吕继兴, 等. 航空公司应用航空生物燃料的成本效益分析 [J]. 2014, 33 (05): 1151-1155.

[237] 康丹辉. 粮食污染物的危害及防控 [J]. 食品安全导刊, 2022 (17): 7-9.

[238] 孙少晨. 关于农业面源污染的研究分析 [J]. 农业灾害研究, 2023, 13 (04): 147-149.

[239] West T O, Marland G. Net carbon flux from agricultural ecosystems: methodology for full carbon cycle analyses [J]. Environmental Pollution, 2002, 116 (03): 439-444.

[240] Jane M F, Johnson A J, Franzluebbers, et al. Agricultural opportunities to mitigate greenhouse gas emissions [J]. Environmental Pollution, 2007, 150 (01): 107-124.

[241] 吴贤荣, 张俊飚. 中国省域农业碳排放: 增长主导效应与减排退耦效应 [J]. 农业技术经济, 2017 (05): 27-36.

[242] 陈莉, 王辰璇. 我国农业碳排放现状、问题与对策 [J]. 嘉应学院学报, 2022, 40 (04): 23-29.

[243] 余漫. "双碳"目标下农业绿色发展的困境及实现路径 [J]. 安徽乡村振兴研究, 2022 (06): 96-103.

[244] 张文艳, 张武斌, 陈玉梅. "双碳"目标下农业绿色低碳发展现状与措施 [J]. 农业工程, 2022, 12 (S1): 48-51.

[245] 朱益斌, 苏烨琴, 张江浩, 等. "秀珍菇＋光伏"农光互补生产模式 [J]. 上海蔬菜, 2020 (05): 81-82.

[246] 刘汉元. "渔光一体"池塘养殖模式研究与应用 [J]. 科技成果, 2016 (02): 01.

[247] 汤俊超, 吴宣文, 张姚, 等. 浅谈"光伏＋农业"产业的发展模式 [J]. 中国农学通报, 2022, 38 (11): 144-152.

[248] 李冠翰. 垂直农业发展现状及展望 [J]. 乡村科技, 2019 (23): 50-51.

[249] 陈利前. 化学技术在农业现代化中的应用 [J]. 南方农机, 2020, 51 (04): 58.

[250] 杨璐 . 农业生产化学除草技术的应用 [J]. 广东蚕业，2020，54（12）：85-86.

[251] 周依雪 . 几种化学材料在农业生产中的应用 [J]. 农业与技术，2017，37（20）：3-4.

[252] 梁心怡 . 化学材料在农业生产中的应用 [J]. 新农业，2021（04）：61-62.

[253] 陈宇 . 绿色化学与农业可持续发展 [J]. 广东蚕业，2021，55（04）：14-15.

[254] 生态环境部 .2021 年中国生态环境状况公报（摘录）[J]. 环境保护，2022，50（12）：61-74.

[255] 罗运阔，周亮梅，朱美英 . 碳足迹解析 [J]. 江西农业大学学报（社会科学版），2010，9（02）：123-127.

[256] 金欢欢 . 我国碳足迹的多维测度、分解与优化研究 [D]. 杭州：浙江工商大学，2022.

[257] 卢卓建 . 浅析碳足迹分析方法 [J]. 大众投资指南，2017（06）：272.

[258] 罗智星 . 建筑生命周期二氧化碳排放计算方法与减排策略研究 [D]. 西安：西安建筑科技大学，2019.

[259] 高源 . 整合碳排放评价的中国绿色建筑评价体系研究 [D]. 天津：天津大学，2015.

[260] 翟超颖，龚晨 . 碳足迹研究与应用现状：一个文献综述 [J]. 海南金融，2022（05）：39-50.

[261] 钟志华 . 低碳办公：让"绿色"大行其道 [J]. 资源再生，2012（01）：16-17.

[262] 杨雄辉 . 低碳办公：建设节约型社会 [J]. 广东科技，2010，19（15）：114-116.

[263] 张文颖，肖创伟，王丽珍 . 践行低碳生活与建设生态文明的思考 [J]. 绿色科技，2012（02）：6-8.

[264] 刘梅 . 发达国家垃圾分类经验及其对中国的启示 [J]. 西南民族大学学报（人文社会科学版），2011，32（10）：98-101.

[265] 沈颖青 . 我国垃圾分类现状及对策建议 [J]. 北方环境，2011，23（08）：13-14.

[266] 沈发治 . 基于环境友好的可替代煤及石油中有机碳源的 CO_2 合成利用途径与技术探析 [J]. 安徽农业科学，2012，40（21）：11014-11016，11085.

[267] 陈佳 . 高中化学教学中渗透"双碳"教育的现状及策略研究 [D]. 广州：广州大学，2023.

[268] 教育部 . 教育部关于印发《加强碳达峰碳中和高等教育人才培养体系建设工作方案》的通知 [N]. 中华人民共和国教育部公报，2022-08-15（Z2）：70-73.

[269] 王秀莲，杨德红，王坤，等 . 绿色发展理念在化学专业人才培养中的融合探索 [J]. 化工管理，2022（13）：61-63，106.

[270] 李凤娇 . 二氧化碳间接合成有机醇酯多相催化体系研究 [D]. 北京：中国科学院大学（中国科学院过程工程研究所），2017.

[271] 赵之斌，白振敏，刘慧宏，等 . 二氧化碳化学转化技术研究进展 [J]. 山东化工，2018，47（11）：70-72，76.

[272] 靳治良，钱玲，吕功煊 . 二氧化碳化学—现状及展望 [J]. 化学进展，2010，22（06）：1102-1115.

[273] 瞿剑 . 全球首次实现规模化一氧化碳合成蛋白质 [N]. 科技日报中央级，2021-11-01.

[274] 国家发展改革委政策研究室 . 为建成社会主义现代化强国不懈奋斗——中国共产党领导经济建设的成就和经验 [J]. 宏观经济管理，2021（08）：12-13，21.

[275] 徐剑，温馨，张青山 . 制造业绿色产品与传统产品的比较研究 [J]. 当代经济管理，2005（06）：41-44.

[276] 李金华 . 中国绿色制造、智能制造发展现状与未来路径 [J]. 经济与管理研究，2022，43（06）：3-12.

[277] 葛威威，曹华军，李洪丞，等 . 绿色制造研究现状及未来发展策略 [J]. 中国机械工程，2020，31（02）：135-144.

[278] 李瑾，胡山鹰，陈定江，等 . 化学工业绿色制造产业链接技术和发展方向探析 [J]. 中国工程科学，2017，19（03）：72-79.

[279] 张子玉 . 中国特色生态文明建设实践研究 [D]. 吉林：吉林大学，2016.

[280] 陈晓丹 . 绿色发展理念下的化学化工发展新路径研究 [J]. 中国金属通报，2020（03）：120-121.

[281] 张成利 . 中国特色社会主义生态文明观研究 [D]. 北京：中共中央党校，2020.

[282] 金宁通，冯凡 . 化学技术在生态环境污染治理中的应用研究 [J]. 皮革制作与环保科技，2022，3（21）：19-20，23.

[283] 杨放，李心清，王兵，等 . 生物炭在农业增产和污染治理中的应用 [J]. 地球与环境，2012，40（01）：100-107.

[284] 陈晶中，陈杰，谢学俭，等 . 土壤污染及其环境效应 [J]. 土壤，2003（04）：298-303.

[285] 李永涛，吴启堂 . 土壤污染治理方法研究 [J]. 农业环境保护，1997，16（03）：118-122.

[286] 李智 . 浅析土壤污染的防范与治理 [J]. 环境保护与循环经济，2013，33（06）：56-59.

[287] 徐颢玲 . 绿色化学在环境污染治理中的作用探析 [J]. 资源节约与环保，2016（12）：147.

[288] 亓玉军 . 环境污染治理中绿色化学技术的应用 [J]. 化工设计通讯，2021，47（06）：172-173.

[289] 王丽娟，丛晓男．推进"双碳"目标与生态环境资源目标协同的思考 [J]．环境保护，2022，50（21）：33-36.

[290] 陈寅岚，庄贵阳，王思博，等．生态文明建设与"双碳"行动逻辑 [J]．青海社会科学，2022（04）：10-19.

[291] 中共中央、国务院．《乡村振兴战略规划（2018—2022年）》[N]．人民日报，2018.

[292] 习近平．高举中国特色社会主义伟大旗帜为全面建设社会主义现代化国家而团结奋斗——在中国共产党第二十次全国代表大会上的报告 [Z]．中国人大，2022（21）：6-21.

[293] 崔智捷，刘雅莉，余金润，等．光伏温室大棚研究 [J]．现代信息科技，2020，4（09）：46-48.

[294] 韩冬雪，符越．高质量绿色发展助力乡村振兴的现状及路径研究 [J]．农业经济，2023（03）：21-23.

[295] 李小云．农村一二三产业融合发展是实现产业兴旺的重要路径 [J]．农村．农业．农民（B版），2018（11）：42-44.

[296] 廖虹云．碳达峰碳中和愿景下，加快推动城乡建设领域绿色低碳发展 [J]．中国能源，2021，43（08）：39-43.

[297] 燕芹芹．绿色发展理念融入乡村振兴主战场路径研究 [J]．南方农机，2022，53（09）：108-110.

[298] 罗曦．乡风文明建设的理论探究与现实思考 [J]．宜春学院学报，2023，45（05）：36-40.

[299] 强俊宏，姚淑琼．我国西部农村人力资源利用现状及对策探究 [J]．农业经济，2014（05）：74-76.

[300] 姜思同．浅析中国南北经济差异 [J]．海南科技与产业，2021，34（02）：31-33.

[301] 马艳浩．浅析中国南北区域经济发展的差异问题 [J]．财富时代，2020（05）：154.

[302] 欧阳小远．西部地区能源结构优化发展研究——基于成本视角 [D]．成都：四川省社会科学院，2011.

[303] 潘尔生，李晖，肖晋宇，等．考虑大范围多种类能源互补的中国西部清洁能源开发外送研究 [J]．中国电力，2018，51（09）：158-164.

[304] 齐元府．中国区域经济增长与碳排放地区差异敛散性分析 [D]．湘潭：湘潭大学，2014.

[305] 窦红涛，王利伟．积极应对"双碳"目标实施对南北协调发展的挑战与对策建议 [J]．中国经贸导刊，2023（01）：55-57.

[306] 张存刚，王传智．中国南北区域经济发展差异问题分析及建议 [J]．兰州文理学院学报（社会科学版），2019，35（06）：57-65.

[307] 耿蕊．京津冀区域产业协同发展的减排效应研究 [D]．沈阳：辽宁大学，2021.

[308] 任晓莉．"双碳"目标下我国区域创新发展不平衡的问题及其矫正 [J]．中州学刊，2021（10）：17-25.

[309] 顾兴树，吕洪楼．"双碳"目标愿景下城乡生态融合治理的发展路径研究 [J]．河北农业科学，2023，27（01）：13-17.

[310] 肖春梅，靳琳．沿边地区新型城镇化与乡村振兴协调发展水平及其影响因素研究 [J]．兵团党校学报，2023（01）：104-113.

[311] 付婷婷，郝梓倩．绿色发展理念下城乡融合发展的逻辑解析与实施路径 [J]．山东农业工程学院学报，2023，40（03）：18-22.

[312] 刘伟，陈彦斌．"两个一百年"奋斗目标之间的经济发展：任务、挑战与应对方略 [J]．中国社会科学，2021（03）：86-102.

[313] 裴亚芳．中国特色社会主义现代化建设道路及其世界意义 [D]．乌鲁木齐：新疆师范大学，2020.

[314] 唐任伍．共同富裕的新境界 [N]．北京日报，2021.

[315] 焦丽杰．"双碳"目标对经济的影响 [J]．中国总会计师，2021（06）：40-41.

[316] 习近平．习近平新时代新思想加强党的政治建设 [J]．人民法治，2018（13）：1.

[317] 新华社．习近平在中共中央政治局第六次集体学习时强调把党的政治建设作为党的根本性建设 为党不断从胜利走向胜利提供重要保证 [J]．思想政治工作研究，2018（07）：4-5.

[318] 习近平：把党的政治建设作为党的根本性建设为党不断从胜利走向胜利提供重要保证 [J]．紫光阁，2018（07）：7-8.

[319] 张之源．新时代国有企业青年职工思想政治工作研究 [J]．黑龙江社会科学，2021（04）：44-50.

[320] 王思博，庄贵阳．"双碳"目标下的中国式现代化：特征、要求与路径 [J]．生态经济，2023，39（01）：31-35.

[321] 牛河星．试论中国式现代化推进全体人民共同富裕的内在逻辑与现实路径 [J]．天津师范大学学报（社会科学版），2023（03）：42-48.

[322] 王文轩．人与自然和谐共生的现代化：历史选择、理论依据与实践路径 [J]．科学社会主义，2023（03）：17-24.

[323] 韩喜平，王思然．中国式现代化与共同富裕 [J]．思想理论教育导刊，2023（04）：23-29.

[324] 慕小琼，任保平．新发展阶段我国绿色发展的现代化治理体系构建［J］．经济与管理评论，2023，39（04）：5-16.

[325] 杨伟宾．习近平关于全人类共同价值的重要论述及其国际认同研究［D］．成都：西南交通大学，2021.

[326] 孙西辉．构建人类命运共同体的思想内涵与实践路径［J］．中国社会科学学报，2023，006：1-3.

[327] 张海滨．关于全球气候治理若干问题的思考［J］．华中科技大学学报（社会科学版），2022，36（05）：31-38.

[328] 高凛．《巴黎协定》框架下全球气候治理机制及前景展望［J］．国际商务研究，2022，43（06）：54-62.

[329] 耿玉超．全球气候治理中的中国选择［J］．合作经济与科技，2022（06）：13-17.

[330] 何建坤．《巴黎协定》后全球气候治理的形势与中国的引领作用［J］．中国环境管理，2018，10（01）：9-14.

[331] 张海滨．全球气候治理的历程与可持续发展的路径［J］．当代世界，2022（06）：15-20.

[332] 张赓．全球气候治理视域下的习近平生态文明思想世界意义［J］．中南林业科技大学学报（社会科学版），2022，16（06）：13-18.

[333] 吴文涛．全球气候治理：中国方案与实践路径［J］．国际公关，2022（04）：66-68.

[334] 张丽俊．全球治理的困境与人类命运共同体的构建［D］．南昌：南昌大学，2021.

[335] 龙盾．身份、利益与大国合作——以哥本哈根和巴黎气候谈判中的中美关系为例［D］．北京：外交学院，2017.

[336] 蒲勇健．解读哥本哈根气候峰会——博弈论视角［J］．重庆大学学报（社会科学版），2010，16（01）：1-12.

[337] 李志．论全球气候治理的正义困境与现实出路［D］．武汉：武汉理工大学，2020.

[338] 张丽华，姜鹏．全球气候多边治理困境及对策分析［J］．求是学刊，2013，40（06）：52-59.

[339] 赵斌．全球气候政治的现状与未来［J］．人民论坛，2022（14）：14-19.

[340] 章亮，柴麒敏，李丽艳．新时代中国参与和引领全球气候治理若干问题的思考［J］．环境保护，2020，48（07）：31-35.

[341] 张鲁华，于丰收，位健．人工碳循环——二氧化碳转化利用技术．化学教育（中英文），2023，44（2）：1-7.